U0198960

ESG实践

从理论要素到可持续投资组合构建

[美] 约翰 · 希尔（John Hill） 著
周君　罗桂连　鲁施雨　张雅玲　译

中信出版集团 | 北京

图书在版编目（CIP）数据

ESG 实践 / (美) 约翰 · 希尔著；周君等译 . -- 北京：中信出版社，2022.10（2023.12重印）

书名原文：Environmental, Social, and Governance (ESG) Investing: A Balanced Analysis of the Theory and Practice of a Sustainable Portfolio

ISBN 978-7-5217-4660-0

Ⅰ. ① E…　Ⅱ. ①约… ②周…　Ⅲ. ①企业环境管理－环保投资－研究　Ⅳ. ① X196

中国版本图书馆 CIP 数据核字（2022）第 153241 号

ESG 实践
著者：　[美] 约翰 · 希尔
译者：　周君　罗桂连　鲁施雨　张雅玲
出版发行：中信出版集团股份有限公司
（北京市朝阳区东三环北路27号嘉铭中心　邮编　100020）
承印者：　北京通州皇家印刷厂

开本：787mm×1092mm　1/16　　印张：25.5　　字数：275 千字
版次：2022 年 10 月第 1 版　　印次：2023 年 12 月第 3 次印刷
京权图字：01-2022-4599　　书号：ISBN 978-7-5217-4660-0
定价：99.00 元

序

人类社会文明发展进入21世纪的第二个十年，人们的物质消耗水平达到前所未有的状态，地球能否承载不断扩张的消耗而不至于出现系统性崩溃？文明能否永续传承而不至于出现世代断裂？诸如此类问题已越来越受到社会、政府、企业和个人的重视，可持续发展成为新增投资活动的重要关注点。在此背景下，ESG（环境、社会、治理）投资概念形成并成为全球主流的投资策略和投资方法之一。ESG虽然是非财务指标，但在投资实践中，越来越多的企业和主流投资机构从单纯重视财务指标，开始转向将ESG与财务指标并重。通过融入ESG理念，在传统财务分析的基础上，从环境、社会、治理3个维度考察企业的中长期发展潜力，有助于找到既能创造股东价值又能创造社会价值、具有可持续成长能力的投资标的。ESG投资受到广泛的关注，实则反映了经济由高速增长切换为高质量增长的逻辑变化。ESG投资成为驱动经济高质量可持续发展的一种重要力量。

2022年是中国上市公司社会责任报告公开披露的第14年，随着中国社会经济向高质量转型，投资市场不断发展与完善，社会各界对于ESG的关注度也日益高涨。中国企业努力践行ESG发展原则，ESG投资已经成为资本市场重要的投资方向。金融市场改革和开放步伐加快，政府管理部门陆续展开对 ESG 投资相关政策的探索和完善，不断培育 ESG 投资环境。尽管中国相关 ESG 的监管政策制度建设起步晚于海外欧美国家，但在“双碳”目标、绿色发展理念的大时代背景下，ESG 投资受到中国政府的高度重视。在政策发展上，近年来“双碳”战略目标持续推进，反映企业可持续发展的 ESG 主题正引领着中国资本市场的投资潮流。呈现出港股市场和 A 股市场相关政策快速起步的态势，尤其是围绕绿色金融体系相关政策相继出台，使得 ESG 投资能够赋能绿色经济，助力碳中和目标实现。截至 2022 年 3 月末，中国境内绿色债券余额约 1.3 万亿元，在全球位居前列。

《ESG 实践》围绕 ESG 的历史背景、发展现状、理论支撑和实际操作，为中长期投资方向和方法论提供了有益的参考。这本书理论框架完整，无论是对基本定义、理论依据、ESG 投资组合，还是对各种主体的 ESG 投资实践的阐述，线索都很清晰，同时兼顾了理论前沿。内容上点面结合，总结了在美国投资领域一些常见的 ESG 投资工具和模式，通俗易懂。值得指出的是，这本书对金融和 ESG 投资的基本知识也进行了介绍，初次接触此类问题的读者也能很顺利地阅读和理解所有内容。书中强调了 ESG 不同于传统财务评价体系，对于传统财务分析是一个非常有力的补充，是企业价值观的崭新维度。

作为更注重创造社会价值的 ESG 投资，不同于传统投资单纯地聚焦于投资财务收益和风险，极大地扩展了投资的视野。当前 ESG 投资在中国的发展还处在一个相对早期的阶段，未来的成长潜力巨大，统计数据表明国内 ESG 产品和服务规模增速非常高。如果中国的金融机构能够更多地把资源用于支持实体经济企业的 ESG 实践，将使金融资源配置与企业的 ESG 实践形成良好的互动，从而会在可持续发展方面聚集更多的资本，增强经济社会可持续发展的基础。

我们需要严肃认真地开展 ESG 投资知识的传播、理论研究与实践。目前很多国内企业和投资者对 ESG 投资策略和工具都充满热情，但也需要警惕一窝蜂，甚至是沽名钓誉的行为。应立足中国国情，在产业结构调整和经济转型的关键时期，突出国家战略的落地实现，ESG投资过程中需充分考虑碳中和指标，充分体现出国际化和本土化的融合，在全面建设社会主义现代化国家的新征程中，发挥应有的重要作用。

王瑶琪
中央财经大学校长

译者序

在21世纪，ESG投资作为一种创新的投资方式逐渐步入人们的视野，对全球投资界正产生巨大的影响。随着时代的发展，投资者和公司都意识到了ESG的重要性，而ESG也开始在经济发展的舞台上大放异彩。ESG区别于以风险和收益为中心的传统投资，考虑资金对社会和生态环境的影响，具有更广阔的维度。

随着工业化进程的迅速发展，人们的生活水平不断提高，但也带来了生态环境破坏等一系列社会问题，进而对经济也产生了不利影响。温室效应、极端气候开始成为世界焦点，与此同时，企业的社会责任也引起了广泛重视。对于中国而言，如何促进经济增长和生态文明的协调发展成为愈发关键的问题，尤其是为了实现2060年的碳中和目标，需要金融业和其他行业通力合作。在这个时代背景下，ESG作为一种可持续发展的投资理念和实践标准，逐渐成为投资界的主旋律。这本书深入浅出地对ESG理念进行了全面分析，兼顾理论与实践，力图将各方的观点公平呈现，让读者可以对ESG领域有一个整体全面的认识。

这本书作者约翰·希尔（John Hill）是衍生品策略集团（Derivatives Strategy Group）的总裁兼首席执行官。他曾担任美林证券（Merrill

Lynch）和荷兰银行（ABN AMRO）的全球能源期货联席主管，以及百老汇期货集团（Broadway Futures Group）的总裁兼首席执行官。他曾是美国洲际交易所（Intercontinental Exchange，简写为 ICE）北美销售高级副总裁，该公司是最早的电子平台之一，也是最近许多初创公司的榜样。他在 ICE 任职期间，该公司从一家总部位于亚特兰大的小型私人公司成长为一家上市公司，首次公开募股价值 120 亿美元。约翰·希尔在制定市场政策、养老金筹划、风险管理项目规划等领域发挥了重要作用，而且是最早践行 ESG 投资的资金管理人之一，因此作者在 ESG 投资实践方面积累了丰富的经验，值得参考借鉴。

约翰·希尔认为 ESG 投资意味着投资者希望看到被投资公司以对环境和社会负责的方式运营，同时坚持高标准的公司治理方式。虽然 ESG 投资越来越流行，但作者认为其作为一种投资理念还有很大的成长空间，因为目前 ESG 投资主要是在欧美市场，而且主要手段仍是负面筛选，即从投资组合中剔除未达到 ESG 标准的公司。作者希望能够进一步推广普及 ESG 投资的理念，进而使 ESG 投资对公司管理和治理的影响发挥更大作用，也就是让 ESG 投资的正面效用最大化。

这本书主要分为两大部分。第一部分从第一章到第八章，概述了 ESG 投资背后的理论和经验证据；第二部分从第九章到第十四章，总结在美国投资领域一些常见的 ESG 投资工具和模式，以及对 ESG 未来的展望。这本书的内容通俗易懂，重点介绍了基本术语的定义、企业 ESG 实践的理论依据、股东参与 ESG 实践的方法、金融市场中 ESG 投资状况、ESG 投资组合构建、ESG 因素的衡量与报告、各类机构的 ESG 投资实践。

ESG 投资方兴未艾，尽管其发展历史还比较短，理论体系尚不完善，对其质疑之声也不绝于耳，但是人们不得不接受这样的事实，有越来越多的人开始对 ESG 理念感兴趣，尤其是年轻一代。这本书正是作者结合自身经验和实践操作而编写的著作，与同类著作相比，这本书有如下特点。

第一，这本书理论框架完整，前后连贯。这本书先厘清了 ESG 一词的含义，便于让读者对 ESG 理念有清晰的认识，之后介绍 ESG 投资的来龙去脉及其学术基础，进而讨论 ESG 投资实践的具体内容，由点及面，逻辑清晰，便于读者循序渐进地进行学习。

第二，这本书内容丰富全面。这本书除了阐明 ESG 投资的基础知识，也对金融领域的相关知识进行了介绍，使初学者能很好地理解内容。再者，这本书系统介绍了 ESG 的发展历史，又详述了 ESG 的国际最新发展状况，兼顾历史性和前沿性。

第三，这本书以 ESG 理论研究为基础，进行了大量的实践案例分析。这本书介绍了多种机构投资者的 ESG 实践案例，如大学捐赠基金和主权财富基金的 ESG 投资经验，展现了理论与实践是如何结合的，有助于读者掌握 ESG 理念的实质意义。

当然，这本书内容主要基于 ESG 投资在美国的发展历程。相较而言，ESG 在美国和欧洲市场的发展领先于亚太地区，已形成了一套 ESG 投资相关的监管政策和规则，我国也在不断摸索符合中国国情的 ESG 体系和政策。他山之石，可以攻玉，国际的相关经验也可为我国提供借鉴。我们希望这本书能满足国内对 ESG 投资感兴趣的读者的学习和研究需要。

周君

目录

前言

个人和机构投资者对所投资公司的 ESG 实践的关注与日俱增，年度调查显示，当机构投资者对其最看重的公司的特征进行评分时，“商业道德规范”已升至首位，超过“强有力的管理”等其他类别。在过去 10 年中，投资于社会责任投资（Socially Responsible Investment，简写为 SRI）产品的资产数量急剧增加，而随着千禧一代（1980 年后出生的一代人）重要性的增加以及 Z 世代（1996 年后出生的一代人）的成长，这一趋势还有可能继续加速。全球 25% 的资产管理规模（Assets Under Management，简写为 AUM）考虑了 ESG 因素（GSIA，2017）。据估计，全球考虑 ESG 因素的 AUM 超过 23 万亿美元。在美国，2018 年年初，以 ESG 为重点的 AUM 估计为 12 万亿美元，这约占专业 AUM 的 26%。这些数据令人印象深刻，而且整个社会对 ESG 的兴趣似乎越来越高。一家华尔街公司调查发现，75% 的个人投资者试图在投资选择中考虑 ESG 因素，这种趋势令人无法置若罔闻。所有大型投资管理公司都已经开发了有关 ESG 问题的基金产品。不可否认，其中一些产品主要是迎合了营销理念，而不是严格追求 ESG 目标，但这类产品的推出进一步表明，投资者的兴趣确实正在日益增强。

ESG 投资增长的一些关键要点如下。

- AUM 在 ESG 投资方面保持持续增长，并且在未来几年将会更加显著。
- ESG 投资组合可以有像传统投资组合一样的业绩表现，但需要注意投资组合的风险和收益特征。简单地剥离“罪恶股票”很可能导致投资组合表现不佳，这可能会带来重大风险，包括没有足够的收益来满足退休人员和其他投资者的要求，并可能导致基金经理的职业风险。
- 在确定 ESG 因素、衡量影响和报告方面仍存在重大问题。
- 虽然 ESG 正在成长，但它仍只是少数投资者关注的焦点，75% 的美国人依旧投资于传统投资组合，80% 的大学捐赠基金同样遵循传统的投资原则。

作为全球最大的固定收益投资管理者之一，太平洋投资管理公司（Pacific Investment Management Company，简写为 PIMCO）发现，以下因素是 ESG 投资日益受到关注的驱动因素（PIMCO，2017）。

- 良好的治理在系统层面具有重要性。2008 年全球金融危机使人们重新认识到改善公司治理的重要性。
- 政府和社会资本合作（PPP）正在扩大。PPP 模式已经逐渐发展为解决更广泛的社会和环境问题的方法与手段。
- 人们日益认识到气候变化是一个现实问题。现在气候变化（几乎）得到了普遍承认，公共和私人的倡议中基本都包括可持续投资组合，以及更多地披露与气候相关的金融风险。
- 能源来源正在转变。天然气的使用正在增加，可再生能源正变得更加便宜且更易获取。
- 科技正在改变人们的需求和消费方式。技术正在推动广泛的变革，大多数经济部门正在见证商业运作方式的转变。不愿或无法改变的公司正在落后，并可能会使投资者面临风险。

- 社交媒体正在影响社会规范。凭借无国界的特质，以及千禧一代和Z世代的主导地位，社交媒体有效传播了负责任的消费观、投资的新价值观和社会规范。
- 人们的寿命更长。到2050年，全球65岁以上的人口将达到23亿。可持续性问题将直接影响这些退休人员的财务安全。
- 人口结构正在发生变化。千禧一代已经成为最大的人口群体，并且正在不断改变商业、金融和政治格局。例如，千禧一代正在推动“绿色债券”市场和可持续金融领域的快速发展。
- 监管起到推动的作用。ESG因素促使越来越多的国家出台新的法规。例如，德国关闭核电站，欧洲实施监管次级金融债务的监督审查和评估程序（Supervisory Review and Evaluation Process，简写为SREP），以及法国强制报告气候风险的做法，提高了金融机构的运营门槛。而在美国，监管并没有那么积极，但可能正在快速加强。
- 全球性的价值链。由于大型公司的价值链日益全球化，全球投资者可以迅速惩罚那些使用童工、破坏环境和治理不善的公司。

与此同时，尽管ESG投资的重要性日益提高，但也很明显，目前大多数的投资几乎没有或很少考虑ESG因素。在公司邀请投资者参加的季度盈利报告会上，ESG问题很少被提及。如果全球25%的AUM在某种程度上考虑了ESG因素，那么意味着75%的投资仍然没有考虑这些因素。在学术界，许多学者和专家对ESG问题的研究持有强烈而热情的支持态度。然而，大学捐赠基金的ESG投资不到AUM的20%，剩下80%的捐赠基金采用更传统的投资原则进行投资。如果我们就此认为大多数投资者都不了解ESG投资，或者对ESG问题漠不关心，那将是幼稚的，事实恰恰相反。本书的一个重要视角是客观地考虑那些尚未采纳 ESG 因素与投资的投资者的观点。

直到最近，很多人还认为，ESG 投资者会因其构建的“道德”投资组合而不得不接受较低的收益。这一观点不再被普遍接受，尽管经验证据好坏参半，但似乎在大多数情况下都表明 ESG 投资并不逊于传统投资组合。早期研究着重于简单的撤资策略，发现这些基金往往业绩不佳，但更细致的研究表明 ESG 投资不一定会导致业绩不佳。

2017 年，国际权威基金评级机构晨星（Morningstar）在对 ESG 基金业绩的评估中得出结论，“可持续基金在价格和业绩方面具有竞争力”，而且“短期和长期表现都趋于积极”。也有一些对 ESG 表现进行荟萃分析的全面评估，评估结果表明具有出色 ESG 表现的公司在传统财务指标上也得分很高（晨星公司，2018）。

越来越多的人相信，可持续性和盈利能力就像一个硬币的两方面，互为补充，相辅相成。但是，要想在投资时既能赢利又能负责任，或者说“既做得好，又做好事”，还存在一些挑战。首先，确定 ESG 目标面临一些困难。其次，要理解特定行为是否能有效实现这些目标，也同样具有挑战性。我们该如何衡量公司的进步呢？

“可以说，第一批 SRI 实施得太早，有的过于关注政治，使用了不良甚至根本不存在的数据，这往往导致一些结构不佳、无效的负面筛选。难怪更有经验的投资者会对此漠不关心。”（Krosinsky 和 Purdom，2017）

尽管人们在目标和手段上总是会有不同意见，但至少在其中一些因素上的共识越来越多，不完美不应该成为不能尽力而为的借口。现在，投资者和基金经理能够达成更平衡的投资共识，展现出更好的（尽管仍不完美）数据，构建出越来越好的筛选策略。一项关于 2016 年 3 月至 2018 年 6 月美国开放式股票共同基金资金流动的研究（Kleeman 和 Sargis，2018）表明，ESG 因素越来越重要，部分结果如下。

- 投资者关注的是剔除晨星可持续发展评级较差的基金。获得最低可持续发展评级类别的基金增长率为 -3.7% 左右，而最高可持续发展评级类别的基金增长率为 1.4%~1.5%。
- 投资者避开负面争议分数高的基金。研究认为，新闻事件对利益相关者影响很大。人们发现，投资者对争议分数较高范围内的极端情形反应强烈，即从负面争议大的基金中撤出更多资金。
- 在最低可持续发展评级类别的基金中，ESG 得分高的基金会比 ESG 得分低的基金表现更好。尽管与可持续发展评级较高的基金相比，这一类别的基金在增长率方面仍然表现不佳，但与 ESG 得分较低的基金相比，投资者卖出 ESG 得分较高基金的可能性较低。

“既做得好，又做好事”。虽然一些积极的支持者可能相对财务收益更看重 ESG 因素，但更多投资者希望两者兼得：投资于那些能赚取可观收益又对环境和社会有积极贡献的公司。要实现这种双重目标，一个可靠的途径就是着眼于长期，而不是只盯着下一个季度。

英国央行行长马克·卡尼（Mark Carney）在演讲中说（卡尼，2018）：“在应对气候变化带来的金融风险方面存在两个悖论。第一，未来将成为过去。气候变化是一场眼界的悲剧（tragedy of the horizon），它将给子孙后代带来重大损失，可是当代人却没有直接的动力去解决这个问题。气候变化的灾难性影响处于大多数行动者的视野之外。一旦气候变化成为影响金融稳定的一个明确而现实的威胁，再想要稳定气候可能为时已晚。第二，成功反倒会失败。向低碳经济过渡过快，可能会严重破坏金融稳定。对未来的全面重新评估可能会破坏市场稳定性，引发连续性的结构损失，并导致金融状况持续紧缩，也就是一个气候事件导致的明斯基时刻（Minsky Moment）。英国审慎监管局（Prudential Regulation Authority，简写为PRA）认识到这些悖论可能会对金融体系产生影响。第一点是需要考虑更长的时间范围，并根据未来气候变化可能带来的金融风险来考虑当前的行动。第二点是需要找到正确的平衡，可以预见金融风险将以某种形式出现，挑战是将其影响最小化，而企业和社会将机会最大化。”

现代投资组合理论（Modern Portfolio Theory，简写为MPT）为我们提供了评估投资组合用到的两个概念，即风险和收益。ESG投资的出现，增加了第三个指标。一个有效的投资组合前沿现在可以被抽象为一个三维的界面，即风险、收益和社会影响。

大型资产管理公司都已经制定了ESG投资策略。其中许多策略都基于联合国的负责任投资原则（Principles for Responsible Investment，简写为PRI）和可持续发展目标（Sustainable Development Goals，简写为SDGs）。

一、联合国负责任投资原则

联合国负责任投资原则是一个独立的非营利组织，由联合国支持，但不是联合国的一部分。它制定了一套自愿和有抱负的投资原则，吸引了全球众多专业投资者。截至2018年，约有2 000家签署方，AUM近90万亿美元，其中一半以上的公司位于欧洲，456家位于北美。

6项原则如下。

- 原则1：将ESG问题纳入投资分析和决策过程。
- 原则2：成为积极的所有者，并将ESG问题纳入所有权政策和实践中。

- 原则 3：寻求被投资对象对 ESG 问题的适当披露。
- 原则 4：促进投资行业接受和实施这些原则。
- 原则 5：共同努力，提高执行这些原则的效力。
- 原则 6：对实施这些原则的活动和进展情况进行报告。

二、可持续发展目标

2015 年 9 月，联合国大会通过了《2030 年可持续发展议程》，其中包括 17 项可持续发展目标（SDGs）。SDGs 阐释了全球面临的挑战，包括贫困、不平等、气候、环境退化、繁荣、和平与正义等。17 项目标如下。

- 目标 1：消除贫困。
- 目标 2：消除饥饿。
- 目标 3：健康和福祉。
- 目标 4：优质教育。
- 目标 5：性别平等。
- 目标 6：清洁饮用水及公共卫生。
- 目标 7：人人可负担的清洁能源。
- 目标 8：经济增长和体面的工作。
- 目标 9：可持续的工业创新和基础设施。
- 目标 10：减少不平等。
- 目标 11：可持续的城市和社区。
- 目标 12：可持续的消费和生产。
- 目标 13：气候行动。
- 目标 14：海洋环境。
- 目标 15：陆地生态。

- 目标 16：和平、公正和强有力的机构。
- 目标 17：可持续发展的全球伙伴关系。

对许多组织和投资者来说，SDGs 是一份雄心勃勃的行动蓝图。

如今，企业正从许多方面着手承担社会责任。它们在尽量减碳；创造一个所有员工都能感到价值和体现能力的工作场所；与客户、供应商和利益相关者合作，确保 ESG 目标得到理解和实施，同时认识到观点的多样性和发展的阶段性会持续存在。所有这些活动，在当今世界以及我们将留给孩子们的世界中都是很重要的。

三、本书的范围

ESG 投资是一个极富争议的话题，至少可以说在投资的每一步都存在。在投资和管理单个公司时，匹配 ESG 因素的权重，确定 ESG 目标和方法，定义、衡量和报告公司 ESG 绩效，对可持续投资相对绩效的分析，这些方面都存在不同的甚至相互冲突的观点。每一方都坚持自己的观点并满怀热情，导致争论愈演愈烈。每一方都认为自己是正确的，而且认为反对意见不仅是错误的，而且是邪恶的。关于 ESG 投资主题的大多数书籍和文章，作者都会有一些倾向性观点，而本书试图公平客观地呈现每一方观点。

毫无疑问，这将会同时激怒 ESG 投资的支持者和反对者。借用纽约市前市长郭德华（Ed Koch）的话来说："尽管双方都在生我的气，但我知道，我在做我的工作。"我们依然认为，ESG 投资将继续存在，并持续增长，尤其是随着千禧一代成为一支更强大的投资力量。人们越来越认识到，个人不仅仅是追求收入最大化的股东或追求企业利润最大化的管理者，而且是重视清洁空气、清洁水和良好社会治理的公民。

本书有两个目的。首先，提供关于ESG投资背后的竞争理论和经验证据的概述；其次，总结一些最有趣的ESG投资工具和模式。本书重点阐述在投资决策中如何考虑ESG因素，并强调投资组合的构建。投资者还有其他方式来体现其对ESG的关注和敏感性。因此，诸如股东积极主义、影响力投资、使命投资和家族基金会等主题也在被讨论的范围中。

第一章，我们定义和比较了常用的术语，如SRI、ESG、影响力投资、使命投资。第二章，我们总结了支持和反对私人企业进行ESG活动的理论论据。第三章，我们讨论了代表受益人管理资金的受托人的义务。除了简单的短期财务收益最大化，允许他们在多大程度上考虑其他因素？这为理解ESG投资概念奠定了基础。第四章至第六章介绍了金融机构以及股票、债券市场的概况。投资者成为积极的股东，参与公司管理，对股东决议进行投票，是“推动”或影响公司采取ESG友好行为的一个重要手段，这些活动将在第七章中介绍。

第九章至第十二章介绍了不同类型组织中的ESG投资活动。但在此之前，我们需要了解如何定义、测量和报告ESG因素。这些重要的话题将在第八章中讨论。然后我们可以继续了解机构投资者基金（第九章）、大学捐赠基金（第十章）、主权财富基金（第十一章）、家族基金会和家族办公室（第十二章）的ESG实践。第十三章，我们将介绍一些慈善组织的影响力投资。

以下是每章的概述。

（一）第一章　ESG、SRI和影响力投资

各种描述社会目的投资的术语经常交替使用，在一定程度上令人困惑。这一章我们介绍不同术语之间的差异，并简要地给出历史背景。

（二）第二章　企业理论

追求 ESG 结果，不仅可以通过构建投资组合，还可以通过企业行动等更直接的途径。公司的董事会和管理层可以自由地使用公司资源来改善社会状况？还是只需要专注于股东的财务收益最大化？本章讨论正反两方的论点，其中一些参考资料如下。

- 米尔顿·弗里德曼（Milton Friedman）提出了股东价值最大化的论点，认为社会问题应留给政府去解决。
- 津加莱斯（Zingales）等人表示，公司应该最大化股东福利，包括货币的和非货币的。
- 津加莱斯面临的问题是，如何识别和衡量非货币价值。
- 如果 ESG 问题隐含着长期的商业风险，难道只关注财务收益而不解决这些问题吗？
- 与普遍看法相反，公司并没有法律义务去最大化股东价值。这是琳恩·斯托特（Lynn Stout）在《股东价值迷思》（*The Shareholder Value Myth: How Putting Shareholders First Harms Investors, Corporates, and the Public*）一书中提出的论点，这本书深入探讨了公司经理应该做什么和不应该做什么。

2019 年 8 月，商业圆桌会议（Business Roundtable）发表了一份声明，声称不能只关注短期利润最大化。这份由 181 位美国最大公司的首席执行官签署的声明指出，有必要以一种符合所有利益相关者（员工、客户、供应商、当地社区以及股东）长期利益的方式来管理企业。

（三）第三章　投资管理中的信托责任

受托人代表投资者管理资产，有责任保护那些在大多数情况下没有资产经理所拥有的信息或专业知识的投资者。本章从委托代理问题的角度分析了委托关系。

联合国环境规划署（United Nations Environmental Programmes）的金融倡议《富尔德报告》（Freshfields Report）对投资要考虑的ESG因素提出了这样的观点：

> 任何投资的审慎性只会在整体投资策略的范围内进行评估。……投资策略没有理由不包括具有积极ESG特征的投资。……任何投资都不应该纯粹是为了实现决策者的个人目的。……简而言之，只要关注的焦点始终是基金投资者的目的，而不是无关的目标，将ESG因素纳入基金管理的日常过程不会有任何障碍。

（四）第四章　金融机构概述

本章为理解金融参与者、产品和服务奠定了基础，这些内容在后面的章节中十分重要。它从银行的基本经济职能开始，概述了商业银行和投资银行的职能，并涵盖了银行监管的基本内容。

（五）第五章　股票市场

大部分ESG投资都集中在股票市场。本章介绍了包括现代投资组合理论在内的理论背景，描述了股票分配和交易市场，并探讨了共同基金和交易所交易基金（ETF）等现代产品。

（六）第六章　债券市场

债券市场对企业、政府融资非常重要，而金融部门的资本要求以及“绿色债券”等工具在ESG融资中发挥着越来越关键的作用。本章介绍了利率和债券市场的理论背景。

（七）第七章　股东参与

股东与被投资公司管理层进行积极对话的重要性逐渐增强，更多人开始关注与公司决议相关的投票。本章将探讨这些话题以及近期股东决议和投票行为的详细特征。

（八）第八章　定义和测量 ESG 表现

正如我们所看到的，ESG 投资的资金量快速增长。但投资者和投资经理如何确定哪些公司在 ESG 问题上表现良好？企业自主报告 ESG 标准的指导和原则的来源是什么？在本章中，我们将深入探讨如何定义和衡量 ESG 因素，以及如何根据这些因素报告企业业绩。

本章的大部分内容都是为了帮助构建具有积极 ESG 特征的投资组合，同时也具有与传统投资组合一致的预期财务收益。本章后半部分总结了过往的实证研究，从整体上证实了可以构建具有预期市场收益率的 ESG 投资组合。

前八章为本书的后半部分打下了坚实的基础，之后我们会探索各种不同类别的投资者如何将 ESG 因素纳入决策。

（九）第九章　机构投资者基金中的 ESG 实践

ESG 投资的快速增长导致了每个大型投资管理公司都推出了 ESG 产品，并广受欢迎。本章将介绍一些大型资产管理公司的 ESG 投资工作。

（十）第十章　大学捐赠基金中的 ESG 实践

虽然许多大学注重 ESG 问题，但只有约 20% 的大学捐赠基金在其投资组合中纳入 ESG 投资。对于积极纳入 ESG 因素的捐赠基金，其投资过程中的问题、指标和操作细节究竟是怎样的呢？一篇彭博社评论文章如此写道："耶鲁大学冠军社会投资（Yale Champions Social Investing）……广泛的可持续运动已经获得了很多关注，但没有很好地解释它是什么以及它想要做什么。"（Kaissar，2018）因此，希望这本书，特别是这一章，能够揭开大学捐赠基金的 ESG 投资面纱。

（十一）第十一章　主权财富基金的 ESG 实践

主权财富基金一直是全球市场的活跃投资者，这些基金来自挪威、沙特阿拉伯和新加坡等。最近，一些基金已经成为发展另类投资策略的领导者。本章将更详细地介绍这些基金的活动。

（十二）第十二章　家族基金会和家族办公室的 ESG 实践

包含多个投资者的基金必须解决其受益人之间在投资目标方面存在的潜在分歧。家族基金会和家族办公室的优势在于受益人较少，并且（通常）能够以更一致的方式确定投资目标。因此，专一的 ESG 投资来自洛克菲勒（Rockefeller）、盖茨（Gates）等家族办公室。

（十三）第十三章　具有直接影响的 ESG 投资机构

第九章至第十二章已经介绍了几种 ESG 投资的来源。在本章中，我们考虑一些慈善机构的例子，这些机构是 ESG 投资的接受者，是改变世界的利刃。因为相关机构能够产生直接的社会或环境效益，能够对 ESG 问题产生最强烈的影响。对这些慈善组织的捐赠或其他馈赠意在产生积极的、可衡量的社会和环境影响，而财务收益（如果有的话）充其量是次要目标。

（十四）第十四章　ESG 投资的未来

最后一章简要说明了对未来 ESG 投资发展趋势的一些思考。

第一章

ESG、SRI 和影响力投资

有很多投资方式在追求财务收益之外，还寻求积极的社会或环境目标，对于这些投资方式的定义还没有达成一致。这些投资方式有很大的重叠，许多从业者使用相似的名称来称呼它们。本章将介绍这些投资方式，同时指出这些投资方式术语可能存在的任意和模糊之处。

一、ESG 投资

“环境、社会和治理（ESG）投资”一词源于 2004 年的报告《全球契约》（The Global Compact）。该报告称，全球 20 多家大型金融机构坚信，积极解决 ESG 问题对公司管理的整体质量至关重要。报告进一步指出，在这些问题上表现较好的公司可以通过适当管理风险、预测监管行动或进入新市场等方式增加股东价值，同时为社会的可持续发展做出贡献。此外，这些问题会对声誉和品牌产生重大影响，而声誉和品牌是公司价值中日益重要的组成部分。

ESG 有时被用作一个概括性的标签，用来描述任何带有社会目的的投资方式。虽然需要一个简明扼要的标签，但我们更倾向于用这个术语来专指一种更复杂的投资组合方法，即投资者或基金经理通过共同基金或交易所交易基金（ETF）等投资债券、股票，投资组合的标的通常是那些既可以产生较好收益，同时在 ESG 因素上得分较高的资产。后续章节将会详细研究这种投资方式。

二、SRI

社会责任投资（SRI）关注的是企业在特定领域的影响。最常见的投资方式是负面筛选法，排除那些从事不受投资者欢迎的活动的公司。例如，SRI 可以将涉及酒精、烟草、赌博或枪支的公司排除在外。从历史上看，SRI 也排除那些活跃于南非种族隔离时期的公司，以及最近涉及冲突矿产的公司。撤资决策通常是根据一个或多个供应商或顾问提供的指数进行的。SRI 并不总是专注于排除不良公司，相反，它可能会主动投资于那些致力于社会正义或环境解决方案的公司，也可能投资于为当地社区提供服务的组织。最显而易见的区别是，SRI 会筛选出某些公司，而 ESG 投资则指出了在整体投资组合中应当包括哪些公司。一个最大的隐忧是，简单地将公司排除在外的策略可能会导致投资组合的收益率低于市场基准。研究显示这些基金在历史上表现不佳，这经常被作为所有 SRI 和 ESG 投资表现不佳的证据，无论是由于撤资还是更复杂的投资组合。

关于撤资策略的一个有趣的例子是重点排除那些在南非种族隔离时代活跃的公司。

三、南非撤资

撤资作为一种影响社会变革的工具，与抗议南非种族隔离运动密切相关。1962 年，联合国通过了一项谴责种族隔离的决议，但大部分西方公司仍照常经营。从 20 世纪 60 年代开始，包括学生在内的社会各界人士就试图引起人们对在南非经营的西方公司的关注，并开始了一场推动这些公司离开南非的运动。1977 年，费城的一名牧师，尊敬的列昂·沙利文（Leon Sullivan）博士起草了在南非的道德行为准则。这些准则后来被扩展成众所周知的《沙利文原则》（Sullivan Principles），它倡导了现在公认的基本人权。

- 在所有的饮食、休闲和工作设施中不实行种族隔离。
- 平等且公平的雇佣制度。
- 所有从事同等或可比工作的雇员享有同等报酬。
- 发起和开展面向所有人的培训计划。
- 增加管理和监督职位上黑人与其他族裔的人数。
- 改善黑人与其他非白人族裔在住房、交通、学校、娱乐和卫生设施等工作环境之外的生活质量。
- 努力消除妨碍社会、经济和政治正义的法律和习俗。

这些原则在今天看起来像是任何现代公司的基本人力资源政策，而在当时，却与南非政府的政策和法律直接冲突，会使很多公司无法在南非经营。这些原则为什么重要呢？它们可能只是一个美国社会活动家发表的毫无实权的声明。然而，真正让不良企业感到压力的是，沙利文实际上是通用汽车公司的董事会成员，而通用汽车公司在南非是最大的雇主（通用汽车于1986 年出售其南非业务，1997 年，在民主选举之后，它又返回了这个国家）。《沙利文原则》以及来自联合国和其他方面的支持，促使许多股东会议都呼吁不良企业退出南非，并向机构投资者施加压力，要求机构投资者减持在不良企业投资的股份。

到 20 世纪 80 年代末，155 所美国大学已从捐赠基金的投资组合中减持了南非公司的股份。美国各地的养老基金也剥离了所持的南非公司的股份。一些人认为，撤资对企图帮助南非的公司伤害最大，这些公司在南非提供了工作岗位，并在削弱种族隔离制度方面具有一定的影响力。这些人辩称，如果这些公司离开这个国家，其员工将直接受到伤害，公司将失去与现有政府谈判的任何话语权，他们赞成“建设性接触”（constructive engagement）的政策。虽然这种说法有一定的道理，但在结束南非种族隔离方面取得的进展微不足道。撤资以及制裁、抵制和内部抗议在很大程度上促成了这一政策的结束。

四、“罪恶股票”撤资

所谓的“罪恶股票”（sin stocks）是指酒精、烟草、赌博和其他类似行业的公司的股票，一些人认为这些股票代表人类的罪恶。然而，在大多数西方国家，这些行业及其产品和服务是受当地法律允许的，并由各种政府机构管理。尽管这些行业是合法的，但一些投资者认为，由于潜在的监管、诉讼和供应链不确定性，这些行业不仅会带来道德和伦理风险，还会带来财务风险。虽然有理由认为，南非撤资在结束种族隔离制度方面发挥了重要作用，但不太清楚的是，“罪恶股票”撤资在改变个人行为或公司行为方面是否起到了作用。撤资可能会给投资者带来负面的财务后果。在不同的时期，烟草公司、枪支制造商和石油天然气公司的股票表现都优于市场指数。投资者可能希望建立一个更可持续的、减少碳排放的社会目标，但几乎没有证据表明，撤资将实现这些目标。出售艾克森石油公司的股票可能有一些象征意义，但不太可能对石油和天然气的需求产生任何影响。撤资策略面临着以下 6 个挑战。

第一，识别公司的困难。投资者可能想要剥离枪支经销商的股份，但是如何准确判断？沃尔玛销售大量枪支，但枪支和弹药只占沃尔玛销售额的很小一部分。

第二，有效性。在大多数情况下，撤资只是导致一群股东取代另一群股东，而这群新股东往往更加富有热情。

第三，附带损害。尽管剥离能源公司股票可能没有什么影响，但如果有呢？如果石油和天然气价格急剧上涨，社会底层人民将遭受更大的损失。

第四，成本。无论是设计、制定和跟踪绩效等成本，还是低于市场投资绩效的潜在成本，撤资计划可能成本高昂。对于有资金需求的组织，例如养老基金，这可能是一个很大的风险。

第五，就业风险。对于具有报告透明要求和融资义务的基金来说，低于市场财务收益可能对投资组合经理、高管和董事会成员的工作不利，特别是在撤资计划的社会目标存在争议且没有体现受益人的广泛共识的情况下。

第六，受托责任。在许多情况下，投资经理对受益人具有防止财务收益减少的义务（更多内容见第三章）。如果一个简单的撤资政策导致收益低于市场平均水平，这些基金经理的投资策略就会面临挑战。

因此，公共养老基金将需要谨慎地平衡道德考量和履行财务义务的责任。尽管如此，道德要求高的投资者还是继续支持撤资“罪恶股票”。其中一个“罪恶”产业就是烟草。从20世纪50年代开始，人们就发现吸烟与肺癌和其他癌症有关，烟草业被认为是在谋杀其顾客，而且导致了大量的公共卫生支出。最大的几家公司受到了诉讼，起初这些公司在法庭中占了上风，但在20世纪90年代末，形势发生了逆转，原告胜诉次数增加，并获得了越来越多的实质性损害赔偿。现在几乎没有人会质疑烟草对吸烟者造成的损害，人们逐渐认识到吸烟产生的医疗保健费用给个人和整个社会都带来了经济负担，因此投资者开始抛售烟草公司的股份。但是烟草公司为投资者创造了高于市场平均水平的收益。例如，2000—2016年，富时环球烟草指数（FTSE All World Tobacco Index）的收益率为988%，而富时环球指数（FTSE All World Index）的收益率为131%。一项研究估计，仅加州公务员养老基金就因为不包括烟草投资而损失了36亿美元。一些撤资支持者认为，烟草公司不太可能继续取得成功，因为对烟草行业不利的法规将在全球范围内扩展。但仍然有许多养老基金持有烟草投资，因为它们认为受益人应该获得尽可能高的经济收益，而且它们没有理由排除不违反国际和国家法律的行业。还有一个问题是，如何看待那些经营着不受欢迎的产品或服务但仍然遵守所有法律法规的“罪恶”行业或公司，这是一些问题产生的共同根源。

以枪支制造商和销售商为例。2018年年初，为了应对美国平民遭遇的可怕枪击事件，几家金融机构表示将停止为枪支制造商和销售商提供资金。花旗集团（Citigroup）是首家宣布限制向不符合要求的枪支销售商放贷的银行。该公司表示，将要求其所有客户遵守几项限制枪支销售的原则，包括禁止销售枪托，限制销售对象提高至21岁，以及确保在出售枪支前进行背景调查。美国银行（Bank of America）的一名高管公开声明这家银行将停止向为平民生产军用武器的制造商提供资金，该高管也认为这一行动可能不会解决枪支暴力问题，因为精神健康和枪支所有权问题属于公共政策问题。其他金融机构的行动似乎更为缓慢，它们与枪支公司的管理层进行接触，并参与政策修订。银行业是监管枪支制造商和销售商最严格的行业之一，而国会立法者也没有忽视银行的行动。来自爱达荷州的共和党参议员、参议院银行委员会主席麦克·克拉波（Mike Crapo）致信花旗集团和美国银行的首席执行官，批评他们限制军火行业的业务。克拉波指责银行利用自己的规模和影响力影响社会政策，并要求了解银行是如何收集购买枪支的消费者信息的。克拉波写道：“如果像你们这样的银行试图取代立法者和政策制定者，并试图通过限制信贷来影响社会政策，我们都应该感到担忧。银行不应该拒绝为自己不喜欢的客户提供金融服务。”尽管许多人支持限制枪支暴力的措施，但也有人担心银行试图绕过政治程序的风险。授予银行高管拥有禁止他人购买合法商品的能力会带来哪些风险？如果银行高管决定不向堕胎诊所提供资金，情况会怎样？还是应该拒绝为汽车提供贷款？一些银行高管或监管机构会拒绝为举办同性婚姻的企业提供信贷业务和其他金融服务吗？这将开创先例，即银行绕过政府体系中原有的制衡机制，试图解决有争议的政治和社会纠纷。鉴于信贷对经济的重要性，这似乎是一条危险的道路。

也有人试图利用监管机构，限制从事“罪恶”行业的公司获得银行服务。2018 年，联邦存款保险公司（FDIC）主席叶莲娜·麦克威廉姆斯（Yelena McWilliams）表示：“联邦存款保险公司不会屈从于那些旨在限制合法企业获得金融服务的监管威胁、不当压力、胁迫和恐吓……在我的领导下，联邦存款保险公司的监督责任将根据我们的法律和规定，而不是个人或政治信仰来履行。”

五、影响力投资

影响力投资（impact investing）一词是洛克菲勒基金会在 2007 年创造的，该基金会在慈善投资方面拥有超过 100 年的经验。近年来，大型投资管理公司专门的基金和产品加入了影响力投资的行列，2017 年全球影响力投资市场扩大到约 2 280 亿美元。

与其他投资方式相比，影响力投资通常更注重对社会或环境问题产生的具体影响。影响力投资可能涉及普惠金融、教育、医疗、住房、水、清洁能源和可再生能源、农业等。投资地域广泛，包括拉丁美洲和加勒比地区、东欧和中亚、东亚和太平洋地区、南亚、撒哈拉以南非洲地区、中东和北非。后面的章节将集中讨论主要投资于政府债务和股票市场的 ESG 基金。影响力投资的一个特点是，大多数资产属于其他资产类别。私人债务（34%）、不动产（22%）和私募股权（19%）占影响力投资资产的 75%。投资规模从小额信贷到数百万不等。投资的期望收益极少或根本没有经济收益，但情况也并非总是如此。一篇研究综述（Mudaliar 和 Bass，2017）分析了数十项影响力投资的业绩表现，发现影响力投资的市场收益率与传统投资组合的收益率相当。影响力投资和使命投资（mission investing）有许多相似之处，这两个术语经常互换使用。在此，我们将做一些区别，影响力投资可以由任何投资者或组织进行，而使命投资专指那些具有重点投资领域的组织所进行的投资。目前，这两个术语的使用有很大的重叠，而且这两种类别中的投资可能是相似的。在影响力投资和使命投资中，最活跃的投资者是一些大型基金会和捐赠基金。表 1－1、表 1－2 和表 1－3 列出了部分此类组织的资产。

这些数据是作者根据公开报告估计的。请注意，“陈－扎克伯格倡议”（Chan Zuckerberg Initiative）是以有限责任公司（LLC）而非慈善基金会的形式构建的，截至本书撰写之时，扎克伯格夫妇正准备提供 100 亿美元的初始目标资产。有限责任公司结构允许创始人行使更多的控制权，而典型的非营利机构则有几项法定要求，比如对支出类型的限制，以及要求每年至少花费其资产的 5％。作为有限责任公司，

表 1－1　美国最大的基金会排名

基金会名称	AUM（亿美元）
比尔及梅琳达·盖茨基金会	520
霍华德·休斯医学研究所	200
礼来基金会	117
罗伯特·伍德·约翰逊基金会	114
保罗·盖蒂信托基金	104
陈－扎克伯格倡议有限责任公司	超过 100
威廉和弗洛拉·休利特基金会	99
彭博家族基金会	70

资料来源：根据公开报告中的数据汇编。

表 1-2 美国最大的社区基金会排名

社区基金会名称	AUM（亿美元）
硅谷社区基金会	136
塔尔萨社区基金会	41
大堪萨斯城社区基金会	32
纽约社区信托基金	28
芝加哥社区信托基金	28
克利夫兰基金会	25
卡罗来纳州基金会	25
哥伦布基金会及其附属组织	23
俄勒冈州社区基金会	23
马林社区基金会	22

资料来源：根据公开报告中的数据汇编。

表 1-3 美国最大的大学捐赠基金排名

大学捐赠基金名称	AUM（亿美元）
哈佛大学	392
得克萨斯大学	326
耶鲁大学	294
斯坦福大学	265
普林斯顿大学	259
麻省理工学院	164
宾夕法尼亚大学	138
密歇根大学	119
哥伦比亚大学	109

资料来源：根据公开报告中的数据汇编。

“陈－扎克伯格倡议”可以向其创始人所青睐的 ESG 领域的营利性公司提供资金，也可以支持他们青睐的政策。扎克伯格夫妇已经表示，他们打算把500多亿美元的财富中的大部分留给自己的慈善事业，所以我们估计这家公司的资产超过100亿美元。

有5~10家基金会的资产为60亿~80亿美元。根据这些基金的资产配置和市场估值，其中任何一家基金会的资产价值都可能超过彭博家族基金会（Bloomberg Philanthropies）。

2017年年底，得克萨斯州德太资本管理的一只私募股权基金“睿思基金”（Rise Fund）筹集了20亿美元用于影响力投资。该基金的经理们试图解决这样一个问题，即一些影响力投资的目标是好的但结果往往不佳，甚至无法衡量。为了解决这些问题，该基金开发了一种方法来量化投资所影响的社会和环境的经济价值。这种方法是利用货币影响倍数（Impact Multiple of Money，简写为IMM），产生数字指标来评估投资，如果IMM表明每一美元的社会收益达到2.50美元，那么睿思基金将投资该公司。计算的6个步骤如下。

- 评估相关性和规模。公司是否产生了积极的社会或环境影响，是否可以衡量，是否有足够大的影响。
- 确定基于证据的成果。确定与SDGs相关联的社会或环境目标，并且成果是可实现的和可衡量的。
- 评估这些结果对社会的经济价值。利用经济研究对预期的社会或环境变化进行价值评估。
- 根据风险进行调整。对实现预期社会或环境价值的可能性进行折现。
- 估算最终价值。估算投资终止后5年内所创造的社会或环境价值持续增加（或减少）的可能性。
- 计算每一美元投资的收益。从投资创造的总预期价值开始，计算投资者的持股比例，然后除以初始投资。

这种 IMM 方法为预期收益的衡量提供了重要的指导，但显然也包含了许多假设。它最有用的地方应该是对投资进行排序，并为投资者提供对社会和环境影响的实质性见解。它对后期项目更有用，因为在早期项目中，实施风险及其他风险可能更高。

六、使命投资

使命投资与影响力投资含义相近，通常指具有相对特定的社会、环境或精神目的的慈善基金会或宗教基金的投资活动。

使命投资旨在对特定的慈善目标产生影响，如为儿童提供更好的医疗保健或更好的教育机会。这些投资有望产生积极的社会影响，同时获得财务收益，为投资机构的财务稳定做出贡献。与这些项目相关的投资主要关注投资的社会价值，并可能获得二级市场收益。如上所述，使命投资与影响力投资具有许多类似的特征，但影响力投资可以由个人或其他机构进行，而不是由慈善或宗教基金会发起。

阿诺德公司（Arnold Ventures）是一个相对较新的慈善机构。该机构在 4 个领域开展工作：刑事司法、卫生、教育和公共财政。该机构的方法是识别问题，严谨地研究问题，并寻找解决方案。一旦一个想法被测试、验证并被证明是有效的，该机构就会为政策发展和技术援助提供资金，目标是在各个领域创造更长久的变革。该机构重点关注的领域具体如下。

- 刑事司法，包括治安、审前司法、社区监督、监狱、重返社会。
- 卫生，包括阿片类药物的流行、避孕药具的选择和获得、药品的价格、商业部门价格、廉价护理、综合护理。
- 教育，包括基础教育和高等教育。
- 公共财政，包括退休政策和政策研究实验室。

七、联合国负责任投资原则

联合国负责任投资原则（PRI）的倡议始于2005年，目的是协调关注可持续发展问题的银行、公司和研究人员。这个最初的组织后来加入了一个关键群体——机构投资者。迄今有2 000个签署方，管理着80万亿美元的资产。PRI的目标是让投资者在投资决策中考虑ESG因素并实施负责任投资，包括股票、债券、私募股权、对冲基金和不动产。

签署方承诺："作为机构投资者，我们有责任为我们的受益人的最佳长期利益采取行动。作为受托人，我们认为ESG问题会影响投资组合的表现（在不同的公司、行业、地区、资产类别和时间上有不同程度的影响）。"

签署方进一步表示，他们认识到更广泛的社会目标可能与这些原则相一致。因此，在与受托责任相一致的情况下，他们承诺如下。

- 原则1：将ESG问题纳入投资分析和决策过程。
- 原则2：成为积极的所有者，并将ESG问题纳入所有权政策和实践中。
- 原则3：寻求被投资对象对ESG问题的适当披露。
- 原则4：促进投资行业接受和实施这些原则。
- 原则5：共同努力，提高执行这些原则的效力。
- 原则6：对实施这些原则的活动和进展情况进行报告。

机构投资者和其他人对PRI的支持主要由以下因素驱动。

- 金融界认识到ESG因素在决定风险和收益方面正在发挥着重要作用。

- 纳入 ESG 因素是机构投资者对其客户的信托责任的一部分。
- 注意到短期主义对公司业绩、投资收益和市场行为产生的影响。
- 保护受益人长期利益和广义金融体系的法律要求。
- 来自竞争对手的压力，试图通过提供负责任投资服务作为竞争优势来使自身脱颖而出。
- 投资者变得越来越积极，要求了解其资金的投资目标和投资方式。
- 在全球化和社交媒体的世界中，气候变化、污染、工作条件、员工多样性、腐败和激进的税收策略等问题带来的声誉风险。

因此，PRI 与其他强调道德或伦理收益的投资策略是不同的。相比之下，PRI 针对的是更广泛的投资者群体，这些投资者的主要目的是获得财务收益。有报告认为，ESG 因素会对客户和受益人的收益产生实质性影响，因此在做出投资决策时不能忽视这些因素。许多社会和道德投资方法包含特定的乃至狭隘的主题，而 PRI 则包括对与投资业绩相关的任何信息的分析。

八、联合国可持续发展目标

2015 年 9 月，联合国大会通过了《2030 年可持续发展议程》，其中包括 17 项可持续发展目标（SDGs）。SDGs 阐释了全球面临的挑战，包括贫困、不平等、气候、环境退化、繁荣、和平与正义等。17 项目标如下。

- 目标 1：消除贫困。
- 目标 2：消除饥饿。

- 目标3：健康和福祉。
- 目标4：优质教育。
- 目标5：性别平等。
- 目标6：清洁饮用水及公共卫生。
- 目标7：人人可负担的清洁能源。
- 目标8：经济增长和体面的工作。
- 目标9：可持续的工业创新和基础设施。
- 目标10：减少不平等。
- 目标11：可持续的城市和社区。
- 目标12：可持续的消费和生产。
- 目标13：气候行动。
- 目标14：海洋环境。
- 目标15：陆地生态。
- 目标16：和平、公正和强有力的机构。
- 目标17：可持续发展的全球伙伴关系。

九、财务收益与社会和环境收益的对比

图1-1展示并比较了各种社会投资类型的分布情况，纵轴表示财务收益，横轴表示社会和环境收益。传统投资组合不考虑ESG因素，其财务收益分布将围绕市场收益率的中位数。这些传统投资组合的社会和环境收益微乎其微。一个反映ESG因素的投资组合可以构建成与传统投资组合相似的财务收益（这方面的经验证据将在第八章中具体列出），并拥有优于传统投资组合的社会和环境收益。撤资组合（divestment portfolios）的历史表现一直相对较差，只有少数例外。图1-1显示这种投资方式的财务表现欠佳，而且社会和环境影响也不明显。

使命投资和影响力投资的策略存在重叠部分。两者都比ESG投资

更有针对性。一些使命投资组合已被证明能够获得市场平均收益率。一般而言，许多使命投资策略都要求收益至少足以支持组织机构的持续运作。然而，影响力投资至少包括一些愿意接受低于市场平均乃至微不足道的财务收益的组织，但人们认为，影响力投资关注的重点领域将使他们从中获得更大的社会和环境效益。

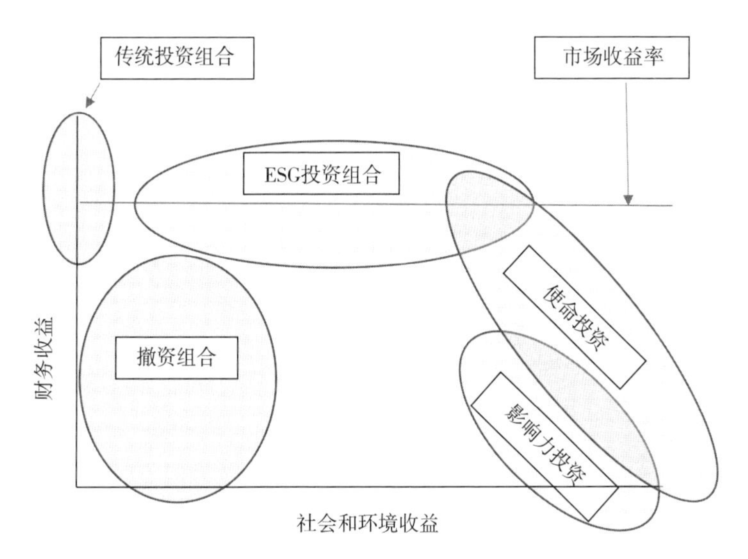

图 1-1　不同投资类型的财务收益与社会和环境收益的对比

十、全球可持续投资

本书聚焦于在美国的 ESG 投资活动，其他国家和地区的 ESG 投资的详细情况不做更多介绍。但是，感兴趣的读者可以从下列组织中找到更多信息。

- African Investing for Impact Barometer（非洲）。
- Belsif（比利时）。

- Dansif（丹麦）。
- Eurosif（欧洲）。
- Forum pour l'Investissement Responsable（法国）。
- Forum Nachhaltige Geldanlagen（德国/奥地利/瑞士）。
- Forum per la Finanza Sostenibile（意大利）。
- Japan Sustainable Investment Forum（日本）。
- KoSIF（韩国）。
- LatinSIF（拉丁美洲）。
- Responsible Investment Association of Australasia（澳大利亚）。
- Responsible Investment Association（加拿大）。
- Responsible Investment Research Association（印度）。
- SpainSIF（西班牙）。
- SWESIF（瑞典）。
- UKSIF（英国）。
- VBDO（荷兰）。

第二章

企业理论

ESG 投资的核心是为那些追求 ESG 目标的公司提供资本支持，或者通过资本影响公司去追求 ESG 目标。但有些人对于公司应该在多大程度上追求非财务目标提出质疑。米尔顿·弗里德曼在 1970 年发表的一篇关于企业目标的文章——《企业的社会责任是增加利润》（The Social Responsibility of Business Is to Increase Its Profits）（弗里德曼，1970）对该问题做出了回答。时至今日，大多数公司高管、董事会和投资经理仍然同意弗里德曼的观点，但 50 年来，也有许多人认为这个答案并不全面。在本章中，我们将讨论弗里德曼的重要文章，并继续探讨一些相互矛盾的观点。

一、企业的社会责任是增加其利润

首先，弗里德曼对“企业的社会责任”这一论述提出了异议。他认为这种说法太过模糊，且像公司这样无生命的结构是无法承担责任的，承担责任的是人，即经营者或者公司高管，他们的基本责任就是按照雇主的意愿进行经营。也就是说他们的责任是“在遵守社会基本规则的前提下，尽可能多地赚钱；这些社会规则体现在法律和道德习俗中”（弗里德曼，1970）。他指出，像医院这样的机构，可能还有另外的目标——提供特定的服务。他的观点是，公司的经营者应当对公司的所有者负责，公司员工可以利用自己的时间，任意支配自己的收入去支持慈善活动或者社会活动，但他们不能把公司的资源用于这些事情，这样的行为是在用别人的钱做好事。这将减少股东回报，或者，如果这些资金是通过提高产品售价的方式得来的，它将侵害客户的利益。当然，股东和客户总是可以自由地将自己的钱花在他们认为合适的任何事情上，在这种情况下，这些是慈善和社会事业的适当资金来源。与之相关的问题是，企业的慈善行为会在多大程度上“挤出”私人捐款，对于员工在社会活动上的支出的一种合适理解是，企业向股东和客户“征税”，而员工将自行决定这些“税款”的用途。但是，弗里德曼指出，政府已经建立了详细的程序来决定税收和支出，这些程序包括民主选举、精确制衡、建立行政、立法和司法机构、利用联邦、州和地方的权力、重要的宪法保护，以及庞大的监管程序。但是这些程序可能并不完备，所有这些机制都有可能被一名公司的经营者推翻或绕过。这些经营者通过毛遂自荐或由董事会任命的方式当选，认为自己既是立法者、又是政策执行者和追求特定社会目标的法学家。弗里德曼进一步指出，雇用公司高管人员是为了增加公司所有者的利益，在某种程度上，如果高管人员为了进一步实现社会目的而偏离了增加公司所有者利益这一目标，那么他们就成了（未经选举、未经提名和未经确认的）事实上的公务员。接下来的问题是，员工怎么评估该花多少钱以及如何花这笔钱？他们怎么明确要采取什么行动来达到特定的社会目标？分配给员工、股东和客户的合适成本份额是多少？许多支持企业社会目标的人，只是在他们自己的偏好与公司具体活动相一致的情况下才会支持。然而，他们不支持甚至是批判与他们主张相左的企业社会行为，因此，他们支持的不是企业社会责任本身，而是支持对他们来说很重要的特定事业。

弗里德曼接着指出，人们抱怨政治和立法程序过于缓慢，无法解决紧迫的社会问题。他原则上反对这一论点，因为提出这一主张的那些人没能说服大多数公民相信他们的立场；尽管如此，那些人仍然在寻求一种非民主的方法来证明他们论点的有效性。这一论点也适用于激进的股东提案，即少数人试图将对他们有利的愿望强加于公司，而这些愿望始终不能吸引大多数股东的支持。这并不是20世纪70年代一场毫无结果的辩论。例如，大型机构投资者目前正在与枪支制造商就枪支制造、销售和安全问题进行商谈。就在2018年3月，枪支制造商美国户外品牌公司（American Outdoor Brands Corporation）在其公司网站上回复了这些投资者（Monheit 和 Debney，2018）。

“我们相信我们的股东不会把枪支的非法使用与制造枪支的公司联系起来；然而，我们相信，如果我们生产和销售的产品含有消费者不喜欢的特性，或者如果我们的政治立场与消费者相左，我们公司会面临更大的声誉和财务风险。”即使该公司赞同美国目前关于枪支管制的论点，“解决问题的办法也不是采取以政治为动机的行动，它对我们的公司、员工、股东、行业、经济体及我们守法的客户的权利产生不利影响，但不会提高公共安全水平”。然而，该公司确实支持加强现行法律的执行，并努力改进背景调查。

在弗里德曼的观点之后，第二篇有影响力的文章是《企业理论：管理行为、代理成本和所有权结构》（Theory of the Firm：Managerial Behavior，Agency Costs and Ownership Structure）[詹森和梅克林（Jensen and Meckling)，1976]。该文从“委托－代理”的角度对许多企业的活动进行了合理的解释。在这个模型中，委托人（股东）将决策权转让给代理人（董事会和公司高管）。这种委托导致了一个在许多不同的领域都会出现的问题，即委托人很难保证代理人会严格按照能为委托人带来最佳结果的目标行事。詹森和梅克林的分析为后续的讨论奠定了基础，这些讨论有关于如何为代理人建立适当的激励机制，并且提出合理的监控方案等策略以缓解代理问题。如果将这一概念应用于企业的社会责任行为、代理活动以及那些不是为了提高股东价值而进行的支出，结论是委托人的福利会面临损失。

以利润最大化作为经营目标的优点是相对简单、容易理解、易于衡量，而将其他社会目的作为目标会导致非预期的不利结果。例如，血液检测公司 Theranos 因此破产。

> 我刚刚读完了约翰·卡雷鲁的《坏血》（*Bad Blood*），这本书讲述了 Theranos 公司的欺诈行为以及作者为揭露这一骗局所做的工作。在卡雷鲁和联邦检察官看来，Theranos 向病人发布了数万份血液检测结果，但 Theranos 知道这些检测技术并不是有效的，甚至危及了这些病人的生命。书中有很多段落是关于 Theranos 的创始人伊丽莎白·霍姆斯（Elizabeth Holmes）的。她激励并劝导她的员工更加卖力地工作，以实现公司的使命，却无视员工们对于伪造技术的道德反对意见，继续推进该种技术。这些段落都没有提到股东价值或利润最大化。书中提到了霍姆斯对于拯救生命和治疗癌症患者的医疗改革的愿景。如果你想激励别人去做糟糕的事情，那么向他们灌输一个宏伟的愿景、更大的目标和更崇高的使命会非常有效。
>
> 莱文（2018）

尽管本章的大部分都在集中讨论公司只注重利润或股东价值最大化的缺点，但是莱文对 Theranos 的观察指出了另一个问题：一家公司可能披着宏大愿景的外衣，从事不受社会欢迎的活动，与此同时也不盈利。

仅仅为了实现社会目标而采取的行动不应该与表面上似乎是利他主义的，但实际上是为了提高公司的盈利能力的行动混淆。例如，雇主可以为社区提供便利设施，比如支付清洁地铁或清除高速公路上垃圾的费用，这些“善意”活动可以提高公司的声誉，更容易吸引员工或提升品牌形象。但这与更普遍的企业社会责任问题并无关联，这种宣传公司对环境或社会负有责任，但并没有任何承诺的活动，有时被称为“漂绿”（greenwash）。

弗里德曼的理论基于对个人自由选择和民主政府原则固有价值的理想主义信念。他反对强加的或者定义不清的“社会责任”，认为这是对制度的颠覆。即使在对社会问题日益敏感的今天，许多人仍然坚持这一立场。例如，菲尔·格兰和迈克·索伦（Phil Gram and Mike Solon）在2018年7月19日的《华尔街日报》中写道：“将政治和社会目标强加给企业，往往只不过是迫使企业遵守被国会和法院拒绝的价值观。美国创造了世界上最成功的经济，它允许私人财富服务于私人经济目标而不是政治问题，商业决策政治化有可能把政府的大量低效行为带到私营部门，在这个过程中欺骗投资者、员工和消费者。”

二、最大化股东利益，而非市值

虽然弗里德曼的观点被广泛接受，但不同的观点也越来越多地被关注。一些学者认为，现代企业既是一种经济或技术结构，也是一种政治适应体。20世纪70年代，公司被视为契约的纽带，特别是在股东和董事会成员之间。在此之前，人们对公司的解释是对更广泛的组成部分负有公司责任。利益相关者不仅是所有者，还有员工、客户和广大公众。另一些学者是从产权的角度来研究公司。还有一些学者对弗里德曼的理论持异议，认为该理论过于狭隘地定义了企业所有者的投资目标。哈特和津加莱斯（Hart and Zingales，2017）认为，投资者不是只关心金钱回报的简单机器。财务收益很重要，但个人也会考虑社会和道德问题，这些考虑在评估公司业绩时也会起作用。弗里德曼的观点是，个人应该将赚钱活动与可能由这些活动提供资金支持的慈善行为分开。但这种分离观点的假设是个人行动可以达到与公司行动相同的规模和影响，而情况并非总是如此。从历史上看，一些企业行动造成了重大负面的社会或环境影响，但个人凭借自己的行动并不一定拥有信息、技术或其他资源来弥补损害。在这些情况下，让企业参与解决负面影响可能是一种可靠的解决方案。还有一种解决方案是政府干预，但许多同意弗里德曼利润最大化观点的人预计，企业行动将比政府介入更有效率。

个人可能会受到公司活动产生的“外部性”的负面影响。当企业通过直接行动来减轻这些外部性时，个人的福利得到提高。在弗里德曼构造的理想世界里，公司的目标只有赚钱，个人和政府可以利用公司的收入和税收来解决外部效应。但哈特和津加莱斯认为，在许多情况下，赚钱和进行道德活动是密不可分的，他们认为弗里德曼的理论要求消费者拥有可扩张的项目，这些项目是企业负面活动的镜像。此外，消费者需要得到足够的资金来抵消影响，同时还需要得到技术、信息、通信和其他资源来实现这一目标。显然很难达到这种要求。政府行动可以作为补救措施，但集中的政府解决方案能否在每一种情况下都被高效提供并不是那么显而易见。企业活动带来的反社会性对弗里德曼的理论来说更是雪上加霜。公司的盈利活动与这些活动带来的破坏性结果交织在一起。个人没有技术、信息、通信和其他资源，无法以一种低成本高效率的方式来扭转破坏性结果。从这个角度来看，公司更适合来解决这些问题。

弗里德曼关于“政府是影响社会行为的（唯一）代理人”的主张也受到了质疑。法律法规并不一定涵盖了所有可取的行动。即使人们有意愿通过一项法律，颁布和执行这项法律也可能花费很长的时间。而且，让企业采取行动可能比让政府机构更为有效。弗里德曼理论的当代拥护者认为，与政府行动相比，企业更为高效。

哈特和津加莱斯引用了一些关于社会问题的例子，这些社会问题存在争议，但还没有得到公众的广泛支持，因此对结论有不利影响。而且如果对于企业社会行为的支持程度没有明确的标准，经理人和董事会就有可能做出自私自利的行为。企业的社会责任行为可能是合理的，但仍然存在由谁决定采取何种行动的问题。

三、社会福利最大化

斯托特（Stout，2013）认为，只要这些行为本身是合法的，且不构成对公司资源的盗窃，董事会和管理者就可以自由地追求这些目标的最大化。她反驳了委托－代理的类比，指出股东只是间接地控制公司，而且在实践中很难行使权利；股东可以替换董事会，但他们很少这样做（一个反驳的观点是，这种事情很少发生，因为董事会很少以过分的方式行事。替换的威胁以及董事会承认其对股东的责任，可以起到足够的威慑作用，没必要进行替换）。她指出，近几十年来，人们一直采取几种追求股东利润最大化的策略。其中一些策略如下。

- 增加董事会中独立董事的数量。
- 将高管薪酬与股东利润（特别是股价高低）更紧密地联系在一起。
- 取消董事任期，以便更容易地更换董事，从而鼓励问责制。

这些策略能否成功地增加股东利润？实证研究表明结果并不明确。但斯托特发现，有时这些增加股东价值的策略并不能成功地增加投资者回报。对股东利润最大化的目标进行进一步的复杂管理，会发现股东是一个多元化的群体，有许多不同的目标。一些人可能想要短期的最大利润，但另一些人可能长期持有股票，有一个久远的退休目标；

后一组股东可能会同意放弃当前利润，以扩大投资项目，获得更长期的回报。其他投资者可能对社会目标有更高的追求。例如，工会养老基金可能会反对为了改善短期季度业绩而大举裁员。因此，股东价值是一个人造的概念，实际上是不可定义的。用短期股价作为衡量成功的唯一标准，会让一些股东获得特权，“这些股东是最短视的、机会主义的、千篇一律的、对道德和他人的福利漠不关心的人”。确定单一的企业目标并对其进行优化，可能因其简单性和数学方面的实用性而具有吸引力，但她认为这是不现实的，并指出许多人类活动都追求多重目标。例如，在吃饭时，我们通常会平衡味道、健康和价格。

作为世界最大的资产管理公司的首席执行官，芬克（Fink，2018）在一封引人注目的致企业负责人的信中表示，在管理他们的公司时，企业领导人需要有更广阔的视角。

> 社会正越来越多地求助于私营部门，并要求公司可以应对更广泛的社会挑战。事实上，公众对公司的期望从来没有这么高过。社会要求公司，无论是公有的还是私人的，都要为社会目的服务。为了随着时间推移而繁荣，每个公司不仅需要提高财务业绩，还必须披露其如何对社会做出积极贡献。公司必须让所有利益相关者受益，包括股东、员工、客户和所在的社区。
>
> 没有使命感，无论是上市公司还是私人公司都不能充分发挥自身的潜力。它们最终将失去关键利益相关者的经营许可，并且将屈服于分配收益的短期压力，在此过程中牺牲对员工发展、创新和长期增长所必需的资本支出的投资，然后继续进行目标更清晰的激进行为，即使这个行为只服务于最短期和最狭隘的目标。最终，这家公司将给那些依赖它为退休、购房或高等教育提供资金的投资者带来低于标准的收益。

尽管芬克的信受到了许多投资者和企业首席执行官的赞同，但它未能说服持更传统观点的人，这或许并不令人意外。这些传统投资者认为，在确定被普遍认同的社会目的和衡量结果方面仍存在困难，他们又回到了弗里德曼式的论点，即公司的目的是使股东价值最大化，可以通过纳税让政府来解决社会问题。一位投资者指出，贝莱德的许多基金都是“被动的”，其跟踪市场指数（Lovelace，2018）。该投资者认为，这些基金声称它们跟随市场，这是不恰当的，甚至是虚伪的。但该基金管理层随后表示将积极寻求影响这些公司的决策。这位投资者本人是一位积极的慈善家，也许是意识到在确定适当的社会事业方面存在困难，他说：“我不知道拉里·芬克被奉为上帝。”

在斯托特看来，企业可以处理多个目标，并在每个目标上都做好可信的工作。这是一种“令人满意的”而不是“最大化”的策略。通过不寻求“最大化”任何一个群体的目标而损害其他群体的利益，管理者在解决股东、客户和员工之间冲突方面的压力会更小。一个合理的，甚至令人满意的管理策略是为投资者创造可观的利润，但也要考虑到其他利益相关者所支持的额外预期结果：平衡长短期的股东利益，使顾客得到良好的服务，创造求职者渴望的良好工作条件，遵守规章，以一种对社会负责任的方式经营公司。公司利润虽然很重要，但这不是管理的唯一焦点。在美国，一些表现最好的公司，满足多个目标似乎是对管理行为的一个很好的描述。

四、股东权利

前面的讨论涉及公司经理和董事会的适当行为。但对于股东们呢？有时，我们说股东“拥有”一家公司。虽然股东拥有多项重要权利，但从技术上讲，股东并不“拥有”一家公司，而是公司拥有股东。股东有哪些权利？一般而言，股东享有下列权利。

- 获得股息的权利，由董事会宣布，且受优先股股东优先权的约束。
- 有权检查某些公司文件，如账簿和记录。
- 破产时对资产的要求权。
- 评估和获取某些信息的权利。
- 选举、罢免或更换董事会成员的投票权，以及对某些公司行为和其他建议的投票权。

其中，投票权可能是最重要的，通过行使投票权，投资者或者所有者可以影响公司的监督、管理以及行动。大约85%的美国公司已经采用了一股一票的股票结构。然而，如果公司发行了有不同的投票权的股票，投票权就会被削弱。就投票权而言，并非所有股份都是平等的。通常情况下，创始人和其他公司内部人士将保留拥有“超级”投票权的股票，这允许创始人保持对公司的投票控制。向公众发行的股票的投票权相对较低，最常见的投票比例是，向创始人及其家族成员和其他内部人士发行的股票拥有10票的投票权，而次级股只有1票的投票权，一些公司的双重股权结构甚至比这个差距更大。双重股权结构可能会产生负面影响，因为当公司业绩不佳时，它会让经营不善的管理层不愿改变自己的经营方式。但对于一家管理良好的公司来说，它还可以让具有前瞻性思维的管理层专注于长期增长，而不是仅仅实现本季度利润的最大化。伯克希尔-哈撒韦（Berkshire Hathaway）、福特（Ford）、脸书（Facebook）和谷歌母公司Alphabet等公司拥有双重股权结构，而Snap在2017年上市时发行的股票根本没有投票权。纽约证券交易所（New York Stock Exchange）在大部分时间里，不会让拥有双重股权结构的公司上市。但为了与政策更为宽松的其他交易所竞争，它改变了规则，现在允许公司最初以双重股权结构上市，一旦上市，公司就不能减少现有股东的投票权，也不能对新发行的股票赋予超级投票权。2015年，在纽约交易所上市的公司中，超过15%的公司拥有双重股权结构，而在2005年，这一比例仅为1%。

对双重股权的公司表现是否逊于同类公司的研究结果并不明确。虽然有一些证据表明，少数人持股的公司历来负债过多，而且内部投票权的增加与公司价值的降低有关，但最近科技公司的上市和私募股权市场结构的变化，却使得这一局面更加混乱。这些科技公司的经理拥有更大的自由，可以成功地从事长期项目，而不是更依赖季度业绩指标。但由于对双重股权结构的潜在价值存在分歧，一些机构投资者将“一股一票”作为一种积极的治理因素。此外，作为最大的股指提供商之一，富时罗素（FTSE Russell）在2017年发出通知，它只将那些公众拥有至少5%投票权的公司纳入其指数。这似乎是一个较低的门槛，但也排除了Snap、沃途（Virtu）、凯悦（Hyatt）和其他45家公司。如果这一门槛被设定为25%，将有230家公司被排除在外。标准普尔道琼斯公司（S&P Dow Jones）则禁止在标准普尔500指数（S&P 500）和其他指数中加入双重股权结构的公司，但已有公司不受到该项规定的约束。

一项研究［特许金融分析师协会（CFA），2018］回顾了美国双重股权结构公司上市的历史和几个案例，从中发现：

- 目前在美国和亚洲两地的上市热潮，与美国20世纪20年代和80年代的情况类似，包括流动性增加和过度乐观。
- 20世纪20年代和80年代的繁荣之后，都是一段漫长的市场动荡。
- 双重股权结构公司上市的兴衰（以及再次兴起）既不是必然的，也不是独特的。除了大规模采用双重股权结构，还有更多的选择。
- 允许双重股权结构公司上市使得证券交易所感受到市场的竞争压力。

- 对于双重股权结构的家族企业来说，大股东更容易滥用其地位，损害公众股东的利益，无论是通过巨额的高管薪酬方案还是可疑的咨询安排。
- 大股东（通常是创始人）没有动力去最大限度地发挥公司的潜力。他们可能拥有投票控制权，但他们拥有的股权较少，收益也相对较少。

因此，在创始人想要保持控制权的愿望和投资者想要拥有代表的愿望之间，就会出现矛盾。一个可行的解决方案是，创始人在公司成立和发展的早期阶段保持投票控制权可能有一定的价值，但要对这种结构设定一个时间限制，当公司变得更加成熟时，就没有理由再让创始人掌握投票控制权了。美国证券交易委员会（Securities and Exchange Commission，简写为 SEC）研究了双重股权结构公司的相对估值。一组公司让内部人士永远控制公司，另一组公司有“日落”条款，规定超级投票控制权的固定年限或在创始人去世后到期。图 2-1 显示，在首次公开募股（IPO）7 年或更长时间后，拥有永久双重股权结构的公司的交易价格明显低于那些拥有日落条款的公司。

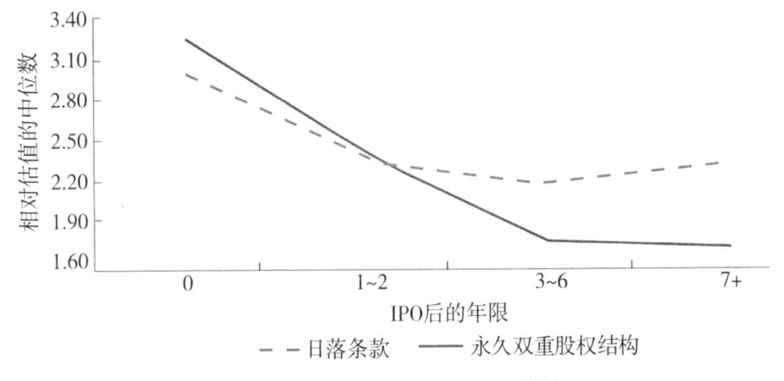

图 2-1　双重股权结构企业估值

资料来源：美国证券交易委员会，https：//www. sec. gov/news/speech/perpetual-dual-class-stock-case-against-corporate-royalty。

日落条款可以是基于时间的，也可以是基于事件的。内部人士死亡或离职等事件，可能触发将较高投票权股票转换为较低投票权股票的条款。基于时间的日落条款从公司 IPO 后 3～20 年不等。表 2－1 显示了几家公司基于时间的日落条款。

表 2－1　基于时间的日落条款

公司	IPO 年份	日落条款触发机制
EVO Payments	2018	3 年
Texas Roadhouse	2004	5 年（2009 年转换为一股一票）
Groupon	2011	5 年（2016 年转换为一股一票）
MuleSoft	2017	5 年（2018 年被 Salesforce 收购）
Bloom Energy	2018	5 年或超级类别股票低于已发行普通股票的 5%
MaxLinear	2010	7 年（2017 年转换为一股一票）
Yelp	2012	7 年或超级类别股票低于已发行普通股票的 10%（在 2016 年转换为一股一票）
Kayak Software	2012	7 年（2013 年被 Priceline 收购，现为预定控股）
Mindbody	2015	7 年
Apptio	2016	7 年或超级类别股票低于普通股票的 25%
Twilio	2016	7 年
Smartsheet	2018	7 年或超级类别股票低于普通股票的 15%
Veeva Systems	2013	10 年
Castlight Health	2014	10 年
Pure Storage	2015	10 年或超级类别股票低于普通股票的 10%
Stitch Fix	2017	10 年或超级类别股票低于普通股票的 10%
Alteryx	2017	10 年或超级类别股票低于普通股票的 10%
Hamilton Lane	2017	10 年或者创始人和员工持有不到 25% 的投票权
Okta	2017	10 年
Zuora	2018	10 年或超级类别股票低于普通股票的 5%
Eventbrite	2018	10 年
Altair Engineering	2017	12 年或“高管持有”的比例低于未清偿普通股票的 10%
Fitbit	2015	12 年
Nutanix	2016	17 年
Workday	2012	20 年或超级类别股票低于已发行普通股票的 9%

资料来源：美国机构投资者理事会，https：//www.cii.org/dualclass_stock。

五、总结

本章总结了一些有争议的企业理论。我们从弗里德曼的一篇开创性文章开始，该文阐述了股东价值最大化是公司的目标，并且应该如此。之后的学者指出，股东是一群多元化的群体，他们的愿望和需求超出了财务收益。另一个支持更广泛的公司目标的原因是认识到企业的行为可能会产生不利的 ESG 后果，而这些后果由企业自己解决最有效。从长期来看，负面 ESG 因素的风险变得更加重要。斯托特为“令人满意的”行为提出了一个有吸引力的案例，即企业能够采取行动来满足不同利益相关者的需求。最后，我们更加详细地研究了股东权利。

本章的理论讨论也为管理公司时考虑 ESG 因素是否适当的问题提供了背景。在下一章中，我们将研究受托人在管理投资时的职责和责任，并提出类似的问题：“投资经理在资产配置中考虑 ESG 标准是否合适?”在第七章中，我们还将继续讨论股东积极主义，即投资者通过股东提议、与公司管理层接触等影响公司的行动，使公司与投资者的 ESG 目标保持一致。

附表　受5%和25%投票权限制影响而被排除的股票

代码	机构名称	公众表决权（%）（2018 年 5 月）
EV	Eaton Vance Corp	0.00
ERIE	Erie Indemnity Co	0.00
ARTNA	Artesian Resources Corp	0.00
SAM	Boston Beer Inc.	0.00
BRC	Brady Corp	0.00
CNBKA	Century Bancorp Inc.	0.00
EZPW	EZCorp Inc.	0.00
FII	Federated Investors Inc.	0.00

（续表）

代码	机构名称	公众表决权（%）（2018 年 5 月）
KELYA	Kelly Services Inc.	0.00
OPY	Oppenheimer Holdings Inc.	0.00
SNAP	Snap Inc. —A	0.00
GROW	US Global Investors, Inc. —A	0.00
CCO	Clear Channel Outdoor	0.58
NYLD	NRG Yield Inc. CL C	0.83
ARD	Ardagh Group SA	0.84
ATUS	Altice USA, Inc. —A	0.94
SDI	Standard Diversified Inc.	0.98
SCWX	Secureworks Corp	1.03
ANGI	Angi Homeservices Inc. —A	1.14
ZUO	Zuora Inc. —Class A	1.18
SMAR	Smartsheet Inc. —Class A	1.32
AC	Associated Capital Group	1.36
DBX	Dropbox Inc. —Class A	1.49
CIX	Compx International Inc.	1.60
MDB	MongoDB Inc.	1.98
GBL	Gamco Investors Inc.	2.11
SFIX	Stitch Fix Inc. —Class A	2.11
MDLY	Medley Management Inc.	2.15
VMW	VMware Inc.	2.21
VCTR	Victory Capital Holding —A	2.22
BAND	Bandwidth Inc. —Class A	2.29
MTCH	Match Group Inc.	2.38
CVNA	Carvana Co	2.50
BBGI	Beasley Broadcast Group	2.68
OCX	Oncocyte Corporation	2.70

（续表）

代码	机构名称	公众表决权（%）（2018 年 5 月）
ROAD	Construction Partners Inc. —A	2. 76
ROSE	Rosehill Resources Inc.	3. 04
UONEK	Urban One Inc.	3. 24
DVMT	Dell Technologies	3. 50
LAUR	Laureate Education Inc.	3. 60
USM	United States Cellular	3. 65
VIRT	Virtu Finl Inc.	3. 85
RMR	RMR Group Inc.	3. 98
APRN	Blue Apron Holdings Inc. —A	4. 05
APPN	Appian Corp	4. 26
PVTL	Pivotal Software Inc. —CL A	4. 38
CSSE	Chicken Soup For The Soul EN	4. 55
SNDR	Schneider National Inc.	5. 12
HLNE	Hamilton Lane Inc.	5. 28
TR	Tootsie Roll Industries	5. 49
SWCH	Switch Inc.	5. 57
H	Hyatt Hotels Corp	6. 06
ALTR	Altair Engineering Inc.	6. 30
PZN	Pzena Investment Mgmt	6. 34
HUD	Hudson Ltd	6. 91
NEXT	NextDecade	7. 12
TEAM	Atlassian Corp PLC	7. 12
APPF	Appfolio Inc.	7. 15
IPIC	IPIC Entertainment Inc.	7. 32
VHI	Valhi Inc.	7. 38
HPR	High Point Resources	7. 43
DVD	Dover Motorsports Inc.	7. 71

（续表）

代码	机构名称	公众表决权（%）（2018 年 5 月）
HLI	Houlihan Lokey Inc.	7. 72
INOV	Inovalon Holdings Inc.	7. 78
AYX	Alteryx Inc.	7. 96
PRPL	Purple Innovation Inc.	8. 04
FLWS	1-800 Flowers Com	8. 27
HMTV	Hemisphere Media Group	8. 28
HOME	AT Home Group Inc.	8. 35
ROKU	Roku Inc.	8. 46
DISH	Dish Network Corp	8. 47
CASA	Casa Systems Inc.	8. 52
PAHC	Phibro Animal Health	8. 79
GNPX	Genprex Inc.	9. 05
COKE	Coca Cola Bottling	9. 06
SATS	Echostar Corp	9. 07
TLYS	Tillys Inc.	9. 26
FDC	First Data Corporation	9. 72
DDE	Dover Downs Gaming & Ent	9. 73
BXG	Bluegreen Vacations Corp	9. 88
YGYI	Youngevity International	10. 25
CNA	CNA Financial Corp	10. 38
SENEA	Seneca Foods Corp	10. 48
SCCO	Southern Copper Corp	10. 56
BOXL	Boxlight Corp	10. 56
NYNY	Empire Resorts Inc.	10. 68
WWE	World Wrestling Entmnt	10. 76
NES	Nuverra Envtl Solutions	10. 78
VALU	Value Line Inc.	11. 05

（续表）

代码	机构名称	公众表决权（%）（2018年5月）
ZS	Zscaler	11.58
RCUS	Arcus Biosciences	11.70
VICR	Vicor Corp	11.74
DGICA	Donegal Group Inc.	11.83
UMRX	Unum Therapeutics	11.86
PIXY	ShiftPixy	11.88
UBX	Unity Biotechnology	11.93
CBLK	Carbon Black	12.15
HEI/A	Heico Corp CL A	12.44
LBRT	Liberty Oilfield Service	12.45
EAF	Graftech International	12.48
QADA	QAD Inc.	12.50
DLB	Dolby Laboratories Inc.	12.57
JRSH	Jerash Holdings Inc.	12.63
NNI	Nelnet Inc.	12.81
ARL	American Rlty Invs Inc.	12.81
UBP	Urstadt Biddle Pptys Ins	12.95
DLTH	Duluth Holdings Inc.	13.01
BWL/A	Bowl America Inc.	13.49
ACMR	ACM Research	13.50
GWGH	GWG Hldgs Inc.	13.59
EL	Estee Lauder Companies	13.70
LINK	Interlink Electronics	14.00
ADT	ADT Inc.	14.02
METC	Ramaco Resources Inc.	14.78
RUSHA	Rush Enterprises Inc.	14.78
MJCO	Majesco	15.18

（续表）

代码	机构名称	公众表决权（%）（2018年5月）
SALM	Salem Media Group Inc.	15.18
REV	Revlon Inc.	15.27
GTES	Gates Industrial Corp	15.28
VLGEA	Village Super Market Inc.	15.34
W	Wayfair Inc.	15.34
EEI	Ecology & Environment	15.35
EVFM	Evofem Biosciences Inc.	15.40
RDI	Reading International	15.68
APTI	Apptio Inc.	15.74
MOTS	Motus GI Holdings Inc.	15.78
EPE	EP Energy Corporation	15.96
S	Sprint Corp	16.04
DOCU	DocuSign	16.06
PANL	Pangaea Logs Solutions	16.16
GBLI	Global Indemnity Ltd	16.20
SAH	Sonic Automotive Inc.	16.27
RMNI	Rimini Street Inc.	16.28
WHLM	Wilhelmina Intl Inc.	16.33
OFED	Oconee Federal Financial	16.34
GRIF	Griffin Industrial Rlty	16.51
MANT	Mantech International	16.57
NMRK	Newmark Group Inc.	16.60
EVLO	Evelo Biosciences	16.67
GAIA	GAIA Inc.	16.77
CURO	Curo Group Holdings Corp	16.83
AMRC	Ameresco Inc.	16.87
NL	NL Industries Inc.	16.98

（续表）

代码	机构名称	公众表决权（%）（2018 年 5 月）
IBKR	Interactive Brokers Grp	17. 02
MNI	McClatchy Co	17. 17
CDAY	Ceridian HCM Holding	17. 27
WDAY	Workday Inc.	17. 33
RL	Ralph Lauren Corp	17. 43
TFSL	TFS Finl Corp	17. 59
NC	NACCO Industries Inc.	17. 73
DNLI	Denali Therapeutics Inc.	17. 73
LEVL	Level One Bancorp Inc.	17. 84
BWB	Bridgewater Bancshares	17. 92
CVI	CVR Energy Inc.	18. 00
MCS	Marcus Corp	18. 05
BOMN	Boston Omaha	18. 07
AGR	Avangrid Inc.	18. 10
HSY	Hershey Company	18. 10
CLXT	Calyxt	18. 22
QES	Quintana Energy Services	18. 34
AMC	AMC Entertainment	18. 41
ODC	Oil DRI Corp of America	18. 48
QUAD	Quad/Graphics Inc.	18. 52
NH	Nanthealth Inc.	18. 65
AKCA	Akcea Therapeutics	18. 75
TUSK	Mammoth Energy Services	18. 79
MOV	Movado Group Inc.	18. 84
IOR	Income Opp Realty Inv	18. 88
BRID	Bridgford Foods Corp	18. 91
TCI	Transcontinental Realty	19. 05

（续表）

代码	机构名称	公众表决权（%）（2018年5月）
IFMK	ifresh Inc.	19.30
KRO	Kronos Worldwide Inc.	19.38
ISCA	International Speedway	19.52
VTVT	VTV Therapeautics Inc.	19.60
FAT	FAT Brands Inc.	19.77
TSQ	Townsquare Media Inc.	19.83
HY	Hyster-Yale Materials	19.90
LASR	NLight	19.99
PSTG	Pure Storage Inc.	20.01
CBS	CBS Corporation	20.02
SEND	Sendgrid Inc.	20.10
MC	Moelis & Co	20.14
VIA	Viacom Inc. CL A	20.20
VIAB	Viacom Inc. CL B	20.20
AQB	Aquabounty Technologies	20.29
WK	Workiva Inc.	20.40
SQ	Square Inc.	20.42
FTSI	FTS International Inc.	20.52
PNRG	PrimeEnergy Corp	20.74
EROS	Eros Intl Plc	20.87
NTNX	Nutanix Inc.	21.02
STXB	Spirit of Texas Bncshres	21.08
AAME	Atlantic Amern Corp	21.09
PPC	Pilgrims Pride Corp	21.19
EOLS	Evolus Inc.	21.19
SBGI	Sinclair Broadcast Group	21.34
PNBK	Patriot Natl Bancorp Inc.	21.37

（续表）

代码	机构名称	公众表决权（%）（2018年5月）
FNKO	Funko Class A	21.53
SCS	Steelcase Inc.	21.53
MPX	Marine Products Corp	21.55
NCSM	NCS Multistage Hold	21.71
APLS	Apellis Pharmaceuticals	21.75
SNFCA	Security Natl Finl Corp	21.99
FIBK	First Intst Bancsystem	22.14
MCHX	Marchex Inc.	22.16
CWH	Camping World Holdings	22.22
SEB	Seaboard Corp	22.29
QTRX	Quanterix Corporation	22.53
GMED	Globus Medical Inc.	22.75
TWLO	Twilio Inc.	22.94
JOUT	Johnson Outdoors Inc.	23.11
DCPH	Deciphera Pharmaceutical	23.12
ARMO	Armo Biosciences Inc.	23.15
RFL	Rafael Holdings	23.15
CLR	Continental Resources	23.17
TORC	Restorbio Inc.	23.24
RBCAA	Republic Bancorp Inc. KY	23.24
GNK	Genco Shipping & Trading	23.28
INTG	Intergroup Corp	23.28
SAIL	Sailpoint Technologies	23.38
DKS	Dicks Sporting Goods Inc.	23.70
GPRO	Gopro Inc.	23.72
ATRO	Astronics Corp	23.80
EQH	Axa Equitable Holdings	24.47

（续表）

代码	机构名称	公众表决权（%）（2018 年 5 月）
JBSS	Sanfilippo John B & Son	24.51
LBC	Luther Burbank Corp	24.90
FOR	Forestar Group Inc.	24.92
AMR	Alta Mesa Resources（A）	24.95
ODT	Odonate Therapeutics Inc.	25.00

资料来源：富时罗素，https://www.ftse.com/products/downloads/FTSE_Russell_Voting_Rights_Consultation_Next_Steps.pdf。

第三章

投资管理中的信托责任

越来越多的企业将 ESG 责任纳入其战略规划、报告和日常运营中，更多的机构投资者也开始支持这一点。正如我们所看到的，个人投资者在他们的投资组合中开始考虑 ESG 因素。但是代表其他人进行财务决策的受托人，还要经过更周密的考虑，才能在他们的投资过程中加入 ESG 因素。受托人有义务在对待他人事务时诚实守信，尤其是在金融事务上。有很多承担受托人角色的职位，比如会计师、银行家、理财顾问、董事会成员和公司管理人员等。传统上他们唯一的目标是向受益人提供财务回报，但如今除了纯粹的短期金钱收益，受托人还要考虑更多。许多投资者关注的是投资的社会价值与其 ESG 目标一致，越来越多的人支持这样的观点，即具有负面 ESG 因素的投资可能会增加负面财务业绩的风险，特别是从长期来看。例如，英格兰银行的审慎监管局（Prudential Regulation Authority，简写为 PRA）已将气候变化确定为与银行目标相关的金融风险（PRA，2018）。PRA 的思维已经发生转变，从把气候变化单纯视为企业的社会责任，转变为把它视为核心的金融和战略风险。虽然 PRA 分析的重点是对银行和保险公司的影响，但其发现潜在风险与所有投资组合的财务业绩有关。

那么，受托人的决策涉及哪些问题呢？如果受托人考虑传统财务目标以外的事情，是否违反了他们的职责？或者反过来说，如果负面的 ESG 因素会导致长期财务业绩表现不佳，受托人是否忽视了这些因素？我们首先从“代理问题”的角度进行讨论。

一、解决代理问题

代理问题可以定义为个人（代理人）代表资产所有者（委托人）采取行动的情况。如果代理人和委托人的目标不完全一致，代理人就有动机以对委托人无益甚至有害的方式行事。当公司董事会和高管不以股东利益为重时，这个问题就会出现。事实上，这种潜在的冲突存在于各种关系中。在日渐复杂的金融市场中，这个问题可能更为明显，因为在这些市场中，存在着信息不对称，而且不良行为带来的潜在回报可能相当大。例如，传统上股票经纪人根据交易量而不是客户的财务收益获得佣金。如果客户的账户在初始阶段就完全配置了资产，账户的价值可能会随着投资资产的收益而增长。但是如果没有额外的交易，经纪人的佣金收入将会很少。经纪人为了产生更多的佣金收入，就会导致账户的非法“翻账”，在这种情况下，经纪人从过度买卖股票中获利，账户所有者往往遭受损失（许多经纪人的薪酬合同已转向按管理资产的一定比例收费，从而限制了过度交易激励的影响）。另一个例子是，代表买家的房地产经纪人按购买价的一定比例收取佣金。经纪人有动机引导客户购买价格更高的房产。以上例子可能在实践中不合规，但它的确有可能发生。

在公司背景下，代理问题是指公司管理人员采取对股东不利的行动。按短期利润发放奖金的管理人员，可能会采取提高季度收益，但威胁公司长期发展能力及持续盈利能力的行动。

当加入 ESG 因素时，代理问题可能会变得复杂。一方面，如果投资股东与管理人员对于 ESG 的价值观不同，那么在 ESG 问题上花费时间和公司资产的管理人员可能会被股东视为浪费公司资产。另一方面，一些投资者希望管理人员采取积极的企业社会责任行为，但实际上管理人员的行为违背了股东价值观。以下是一个公司高管的负面行为对股东产生巨大影响的例子。

媒体和度假公司的 ESG 负面影响通常很小（尤其是如果我们不考虑媒体明星和高管青睐的私人飞机产生的额外碳排放）。但 2018 年的调查发现，几位身居首席执行官职位的知名男性对女性有歧视行为。因为一些股东投资于这些公司的部分原因在于这些公司的 ESG 得分较高，所以当他们发现这些公司的高管有如此负面的行为时感到非常失望。造成的损失不仅在于社会和治理方面，还影响了财务。例如，永利度假村（Wynn Resorts）的股价下跌约 40%，韦恩斯坦公司（The Weinstein Company）于 2018 年 3 月 19 日申请破产。显然，ESG 因素会产生巨大的负面财务影响。

因此，代理问题可能存在于公司治理结构中，而投资管理中的几个因素进一步加大了代理问题出现的可能性。投资之前需要对投资工具及市场有相当多的了解，但其中一些可能是不透明的，并且容易受到突发事件的影响。因此，委托人很难确定顾问或受托人的行为是否符合自己的最大利益。此外，一些投资经理扮演着相互冲突的角色，即使披露也很难区分。例如，经纪人选择投资一种由经纪人母公司赞助的产品可能获得更高的佣金，但这种投资产品与类似的外部产品相比收费更高或回报更低。在实践中，投资者几乎不可能知道这种情况何时会发生。因此，薪酬和其他激励措施可能并不总是能最优地协调代理人和委托人的动机。最后，投资可能涉及大量资金，采取不符合委托人最大利益的行为可能带来巨额潜在回报，会诱使一些代理人越界，采取让自己获益但损害其投资客户利益的行动。

所以，正如我们提到的，在金融资产管理中以代理身份行事的人被称为“受托人”（fiduciary），这个词来源于一个拉丁语词根，意思是“信托”（trust），因为委托人相信代理人在管理资产时会“做正确的事”。受托人需要承担法律和道德责任，这对 ESG 投资有重要影响。从历史上看，投资经理认为除了管理投资以实现财务回报最大化，做任何其他事情都将违反其受托责任，从而提供了忽视 ESG 因素的理由。但最近，这一观点受到了挑战。在本章的其余部分，我们将看看这些具有挑战性的观点。

二、信托责任

本部分从经济学家的角度对信托责任进行了回顾，考虑了代理问题的背景和美国监管的影响，但它绝不是法律建议。这里引用资料中的观点，可能会受到质疑。对于读者来说，经济学家之间缺乏共识不足为奇，因为这仅次于律师之间的分歧。

许多投资经理仍然坚持传统观点，即他们不能关注财务回报以外的任何事情。越来越多的人不同意这种观点。例如，理查森（Richardson，2007）总结道：“与人们对这个问题的普遍看法相反，SRI 并不总是与养老基金的信托责任相冲突。此外，履行信托义务实际上可能需要仔细关注企业的社会和环境绩效。”

当投资经理唯一的考虑是受益人的经济利益时，责任是非常明确的。难怪许多投资经理喜欢这种简单的方法，可以使用方便、无争议的指标。但当投资目标更广泛时，情况就变得复杂了。支持纳入 ESG 因素的人指出，传统的财务分析可能无法恰当地考虑这些风险因素，他们认为涉及资本的长期保值时，应该明确地考虑这些因素。因此他们认为对这些因素的考虑不是次要的，而是必要的，应该谨慎地聚焦于受益人的经济利益。但是受托人的义务是什么？关于管理投资基金的法规是否允许考虑 ESG 问题？

三、信托义务

美国的私人养老基金遵循 1974 年《员工退休收入保障法案》（Employee Retirement Income Security Act，简写为 ERISA）的要求。ERISA 对受托人的责任定义如下。

- 只为养老金计划参与者及其受益人的利益而行动，唯一目的是为他们带来收益。
- 谨慎履行职责。
- 遵循计划文件。
- 只支付合理的计划费用（ERISA，2017）。

国家养老基金、共同基金和捐赠基金倾向于遵循这些规则以及相关的国家法律。管理慈善机构的规则有几个不同的来源。在美国，大多数上市公司遵守特拉华州的公司法。特拉华州法律规定了 3 种主要的信托义务：忠诚义务、公正义务和谨慎义务（关于这些问题的详细讨论，见 Shier，2017）。

忠诚义务要求受托人仅以受益人的最大利益行事。自我交易或利益冲突将违反这一义务。当财务利润是唯一考虑因素时，目标是非常明确的，但当考虑 ESG 问题时，情况就会变得较为复杂。在建立信托关系的原始合同中，可能有一些说明了如何对待 ESG 因素，但大多数并没有。如果合同中没有相关内容，也可以考虑某个受益人的想法，但在面对多个受益人的情况下，问题再次变得复杂，因为对待 ESG 因素的态度可能存在意见分歧。在这种情况下，受托人的退路就是简单地考虑财务收益最大化。忠诚义务似乎会使受托人很难在没有原始文件或受益人的指示下，仅根据自己对 ESG 问题的理解做出财务决策。

公正义务是不偏袒任何一个受益人。在 ESG 投资的背景下，这不是问题，因为受益人目标基本相同。例如，一个慈善基金会或养老基金应该不会偏向某些人。然而，当共同基金中存在明显的利益差异时，公正义务可能很重要。

谨慎义务是指，决策应经过深思熟虑再做出，投资必须是谨慎的。这并不是要求回报必须最大化，受托人可以考虑风险和多样化的问题。虽然不同类型的受托人（公共养老基金、慈善机构、个人或公司管理的信托）在这一义务上有一些差异，但总体非常相似。

四、“谨慎人”规则

“谨慎人”（Prudent Man）规则要求受托人像谨慎的投资者一样，运用合理、谨慎的技巧来管理信托资产。受托人有责任使投资组合多样化，使之与现代投资组合理论的收益保持一致。受托人还应当谨慎雇用必要的有经验的顾问、会计师、律师等，同时尽量减少成本。随着时间的推移，股票、房地产、风险投资和其他以前被认为风险过高的投资都被认为是符合谨慎人的资产类别。谨慎人规则已经发展到不禁止任何投资的地步，变得足够普遍和灵活，以适应于任何适当的投资。

谨慎人规则最初是在19世纪早期的马萨诸塞州发展起来的，后来被其他州采用。根据《信托法重述（第二版）：谨慎人规则》［The Restatement（Second）of Trusts：Prudent Man Rule，1959］，在进行投资时，受托人应遵守以下规定。

- 在缺乏信托条款或法规规定的情况下，应当只进行与谨慎人相同的投资，此类投资考虑了资产的保护以及收入的总量和规律性。
- 在信托条款没有规定的情况下，遵守管理受托人投资的相关法规。

- 遵守信托条款（FDIC，2007）。

除非信托条款另有规定，受托人对受益人有义务以合理的谨慎和技能保护信托财产并带来收益。受托人进行投资时，有以下几项要求。

- 谨慎要求：受托人在做出投资时应保持谨慎，考虑预期回报及风险。受托人可以考虑律师、银行家、经纪人以及其他人的建议和信息，但必须自己做出判断。
- 技能要求：受托人应对未能使用普通人都会的技能而造成的损失负责，如果受托人的技能水平高于普通人，则受托人应对未能使用此类技能而造成的损失负责。
- 更高标准的公司受托人：如果受托人是银行或信托公司，它必须使用它已经拥有的或应该拥有的设施，并且应表明它进行了比单个受托人更彻底和完整的调查。
- 慎重要求：在进行投资时，受托人不仅有责任使用应有的技能，而且必须达到谨慎人规则的要求。受托人必须考虑本金的安全性以及预期收益。

受托人在考虑投资的范围时，应该考虑以下更多情况。

- 信托财产的数额。
- 受益人的情况。
- 生活成本和物价的趋势。
- 通胀和通缩的预期。

值得注意的是，在某些情况下，收益可能比资本保全更重要，而在其他情况下可能正好相反。最初，该规则规定了一个非常有限的可接受的低风险投资列表，但随着时间的推移，更多资产类别已经达到了审慎投资的要求。信托条款可以允许投资这些资产类别，但受托人在选择这些投资时仍必须遵循“谨慎、技巧和慎重”的要求。受托人的投资选择可以是“被允许的”或“强制的”。受托人也可能被“授权或允许”进行某些投资，虽有特权但并没有义务一定投资这些。此外，受托人可能被“指示”进行某些投资，并且必须这样做。如果信托条款规定受托人有权“自行决定”投资，则允许投资的范围可以扩大，但受托人不能向自己出借信托资金或从自己手中购买证券。在任何情况下，受托人的投资都必须“与谨慎地处理自己财产的行为保持一致，主要考虑信托财产的保护以及获得收益的数额和规律性”。在非正式信托的情况下，一个人给另一个人钱让他投资，可以由口头指示来决定合适的投资。无论是以口头形式还是以契约等文件形式建立信托关系，受托人在投资时都有相同的责任。

在 1959 年制定的《信托法重述（第二版）：谨慎人规则》中，责任委托是不允许的。如果受托人有能力做出投资决策，这一功能就不能外包给其他人。我们将看到，这一委托禁令以后会被解除。

五、统一谨慎投资人法案

20 世纪下半叶，投资理论和实践发生了重大变化。1994 年的《统一谨慎投资人法案》（Uniform Prudent Investor Act，简写为 UPIA）对信托投资法进行了更新。UPIA 借鉴了《信托法重述（第三版）》（1992），并在很大程度上借鉴了源于现代投资组合理论的实证工作。这项工作的一个基本结论是，资产的多样化带来了卓越的投资组合绩效，可以通过给定收益水平下的较低风险或给定风险水平下的较高预期收益来衡量（详见第五章第一部分）。不应单独考虑特定的投资，而是将其作为整体投资组合的一部分，认识到风险与收益的平衡，以及不相关或负相关资产可以降低整体投资组合风险。比如，大宗商品或房地产等资产被认为存在风险，但现在被视为重要且谨慎的多样化来源。UPIA 指出了谨慎人规则的 5 个方面的变化。

- 在应用审慎标准时，要考虑信托账户的整个投资组合。
- 受托人的核心考虑是权衡风险和收益。
- 没有明确禁止的投资类别，只要有利于实现信托的风险收益目标，并且满足谨慎投资要求，受托人可以投资任何项目。
- 谨慎投资的定义明确承认投资的多样化。
- 承认资本市场的日益复杂及专家的价值，之前禁止投资和管理职能下放的禁令被撤销。

虽然没有明确考虑 ESG 因素，但 UPIA 取消了对投资的限制、承认另类投资的投资组合价值、将风险因素纳入投资组合管理。更重要的是，它反映了谨慎投资的概念需要不断更新和发展的必要性。评论者进一步提出了受托人是否有能力将 ESG 因素纳入投资决策的问题。正如第二章中所讨论的，这种担忧类似于公司董事会和管理人员的担忧。受托人是否只关注风险承受能力和必要收益以保全资本，或者他们是否能够适当地考虑道德、伦理和公共福利方面的问题？如果受托人合理地从更长远的角度看待风险，很明显，负面的 ESG 行为严重损害了一些原本受到投资者青睐的公司。从历史的角度来看，即使只关注风险调整后的财务回报，难道这些 ESG 因素就不重要吗？随着时间的推移，许多评论者得出结论，受托人可能会考虑 ESG 因素的部分原因是，受托人认识到这些问题可能对单个投资和投资组合整体的长期风险产生影响。一个相关的问题是，在收益不减少的情况下，一个投资组合能否被构造成具有正的 ESG 特征？我们将在后面的章节中研究这种投资组合的经验证据。

多年来，美国劳工部（DOL）已经发布了一些关于ERISA的解释和指导。与ESG相关的是，美国劳工部在2018年4月发布的《现场援助公告》（Field Assistance Bulletin）中指出：

> 2015年，该部门重申了其长期以来的观点，即由于每一项投资都必然导致放弃其他投资机会，不允许受托人为了实现社会政策目标，牺牲投资收益或承担额外的投资风险……但当竞争性的投资有利于经济利益时，受托人可以将此类投资纳入考虑因素……如果一个受托人谨慎地确定了一项完全基于经济因素的投资，但其中包括可能促进ESG的因素，受托人也可以在不考虑其他附加利益的情况下而进行投资。

该公告进一步指出：

> 在做出决策时，受托人不得轻易将ESG因素视为与特定投资选择相关的经济因素。不可避免的是，一项谨慎投资有可能促进ESG因素，或者可以说它有利于总体市场趋势或促进行业增长。相反，ERISA受托人在提供养老金管理服务时必须始终将经济利益放在首位。受托人对投资经济性的评估应侧重于对投资收益和风险有实质性影响的财务因素，这些因素包含在与计划的融资和投资目标一致的投资领域内。

一些人认为这一指导方针为考虑ESG因素设定了更高的门槛，使得许多固定养老金计划发起人不愿提供ESG投资基金。然而，另一些人则认为，只要发起人明确投资计划以经济利益为优先，同时经过充分研究，ESG因素不是用来“促进附加的社会政策目标”，则该指导方针与提供 ESG 基金并不冲突。

六、统一机构基金审慎管理法案

对非营利组织和慈善组织的指导是由州法律和《统一机构基金审慎管理法案》（Uniform Prudent Management of Institutional Funds Act，简写为 UPMIFA）提供的，该法案对之前的法案进行了更新，原法案限制了非营利组织在资本低于原始捐赠价值时使用资金的能力。代表慈善机构的受托人也有忠诚、公正和谨慎投资的义务，主要考虑的是捐赠人在捐赠文件中表达的意图。如果捐赠文件明确规定考虑 ESG 因素，受托人必须以慈善机构的最大利益行事，但也可以将慈善机构的使命视为做出投资决策的一个因素。对于受托人来说，进行与慈善机构本身背道而驰的投资几乎是没有意义的。UPMIFA 的关键条款规定，受托人可以根据捐赠文件中捐赠者的指示，按照其认为审慎的数额进行支出。UPMIFA 要求慈善机构的受托人必须做到以下几点。

- 优先考虑捐赠文件中载明的捐赠者意愿，并须考虑该机构的慈善目的及该机构基金的用途。
- 怀着善意，同时像一个普通谨慎人那样行事。
- 在投资和管理慈善基金时的成本要合理。
- 尽力核查相关事实。
- 作为总体投资战略的一部分，在投资组合的背景下对每项资产做出决策。
- 分散投资，除非能在没有分散投资的特殊情况下实现基金目标。
- 处置不合适的资产。
- 总体来说，制定一个适合基金和慈善机构的投资策略（UPMIFA，2006）。

在多数情况下，慈善机构的受托人职责与前文中关于UPIA讨论的职责一致。尽管UPIA的条款适用于信托公司，而不适用于慈善机构，但可以预期UPIA的标准将体现慈善机构董事和高管的投资责任。UPMIFA的一个重要部分是支出，但这超出了我们的讨论范围，也不会影响我们了解与ESG相关的投资决策。

2016年，美国劳工部提出了一项“信托规则”，该规则将扩大“投资建议受托人”（investment advice fiduciary）的定义。正如最初起草的那样，新规则将保护投资者免受冲突影响，这些冲突可能导致提供建议者选择费用过高的投资产品。该规则的反对者说，它过于复杂，不能防止所有的滥用，并且成本高昂可能导致更高的开支。在该规则生效前不久，即2018年3月，美国第五巡回上诉法院撤销了该规则。虽然该规则会对受托人的潜在利益冲突产生影响，但对受托人做投资选择时所考虑的ESG因素并未产生明显影响。

七、富尔德报告（一）

迄今为止，讨论仅限于美国监管受托人的规则。国际组织已经在几个不同的国家研究了这个问题。2005年，联合国环境规划署金融行动机构的资产管理工作组编写了一份名为《富尔德报告》（Freshfields Report）的文件。编写该报告的动机如下：

> 关于受托责任的有趣问题开始浮现：储蓄者的最大利益仅仅被定义为他们的财务利益吗？如果是，应该从哪个角度来看？难道不考虑储蓄者的社会和环境利益吗？事实上，许多人想知道，如果他们未来享受退休生活的社会以及他们后代生活的社会环境恶化了，那么投资所带来的2%或3%的遗产增加有什么价值。生活质量和环境质量是有价值的，只是难以量化为财务价值。虽然

我们没有试图回答什么在理论上是正确的、是好的，但我们一直在寻求专家的意见，以了解法律是否限制受托人在关注储蓄者财务利益的同时也考虑其他非财务利益。

编写该报告是为了解决以下这些问题：

对于公共和私人养老基金，以及保险公司准备金和共同基金，将ESG问题纳入投资政策（包括资产配置、投资组合构建、股票或债券选择）是自愿的，法律要求的，还是受到法律法规限制的？

通过研究不同司法管辖区的信托义务，该报告的作者指出：

尽管越来越多的证据表明，ESG问题会对证券的财务表现产生实质性影响，而且人们逐渐认识到评估ESG相关风险的重要性，但那些希望在投资决策中更加重视ESG问题的人往往会遇到阻力，因为他们认为机构负责人及其代理人在法律上被禁止考虑此类问题。

虽然该报告的作者分析了不同的司法管辖区，但均位于美国，他们发现：

没有理由排除具有积极的ESG特征的投资。重要的限制条件是忠诚义务所规定的：所有投资决定必须以基金受益人的利益和/或基金的目的为动机。任何投资都不应纯粹出于决策者的个人观点而进行。相反，所有的因素都必须评估其对投资组合的预期影响。此外，与其他的考虑因素一样，必须考虑ESG因素，无论它与投资策略的哪方面相关（包括一般经济或政治背景、预期税务后果、每项投资在整体组合中扮演的角色、预期的风险和回报以及流动性和/或资本增值的必要性)。此外，如果受益人在基金文件中表达了投资偏好或其他偏好，也应该考虑。简而言之，只要重点始终是基金受益人的利益/基金的目的，将 ESG 因素纳入基金管理的日常流程中似乎没有障碍。

该报告的作者得到的结论是：

> 人们逐渐认识到 ESG 因素与财务绩效之间的联系。在此基础上，显然可以将 ESG 因素纳入投资分析以便更可靠地预测财务绩效，并且可以说适用于所有司法管辖区。

八、富尔德报告（二）

继富尔德报告之后，2009 年又进行了第二项研究，称为"《富尔德报告（二）》"（Fiduciary II）。该报告观点更为激进，即如果投资顾问和基金经理不考虑 ESG 问题，他们可能会被起诉。它的结论是：

- 受托人有责任更积极地考虑采用负责任投资策略。
- 受托人必须认识到，将 ESG 问题纳入投资过程是负责任投资的一部分，也是管理风险和评估长期投资机会的必要条件。
- 受托人将逐渐认识到 ESG 问题的重要性及其带来的系统性风险，以及不可持续发展的长期成本及其对投资组合长期价值的影响。
- 受托人将逐渐向其资产管理人施加压力，要求他们制定稳健的投资策略，将 ESG 问题纳入财务分析，并与企业接触，以鼓励更负责任和可持续的商业实践。

- 全球资本市场的政策制定者也应该明确了解机构投资者的投资顾问有责任在他们提供的建议中主动提出ESG问题，负责任投资选择应该是默认选项。此外，政策制定者应确保建立审慎的监管框架，提高透明度和信息披露，使机构投资者及其代理人在他们的投资过程中整合ESG因素，以及促进公司在ESG问题上的实践。
- 最后，社会机构应共同加强对资本市场的了解，以便在资本市场的可持续性和实现责任归属方面充分发挥作用。

《富尔德报告（二）》显然比最初的《富尔德报告》更为激进，反对者的数量甚至比支持者更多。尽管联合国环境规划署金融行动机构强烈主张将ESG纳入信托考虑范围，但争论仍在继续。2016年，联合国环境规划署金融行动机构启动了一个为期3年的项目，负责：

- 与投资者、政府和政府间组织合作，制定并发布关于信托责任的国际声明，其中包括将ESG纳入投资流程和实践的要求。
- 发布和实施政策变革计划，以便在8个国家的投资过程和实践中充分整合ESG因素。
- 将对受托人和投资者责任的研究扩展到亚洲市场，包括中国、印度、韩国、马来西亚和新加坡。

九、联合国负责任投资原则

联合国负责任投资原则由一批全球大型机构投资者，以及政府间组织和社会专家共同推动。这些原则是自愿的、有抱负的投资指南，于2006年公布，具体原则见第一章第七部分。

这些原则的制定者认为ESG因素对信托责任至关重要：

> 信托责任要求投资者以受益人的最大利益行事，并在此过程中考虑ESG因素，因为这些因素在短期和长期可能具有重要的财务意义。全球商定的SDGs阐明了世界上最紧迫的环境、社会和经济问题，以及信托责任中应考虑的重要ESG因素。

而且他们明确表示：

> 未能考虑到所有长期投资价值驱动因素，包括ESG问题，就是未能履行受托责任。

十、经济合作与发展组织

经济合作与发展组织（Organization for Economic Cooperation and Development，简写为OECD）在研究发达国家的ESG因素和投资治理时得出以下结论：

- 监管框架为机构投资者在投资治理中纳入ESG因素提供了空间。然而，机构投资者仍难以将ESG因素与其对受益人的义务进行协调。缺乏监管透明度、实践的复杂性和行为方面的问题都可能会阻碍ESG的整合。
- ESG因素通过影响企业财务业绩以及影响更广泛的经济增长和金融市场稳定性来影响投资收益。
- 在衡量和理解与ESG相关的投资组合风险方面存在技术和操作上的困难；然而，越来越多的工具可以使机构投资者或多或少地整合ESG因素（OCED，2017）。

十一、总结

综上所述，受托人的职责显然是为了受益人的利益最大化。随着时间的推移，这些职责已经扩展到投资组合多样化和其他由现代投资组合理论推动的风险问题。而越来越多的学者认为，在投资分析中应该考虑 ESG 因素带来的风险，但目前在美国这还不是投资者的主流观点。

第四章

金融机构概述

在后面的章节中，我们将研究几种不同的 ESG 投资风格和产品，数万亿美元的资本正流向债券和股票资产，要理解这些投资和潜在的未来创新，我们需要对美国金融体系有一个基本的了解。重要的是了解投资者、发行人和金融中介这几类参与者，了解其存在的根本原因，有何不同，以及各自目前提供的服务和产品的范围。在本章、第五章和第六章中，我们将着眼于金融产品、市场和组织实体。我们将从基本的银行服务开始讲起，这些服务已经从古老的支付转移和财富管理形式演变了几千年。随着工业革命的到来，社会开始将越来越多的可以用于生产的过剩产品收集起来。随着这些盈余的增加，为了找到将这些盈余和额外的资金相匹配的最有效的方式，银行开始发展。但后来，银行提供的服务范围不断扩大，银行的形式发生了巨大的变化。银行要在这么多年的演变里生存下来，它们必须扮演某种基本的经济角色。从本质上讲，银行体系提供了一种重要的经济功能，向拥有过剩资金的人支付回报，并为有资金需求的人提供资金。在一个简单的社会中，理论上，贷款者可以直接向借款者提供资金，而不需要第三方中介。但是，对于借款者来说，寻找有资金的人来借款是有成本的，与此同时，那些有资金的人花时间寻找有可投资想法的人也存在成本。

还有信用质量问题，如何区分风险的高低？一旦贷款者和借款者找到对方，就必须商议合同条款，付款方式是什么，付款频率是多少？所有这些步骤都需要时间和专业知识。为了解决这些问题，银行和其他机构提供金融中介服务，这项服务也使它们在几个世纪以来蓬勃发展。最新的金融科技P2P借贷平台也发挥着这种中介的经济功能，尽管它们的影响力比大型银行要小得多。

一、信息不对称、道德风险和逆向选择

除了降低交易成本，金融机构还解决了贷款和其他经济交易中存在的几个问题；借款者和贷款者通常掌握着不对等的金融交易细节信息，尤其是当贷款者是个人时；通常情况下，借款者会比单个贷款者更了解自己的业务情况及偿还贷款的可能性，这种信息不对称使单个贷款者处于不利地位。买二手车就是一个典型的例子。一般人都不知道车辆是否处于完美的运行状态（“樱桃车”），或者它是否已经“奄奄一息”（“柠檬车”）。因此，为了避免高额的维修费用，买家必须假设这是一辆柠檬车，为维修做预算，并只报出一辆柠檬车的价格，卖家不想以柠檬车的低价卖一辆漂亮的樱桃车，所以他们把自己的樱桃车撤出了市场。然而，柠檬车的卖家认为这是一个公平的价格，所以柠檬车仍然留在市场上。将这个例子概括来说，当买方没有足够的信息时，市场将被坏的或有风险的产品所占据，好产品将退出市场，这种情况被称为“逆向选择”。在银行业，这意味着如果贷款者不能区分好交易和坏交易，贷款者就会降低假设，认为所有交易都是坏交易，并相应地做出预算；因此，贷款者会提供适合坏交易的条款，好交易被驱逐出市场，只有坏交易才能获得资金。

下一个与信息不对称有关的问题是“道德风险”。这是指借款者可能承担过度的风险，而其行为的负面后果将由另一方承担的情况。

保险业的一个例子是，如果一个濒临破产的餐馆老板买了火灾保险，如果他们知道保险公司会赔偿损失，他们可能不会对厨房火灾那么小心。或者以抵押贷款为例，在全球金融危机爆发前的几年里，一些抵押贷款发起人会批准向无力偿还贷款的借款者发放贷款，发起人将为抵押贷款收取费用，这些费用将被转移或出售给投资者。当借款者最终拖欠贷款时，承担损失的是投资者，而不是发起人。《多德－弗兰克华尔街改革和消费者保护法案》（The Dodd-Frank Wall Street Reform and Consumer Protection Act）制定了几项针对抵押贷款的规则，以解决这些不良贷款行为。

金融机构在解决信息不对称以及由此产生的逆向选择和道德风险方面的问题时发挥着关键作用。金融机构的研究、监测等服务致力于解决这些信息不对称，提供远比个人可能做到的更好的保护。此外，政府的多层监管使得这些努力得到了强化。

以下是说明金融机构重要性的一些关键因素。

- 金融中介：拥有过剩资金的个人和企业寻求从这些资金中获得回报，而借款者需要为各种目的筹集资金，银行在满足这些需求方面发挥了作用。存款者出于各种原因可能希望随时提取资金，而贷款者通常有固定的期限，银行等金融中介在时间维度上提供了解决这些问题的办法。
- 分散投资：如果没有金融中介，投资者，尤其是那些资金较少的投资者，将很难通过分散投资来降低风险，现代银行在它们的“金融超市”里提供种类繁多的产品。
- 信息和合同效率：银行可以雇用和培训专家进行必要的尽职调查，以评估投资并签订有效的合同，个人不太可能靠自己发展这些技能。
- 支付：据估计，今天95%的现金以电子输入的形式存在于金融机构，这证明了银行作为支付转移和记录保存中心的作用是有用的。

- 安全性：比起把现金塞在床垫里或把黄金埋在后院，大多数人认为把现金放在金融机构是更安全的。
- 成本节约：包括规模经济和范围经济。“规模经济”是指，随着银行为金融产品转移建立了基础设施，交易的边际成本已经大大降低。由于银行规模带来的监管负担不断增加，可能存在规模不经济的争议，但总体而言，对大多数金融业务来说，是存在规模经济的。值得注意的是，银行贷款是企业融资的主要来源，在美国比股票和债券重要，在其他国家甚至更为重要。“范围经济”是指追求并行业务的效率，即在不相同的活动中共享专业知识或分摊管理费用以节省开支。例如，为一项资产起草合同条款的经验可能会给另一项资产的合同带来好处。在一个市场发展起来的关系可能有助于开拓第二个市场。

表4-1展示了美国最大的商业银行。

表 4-1　按合并资产排名的美国最大的受保商业银行

银行名称/控股公司名称	影响因子排名	银行编码	银行位置	银行类型	控制资产（百万美元）	国内资产（百万美元）	国内资产占比（%）	累计资产占比（%）	国内分支机构数量	国外分支机构数量	国际银行业联合会（IBF）	外资占比（%）
摩根大通	1	852218	哥伦布市	国家级	2 194 835	1 639 236	75	14	5 070	33	是	0.00
美国银行	2	480228	夏洛特	国家级	1 797 881	1 694 771	94	25	4 417	27	是	0.00
富国银行	3	451965	苏福尔斯	国家级	1 665 128	1 611 326	97	36	5 778	14	是	0.00
花旗银行	4	476810	苏福尔斯	国家级	1 415 081	840 960	59	45	704	172	是	0.00
美国合众银行	5	504713	辛辛那提	国家级	456 011	444 964	98	47	3 110	1	否	0.00
PNC 金融服务集团	6	817824	威明顿	国家级	368 603	364 556	99	50	2 459	2	否	0.00
道明银行	7	497404	威明顿	国家级	294 331	294 331	100	52	1 248	0	否	100.00
美国第一资本金融公司	8	112837	麦克莱恩	国家级	290 450	290 384	100	53	540	0	否	0.00
纽约梅隆银行	9	541101	纽约	州级会员银行	273 110	169 728	62	55	2	15	是	0.00
美国道富银行	10	35301	波士顿	州级会员银行	230 961	148 684	64	57	2	11	否	0.00
BB&T 公司	11	852320	温斯顿	州级非会员银行	216 129	215 913	100	58	1 958	1	否	0.00

（续表）

银行名称/控股公司名称	影响因子排名	银行编码	银行位置	银行类型	控制资产（百万美元）	国内资产（百万美元）	国内资产占比（%）	累计资产占比（%）	国内分支机构数量	国外分支机构数量	国际银行业联合会（IBF）	外资占比（%）
美国太阳信托银行	12	675332	亚特兰大	州级会员银行	205 527	205 527	100	59	1 228	0	是	0.00
高盛集团	13	2182786	纽约	州级会员银行	179 244	179 244	100	60	1	1	否	0.00
汇丰集团	14	413208	泰森斯	国家级	172 380	170 486	99	61	227	3	是	0.00
艾利银行	15	3284070	桑迪	州级会员银行	151 077	151 077	100	62	0	0	否	0.00
摩根士丹利	16	1456501	盐湖城	国家级	141 013	141 013	100	63	0	0	否	0.00
五三银行	17	723112	辛辛那提	州级会员银行	139 986	139 389	100	64	1 170	1	否	0.00
科凯国际集团	18	280110	克利夫兰	国家级	136 905	136 882	100	65	1 189	0	否	0.00
北方信托公司	19	210434	芝加哥	州级会员银行	131 900	85 035	64	66	57	5	是	0.00
大通银行	20	489913	威明顿	国家级	131 312	131 312	100	67	0	0	否	0.00

资料来源：美国联邦储备委员会。

二、商业银行

商业银行、储蓄贷款银行（savings and loan association）、互助储蓄银行（mutual savings bank）和信用合作社（credit union）共同完成接受存款和发放贷款的基本银行职能。商业银行通过存款、非存款类借款、留存收益和发行股票等方式筹集资金，通过贷款利息及对各种产品和服务收取费用等获得收入。产生收入的业务可以分为零售或个人银行业务、机构银行业务、全球银行业务。以下是一些为个人提供的业务。

- 支票和储蓄账户。
- 存单。
- 住宅和投资房产的抵押贷款。
- 房屋净值和其他信贷额度。
- 信用卡贷款。
- 学生贷款。
- 汽车、摩托车、船舶贷款。
- 外汇、汇款。
- 股票经纪业务。
- 财富管理。
- 私人银行业务。
- 保险。

商业银行提供的典型机构服务有：

- 给金融和非金融公司及政府贷款。
- 现金管理和其他公司财务服务。

- 租赁。
- 商业地产服务。
- 贸易融资——信用证、票据托收、保理。
- 人力资源服务。

全球银行服务包括上述许多服务和资本市场活动；它们可能由商业银行的附属机构或独立的投资银行进行，后文将对此进行讨论。较小的社区银行往往专注于更多的本地业务。业务范围更广的大型银行被称为区域银行和超区域银行。最大的银行被称为货币中心银行，而正是这些银行具有全球业务。

在那些持续的业务中，银行面临着多种多样的风险：

- 信用风险：如果有很大比例的借款人拖欠贷款，银行就会蒙受损失。
- 利率风险：银行的负债（存款）通常是短期的，而它的资产（贷款）是长期的。如果利率上升，银行将不得不为存款支付更多的利息，但可能无法提高所有贷款的利率。
- 交易风险：银行拥有自营柜台，为自己的账户承担交易风险。它们还经常获得没能销售出去的金融产品存货。因此，这些交易头寸在市场的不利变动中面临风险。
- 操作风险：今天的银行有大量的流程处理要求。2001 年 9 月 11 日的恐怖袭击向许多机构表明，仅仅在附近建立一个冗余数据中心是不够的，因为当时在曼哈顿建立灾难恢复中心的银行，面临了两个数据中心都无法正常工作的情况。一些银行后来把它们的灾难恢复中心搬到了河对岸的新泽西。但是超级风暴桑迪在 2012 年 10 月 29 日造成了新泽西和纽约的大规模洪水。灾难恢复中心能够靠发电机运行。然而，其中许多中心的电力只够维持一两天，很快这些中心也停止运行了。有时人们说：“将军们总是计划如何打好上一场仗。”尽管应对操作风险的计划是经过深思熟虑的，但在通常情况下，这些计划是按以前的危机场景所设计的，经常会出现无法预见的问题。

商业银行在经济中扮演着至关重要的双重角色：它们以存款的形式持有公民的财富，同时在货币政策的实施中发挥着重要的作用。由于这些原因，它们受到州和联邦监管机构（如果是国家特许的）的监管。作为回报，被保险银行的存款由联邦存款保险公司担保，银行可以从联邦机构借款，用于补充流动性和紧急情况。除了州监管机构，银行还要遵守和接受3个联邦机构的规则和监督：美联储、货币监理署和联邦存款保险公司。这些机构负责监管银行的安全性与稳健性，将系统风险降到最低，并提供存款保险。

三、信用合作社

信用合作社利用存款向客户提供消费贷款。信用合作社是会员所有、非营利性的，其运营目的是向会员提供这些金融服务。美国信用合作社受到州监管机构的监管，如果获得联邦政府许可，它们也可能受到美国国家信用合作社管理局（NCUA）的监督。当信用合作社破产时，NCUA进行清算，并进行资产管理和回收。NCUA还管理保险基金，像联邦存款保险公司一样，为所有联邦信用合作社和大多数州特许信用合作社的账户持有人的存款提供保险。虽然许多信用合作社在过去几年中已转变为商业银行，但美国仍然有6 500多家信用合作社，资产超过1万亿美元。美国最大的信用合作社是海军联邦信用合作社，为美国国防部雇员、承包商和他们的家人服务。2016年，它拥有超过600万名会员和750亿美元存款。信用合作社的资产主要是与住房相关的款项（一次和二次抵押贷款和房屋净值贷款）、新车和二手车贷款，以及无担保的个人贷款。全美还有12个批发信用合作社，也称为公司信用合作社、中央信用合作社或“信用合作社的信用合作社”，为信用合作社提供服务。在金融危机期间，几家批发信用合作社因在抵押贷款支持证券上遭受损失而倒闭。当时大约有1%的信用合作社倒闭。自2008年以来，每年都有10~20家信用合作社倒闭。

储蓄贷款银行也被称为“储蓄机构”。当存款者和借款者都是有投票权的成员时，它们也被称为“互助储蓄银行”。储蓄贷款银行主要为抵押贷款提供资金，它们与商业银行的界限越来越模糊。和其他银行一样，储蓄贷款银行可以是州或联邦特许的。在大萧条时期，许多储蓄贷款银行倒闭，客户损失了大部分甚至全部存款。为此，国会于1932年通过了《联邦住房贷款银行法案》（Federal Home Loan Bank Act），成立了联邦住房贷款银行委员会作为监管者，并成立了联邦储蓄贷款保险公司为储户的账户提供保险。直到20世纪70年代，市场对储蓄贷款银行的信心得以恢复。其商业模式也相对简单：对存款支付较低的利率，对主要与住房相关的贷款收取稍高的费用。然而，商业银行开始以更有吸引力的利率为储户提供更多的创新产品。为了让储蓄贷款银行继续生存下去，国会开始放松监管，允许储蓄贷款银行向储户提供更高的利率，并为住房融资以外的目的提供贷款。1980年的《存款机构放松管制和货币控制法案》（Depository Institutions Deregulation and Monetary Control Act）允许储蓄贷款银行提供更高的利率和额外的货币市场及其他产品。在资产方面，1982年的《加恩-圣杰曼存款类机构法案》将储蓄贷款银行的范围从传统的住房市场扩大到商业贷款，以及州和市证券。这两项举措，加上会计准则的弱化，导致了该行业的崩溃。一个显著的失败案例是1989年林肯储蓄贷款银行（Lincoln Savings and Loan）的倒闭。它的主席是查尔斯·基廷（Charles Keating），他曾积极为几位美国政界人士的政治竞选捐款。5

名参议员（艾伦·克兰斯顿、丹尼斯·德孔西尼、约翰·格伦、约翰·麦凯恩和唐纳德·赖格尔），后来被称为“基廷五人组”，被指控在代表联邦储蓄贷款保险公司调查时对林肯储蓄贷款银行进行了不当干预。到1989年，整整1/3的储蓄贷款银行（包括林肯储蓄贷款银行）倒闭了，于是成立了清债信托公司（Resolution Trust Corporation），以及取代了联邦储蓄贷款保险公司的储蓄监理局（Office of Thrift Supervision）。清债信托公司运营6年，管理处置不良储蓄资产，它负责关闭了747家储蓄贷款银行，处理了近5 000亿美元的资产。

储蓄监理局被认为是全球金融危机爆发前最弱的银行监管机构。储蓄监理局监管失败的著名机构包括美国国际集团（AIG）、华盛顿互惠银行（Washington Mutual）、美国国家金融服务公司（Countrywide）和印地麦克银行（IndyMac）。储蓄监理局于2011年关闭，其职能被并入其他机构，主要是货币监理署。

多渠道的抵押贷款融资竞争导致了利润率的下降。因此，储蓄贷款银行已经变得多样化，如今也越来越像商业银行，提供更广泛的贷款和服务。

四、投资银行

另一类金融机构是投资银行。如前所述，商业银行管理存款和其他储蓄账户，并发放贷款，而投资银行有两个基本功能：对于需要资金的公司和政府实体，投资银行提供一系列的服务来帮助筹集资金；对投资者而言，投资银行在营销金融服务和产品时扮演经纪人和交易商的角色。虽然投资银行和商业银行的职能有所不同，但一些大型金融控股公司同时拥有这两种附属机构。

1933年的《格拉斯－斯蒂格尔法案》（Glass-Steagall Act），禁止商业银行从事投资银行的许多业务。1999年，随着《金融服务现代化法》（Financial Services Modernization Act）的通过，《格拉斯–斯蒂格尔法案》被推翻。对于银行业务的自由化是否导致了全球金融危机，人们的看法存在分歧。这当然促进了放松管制的氛围，但人们认为，造成危机的主要因素与《金融服务现代化法》没有直接关系。

一些投资银行是只专注于一项业务（如并购）的小型投资银行。另一些投资银行，特别是具有分销能力的大型投资银行，提供各种各样的服务，例如：

- 证券公开发行。
- 交易。
- 私募。
- 资产证券化。
- 并购。
- 商业银行。
- 重组咨询业务。
- 证券融资业务。
- 机构经纪业务。
- 结算及保管服务。
- 衍生品的开发和交易服务。
- 资产管理业务。

最大的投资银行通常被归类为“华尔街大型银行”，包括摩根大通、高盛和摩根士丹利，紧随其后的是美银美林、花旗银行、巴克莱银行、德意志银行、瑞士信贷和瑞银。第二组通常在挑战这些大型公司，包括富国银行、加拿大皇家银行、汇丰银行、法国巴黎银行、法国兴业银行、加拿大蒙特利尔银行、瑞穗银行和野村证券。还有一些著名的精品投资银行：艾维克（Evercore）、莫里斯（Moelis）、拉扎德

（Lazard）、艾伦（Allen）、格林希尔（Greenhill）、Qatalyst 等。

表 4－2 显示了 2017 年和 2018 年十大投资银行及其收入。

表 4-2　全球投资银行的收入排名

银行	2018 年			2017 年		
	收入（百万美元）	份额占比（%）	排名	收入（百万美元）	份额占比（%）	排名
摩根大通	6 930. 5	8. 6	1	6 767. 1	8. 1	1
高盛	6 240. 2	7. 7	2	6 001. 5	7. 2	2
摩根士丹利	5 127. 0	6. 3	3	4 936. 6	5. 9	4
美银美林	4 487. 2	5. 6	4	5 036. 2	6. 0	3
花旗银行	4 006. 1	5. 0	5	4 386. 0	5. 3	5
瑞士信贷	3 452. 6	4. 3	6	3 790. 1	4. 5	6
巴克莱银行	3 336. 9	4. 1	7	3 498. 7	4. 2	7
德意志银行	2 455. 6	3. 0	8	2 693. 3	3. 2	8
美国福瑞金融集团	1 798. 8	2. 2	9	1 638. 5	2. 0	12
瑞银	1 741. 8	2. 2	10	1 881. 6	2. 3	9
小计	39 576. 7	49. 0		40 629. 6	48. 7	
总计	80 743. 0	100. 0		83 418. 8	100. 0	

资料来源：《华尔街日报》。

表 4－3 显示了按产品或服务领域划分的投资银行收入。并购是表现最好的领域，而高盛是表现最好的银行。多年来，固定收益、货币和大宗商品一直是高盛收费的主要来源，最近几位首席执行官都出身于这一领域。然而，部分由于沃尔克规则（Volker Rule）限制了交易敞口，这些产品的收益占投资银行收入的比例有所下降。回到表 4－3，我们看到第二大费用来源是债券市场，其次是银团贷款和股票市场。

表 4-3　2018 年投资银行收入业务分类

业务	收入（百万美元）	收入占比（%）	同比变动	投资银行	份额（%）
股票市场	15 543. 5	14	下降	摩根大通	9. 0
增发	7 686. 1	21	下降	摩根大通	9. 4
IPO	6 226. 6	8	下降	摩根士丹利	8. 8
并购	28 253. 5	11	上升	高盛	10. 7
债券市场	19 890. 0	16	下降	摩根大通	7. 2
公司投资级	3 874. 6	40	下降	摩根大通	10. 3
公司投机级	10 560. 5	8	下降	美银美林	6. 7
银团贷款	17 056. 3	5	上升	摩根大通	9. 4
投资级	2 377. 8	25	上升	摩根大通	12. 0
杠杆	14 678. 5	3	上升	摩根大通	9. 0

资料来源：《华尔街日报》。

（一）交易和研究

投资银行在 IPO 中扮演着重要角色。在 IPO 和二次发行中，投资银行通常需要占据主导地位，并可能需要采取支持市场的行动。这只是需要进行交易操作和提供交易利润机会的情况之一，许多投资银行还从事风险套利和自营交易这两种交易活动。

风险套利是从两家公司成功收购或合并中进行套利的一种策略。交易者通常购买目标公司的股票，并出售收购方的股票，当收购完成时，购买目标公司股票带来的收益通常大于出售收购方股票带来的损失。然而，有时合并或收购会失败，风险套利会产生损失。套利更普遍的做法是做多一种投资工具，做空另一种投资工具，这样的组合操作带来了盈利的可能，同时比直接交易头寸风险更小。

自营交易，或称投机，是利用银行的资本作为交易主体，银行将根据头寸的表现实现盈利或产生亏损。1999 年《格拉斯 - 斯蒂格尔法案》被废止后，银行自营交易活动急剧增加，并成为许多银行产生利润的重要业务。交易的范围包括股票和债券，也包括货币、大宗商品和其他衍生品。然而，《多德 - 弗兰克华尔街改革和消费者保护法案》和沃尔克规则的通过，对银行投机性交易施加了一些限制。

银行还设有重要的研究部门，对宏观经济前景、行业和具体公司提供分析和投资意见。

这项研究的独立性有时会受到质疑。2000 年 8 月，美国证券交易委员会发布了《公平披露规则》，要求所有上市公司必须同时向所有投资者披露重要信息。2003 年，美国证券交易委员会和其他监管机构与 10 家华尔街投资银行达成协议，要求这些公司支付 14 亿美元，以了结对它们发布欺诈性研究报告的指控。调查发现，这些公司的研究报告经常过于乐观，其目的是帮助投资银行部门从被调查公司获得丰厚的利润。这 10 家银行分别是贝尔斯登、瑞士信贷第一波士顿银行、高盛、摩根大通、美林、摩根士丹利、花旗集团、所罗门美邦、瑞银和派杰。此外，亨利 · 布洛杰特（Henry Blodgett）和杰克 · 格鲁曼（Jack Grubman）两个人也受到了法律的制裁。

在其他要求中，美国证券交易委员会法律要求银行进行以下结构性改革：

- 公司需要将研究和投资银行业务分开，包括实体分离、设立完全独立的报告部门、独立的法律和合规员工，以及独立的预算程序。
- 分析师的薪酬不能直接或间接基于投资银行收入或投资银行人员的投入。
- 投资银行家不能评估分析师。
- 分析师的薪酬主要取决于其研究的质量和准确性。

- 投资银行家无权决定分析师该分析哪些公司。
- 分析师将被禁止参与招揽投资银行业务的活动，包括推介和路演。
- 公司将执行设计合理的政策和程序，以确保其员工不会为了获得或保留投资银行业务而试图影响研究报告的内容。
- 公司将在研究业务和投资银行业务之间建立防火墙并进行合理的加强，以禁止两者之间的不当沟通。通信仅限于那些需要研究分析师“把关”的问题。
- 每个公司都将自费保留一名独立监督员来进行审查，以保证公司遵守合理的结构改革。审查将在最终判决生效之日起 18 个月后进行，独立监督员将在审查开始后 6 个月内向美国证券交易委员会、美国全国证券交易商协会（NASD）和纽交所提交一份书面调查报告。

虽然采取了这些行动，但 2016 年美国证券交易委员会的一项调查仍发现，德意志银行的一名分析师对某只股票给出了买入评级，这与他的个人观点不一致。调查发现，他给出这家公司“买入”评级，是因为他想维持与该公司管理层的关系（SEC，2016）。

尽管存在这些失误，但投资银行的研究在很大程度上为企业和行业的现状与前景提供了宝贵见解。

（二）资产证券化

资产证券化是将许多贷款捆绑在一起，最流行的形式是抵押贷款证券化，但其他资产，如汽车贷款、学生贷款和信用卡应收款也可以进行证券化。一种常见的抵押贷款支持证券是抵押转递证券（mortgage pass through）。受托人（可以是银行或政府机构）为相关贷款提供服务，收取款项，并将资金转给证券持有人。这些产品的投资者面临的风险是借款者违约，或者如果利率下降，他们将进行再融资，提前偿还贷款。债券抵押债券和债务抵押债券是另外两种由不同形式的现有债务义务的持续给付所支持的证券。

抵押贷款支持证券，尤其是那些包含次级抵押贷款的证券，是造成2007—2008年金融危机的一个重要因素。在21世纪，房地产市场过热，有许多没有足够信用评级、没有资格申请传统抵押贷款的购房者，也能够获得所谓的次级抵押贷款。其中一些贷款的利率很低，称为“诱惑性”（teaser）利率，借款者可在前两年支付较低的还款额，之后，贷款的利率会上升，借款者的还款额也会上升，并且是大幅上升。在房地产泡沫时期，借款者可以以高于买入价的价格出售标的资产。但是，当房价在2006年和2007年开始下跌时，这些买家处于“资不抵债”或“倒挂”状态，拥有的房产价值低于他们的抵押贷款金额。

（三）合并和收购

客户公司的合并和收购活动是投资银行的重要收入来源。从20世纪60年代开始，合并和收购通常是友好的交易，两家公司的高管办公室合并，组成新公司的管理团队。后来，所谓的“公司蓄意收购者”加快了对最初不愿被收购的目标公司的敌意收购活动。其中许多交易都是由德雷克斯（Drexel）的迈克尔·米尔肯（Michael Milken）筹集的资金进行的。其特点是，目标公司资产负债表上的债务水平不断上升，通过经常性的大量裁员来提高运营效率。随着德雷克斯的破产，以及毒丸计划和金色降落伞等防御手段的提出，敌意收购已经变得不那么频繁了。值得注意的是，一些私人股份公司已经承担起了收购企业股权的角色，并采取积极的议程，以改变他们眼中低效的企业行为。

投资银行通过向收购方和被收购方提供咨询服务赚取费用，并可能参与融资安排。一些投资银行家可能会参与交易构思，并将这些建议提交给客户。除了最大的机构，还有许多利基顾问，他们在特定公司甚至行业的交易中扮演着重要角色。

（四）大宗经纪业务

大宗经纪业务是指投资银行向对冲基金客户提供的业务集合，包括执行服务、证券借贷、风险管理和融资服务，许多投资银行也提供报告服务和技术支持，还有一些投资银行会协助为潜在投资者与对冲基金客户做匹配。对冲基金是投资银行的一个重要收入来源，它们为投资银行的运营和业务增长提供了支持。

五、中央银行

中央银行（简称“央行”）被认为是银行的银行。美国的央行是美联储（Federal Reserve System）。尽管是亚历山大·汉密尔顿（Alexander Hamilton）提出的建立美联储，但我们现在所知道的美联储是在 1913 年为应对 1909 年的银行恐慌而创建的。相比之下，瑞典和英格兰的央行可以追溯到 17 世纪。本部分重点讨论美联储，但应该注意的是，全球还有其他重要的央行。

一般来说，央行的作用包括：

- 创造货币。
- 维护银行同业支付系统。
- 执行政府的金融交易。
- 监督金融机构。
- 实施货币政策以实现宏观经济目标。
- 充当最后贷款人。

美联储由12家地区性银行组成，主要集中在密西西比河以东地区。这反映了该系统在20世纪初建立时，经济活动的集中区域。今天，大约有3 000家银行是美联储的成员，包括所有的美国国家特许银行和符合一定要求的洲特许银行；另外还有1.7万家存款机构受美联储监管。美联储理事会有7名成员，任期14年。他们由美国总统任命，须经参议院批准；美国总统还可以任命一名美联储理事担任主席，任期4年，独立负责美联储货币政策的执行。美联储有很大程度的独立性。美联储主席的长任期意味着他们的任期可能超过总统任期，使决策不会受到很大的政治压力的影响。在经济增长过快、美联储需要采取措施减缓通胀压力和资产泡沫增长的时候，这种独立性尤其重要，而许多其他国家的央行没有这种程度的独立性。在有些地方，央行是政府行政部门的一部分，政治压力可能起决定性作用，导致央行不愿放缓增长，这可能导致恶性通货膨胀。

美联储有几个作用：

- 管理和监督金融机构。
- 向银行系统提供金融服务。
- 执行支持宏观经济目标的货币政策。
- 作为最后贷款人。
- 向美国政府提供银行服务。
- 发行货币。

美联储的职能是广泛的，全面地讨论超出了本部分的范围。在这里我们需要注意的是，美联储对银行进行检查，以确保它们的安全性和稳健性，并设定准备金要求。美联储还评估银行遵守消费者保护法的情况；根据《多德－弗兰克华尔街改革和消费者保护法案》建立的消费者金融保护委员会（Consumer Finance Protection Board）位于美联储内部，但其运作具有很大程度的独立性。

为了评估一家银行的安全性和稳健性，主要看其“CAMELS”指标，这6个字母分别代表：资本充足率（C）、资产质量（A）、管理质量（M）、盈利水平（E）、流动性（L）和对市场风险的敏感度（S）。在评估一家银行时，美联储的审查员会考虑这些问题。

美联储还提供许多金融服务。自动清算中心向银行提供电子借贷服务；联邦资金转账系统是同一天的在线电汇服务，通常用于非常大额的资金转账；提供全国性的支票清算服务；负责发行货币；充当美国政府的银行或财政代理机构。

美联储的宏观经济目标是由国会批准的，主要目的是实现最大化就业，稳定物价和温和的通货膨胀。美联储通过影响货币数量和银行信贷扩张的行为来实现这些目标，既包括传统的货币工具，也包括历次金融危机后制定的非常规的货币政策。

（一）传统的货币工具

美联储执行货币政策的3个工具是：

- 公开市场操作。
- 贴现率。
- 存款准备金要求。

公开市场操作是美联储影响银行系统储备金数量的主要手段。美联储通过纽约联邦储备银行的国内交易柜台买卖金融工具，通常是短期国库券和长期国债。通过从一级经销银行手中购买这些金融工具，美联储增加了这些银行账户中的准备金。这样，银行就有更多的钱可以贷给客户，从而形成了货币供给的扩张。当美联储转而出售这些工具时，它会从银行账户中抽走准备金，银行可以放贷的资金就会减少，这导致了货币供给的收缩。

存款准备金率由美联储的管理者设立，其规定了银行必须持有的现金或在美联储账户中存款的百分比；通过降低这一比例，美联储允许银行借出存款的比例变大，从而增加了货币供给。如果美联储提高存款准备金率，银行可以借出的资金将减少，其影响将是收缩货币供给。例如，如果一家银行有4亿美元的存款和10%的准备金要求，那么它就有3.6亿美元可以贷出；如果存款准备金率降至5%，它就有3.8亿美元可以贷出，这看起来并没有太大的区别，但通过货币乘数，如此大幅度地降低存款准备金率可能会导致通胀压力；相反，将存款准备金率提高到20%，会使得可贷资金减少到3.2亿美元，产生收缩效应。

为了满足美联储的准备金要求而持有的资金被称为“法定准备金”。银行可能会有超过要求的“超额”准备金，并可以相互借贷。它们借贷准备金的利率被称为“联邦基金利率”。美联储从2008年开始使用的一个相对较新的政策工具是为准备金支付利息。这使得美联储可以对联邦基金利率水平施加更大的影响。

贴现率或一级信贷利率由地区性储备银行的董事会决定，并经由美联储董事会批准，这是美联储对银行贷款收取的利率。如果一家银行需要借款以满足准备金要求，它可以以这个利率直接从美联储的贴现窗口借款。1913年美联储成立时，这是美联储运作的主要工具，现在，它被公开市场操作所取代。这些贴现窗口贷款旨在缓解暂时性压力和系统性压力。贴现率每14天设置一次，通常是隔夜拆借，但对于情况良好、有短期流动性需求的机构来说，可能会延长至几周。贴现率分为几种类别：一级信贷、二级信贷、季节性信贷、紧急信贷。

（二）非常规的货币政策

围绕全球金融危机的戏剧性事件促使决策者积极采取行动，使用货币政策来帮助拯救美国和全球金融体系。美联储采取了包括量化宽松和扭曲操作在内的几种非常规的货币政策。在量化宽松政策下，美联储从银行购买金融资产，提高了这些资产的价格，增加了货币供给。第一轮量化宽松始于2008年11月，第二轮于2010年11月启动。扭曲操作于2011年9月开始实施，其目的是提高银行国债投资组合的平均期限。2012年9月，美联储启动了第三轮量化宽松，每月购买近400亿美元的抵押贷款支持证券；第三轮量化宽松以及扭曲操作的目标是每月购买850亿美元的长期债券。2013年12月，美联储提出了一项“缩减”计划，即未来一段时间每月将从850亿美元的支出中减少100亿美元。美联储宣布缩减购债规模后的最初反应是股市和债市出现抛售，这被称为“缩减恐慌”。然而，市场确实迅速复苏，2014年10月，美联储暗示将结束第三轮量化宽松计划。

欧洲和日本也启动了量化宽松计划，各国央行的计划存在一些差异，对这些计划的影响也存在一些争论。这些政策似乎确实产生了以下结果：使得计划购买的资产类别利率降低，价格上涨；轻微提高了通货膨胀；降低了失业率；国民生产总值得到更快的增长；以及系统性风险的降低。

（三）其他国家的央行

英格兰银行成立于1694年，绰号为“针线街的老太太”（The Old Lady of Threadneedle Street）。它的使命是通过维护货币和金融稳定来维护英国人民的利益。它发行货币，在危机中充当最后贷款人，管理破产的机构，并监督1 700家银行和其他金融基础设施，如清算所、银行间支付系统和证券结算系统。英格兰银行还充当银行间支付和信用卡的结算与转账代理。此外，它还为英国政府和100多家海外央行提供银行服务。英格兰银行的一个重要角色是指导货币政策，以维持当前2%的通胀目标。英格兰银行的主要政策工具是银行利率，即英格兰银行向商业银行发放贷款的利率。早些年，英格兰银行的规定不像其他央行那么正式，如果它有担忧，商业银行家就会被邀请过来“喝茶”，这就足以让他们按照英格兰银行所期望的那样改变行为。但这种非正式的方式似乎已经成为过去了。

欧洲央行成立于1998年，它的使命是通过维护欧元的价值和维持价格稳定来服务欧洲人民，价格稳定的定义是通胀率“在中期低于但接近2%”。欧洲央行的基本任务是为欧元区制定和执行货币政策，管理外汇储备和进行外汇操作，促进金融市场基础设施的平稳运行。欧洲央行还发行货币，促进金融稳定并实施监管。

日本银行在第二次世界大战后重组。由于模仿了美联储，两者有许多相似之处。日本银行的任务包括：

- 发行钞票。
- 指导货币政策。
- 货币政策的实施。
- 银行同业结算服务。
- 保持体制稳定。
- 充当财政部和其他政府需要的银行。

从历史上看，中国人民银行从未被列入世界上最具影响力的央行，但随着中国经济重要性的提高，它的影响力会继续增强。类似于美联储的职能，中国人民银行专注于货币政策、金融监管和外汇储备事宜。《中华人民共和国中国人民银行法（2003修正）》规定其主要职能如下：

- 发布及履行与其职责有关的命令和规章。
- 依法制定和执行货币政策。
- 发行人民币，管理人民币流通。

- 监督管理银行间同业拆借市场和银行间债券市场。
- 实施外汇管理，监督管理银行间外汇市场。
- 监督管理黄金市场。
- 持有、管理、经营国家外汇储备、黄金储备。
- 管理国库。
- 维护支付、清算系统的正常运行。
- 指导、部署金融业反洗钱工作，负责反洗钱的资金监测。
- 负责金融业的统计、调查、分析和预测。
- 作为国家的中央银行，从事有关的国际金融活动。
- 国务院规定的其他职责。

六、影子银行：其他金融中介

其他金融中介产品由银行的分支机构销售，但也有独立的公司，如保险公司、财务公司、对冲基金、私募股权基金和资产管理公司。保险公司提供风险防护，保险公司以保费的形式收集资金，然后投资于不同的市场。这些保险公司持有的资产超过 6 万亿美元。财务公司向消费者和小企业提供贷款，以购买家具、房屋、汽车等产品。对冲基金和私募股权基金汇集来自有限合伙人的投资，通常起点很高。然后，基金的普通合伙人可以投资于各种各样的资产，这些投资在几年后进行清算，收益在合伙人间分配。共同基金将投资者的资金集中在股票和/或债券的多样化投资组合中。ETF 与共同基金有一些相似之处，它们的收益遵循多样化的投资组合，但在结构、定价和税收结果方面存在显著差异。关于这些产品的更多信息见第五章。

这些类型的金融服务机构提供传统银行结构之外的融资服务，目前受到有限的国家监管。事实上，对传统金融产品和市场的强监管，是推动这些替代产品发展的主要因素。这些产品可以满足典型银行渠道之外的信贷需求，提供这些产品的机构被称为“影子银行”，估计通过这些机构提供的信贷规模在 34 万亿美元（金融稳定委员会，2017）。许多金融科技服务都属于这一类。

一些投资银行提供这些理财产品，但还有以下参与者也提供：

- 抵押贷款机构。
- 货币市场基金。
- 保险公司。
- 对冲基金。
- 私募股权基金。
- 发薪日贷款人。

金融稳定委员会指出，有些人认为“影子银行”一词带有贬义，但这些服务提供了经济价值，可以在需求不足的地方发放信贷，并为传统银行提供了有益的竞争。然而，人们担心潜在的系统性风险。

影子银行的兴起只是金融创新的最新表现。许多金融科技产品都属于这一类别，当前的金融科技颠覆浪潮无疑是金融市场、金融工具和金融机构创新中最重要和影响最广泛的力量。一些评论人士认为，遗留下来的银行业结构是静态的、不可改变的。但事实并非如此。实际上，近年来金融领域出现了一系列实质性的创新。随着时间的推移，金融环境面临着技术、消费者偏好、监管、外国银行竞争加剧以及其他因素的变化，这些因素可以概括为服务和产品需求的变化、服务和产品供应的变化以及监管的变化。由于涉及大量利润，金融机构正在不断发展，以应对这些变化。

在下面的内容中，我们将研究几种不同类型的金融中介机构，它们都在投资中提高了对 ESG 因素的敏感性。

七、保险公司

保险公司和养老基金是两大投资资金来源。截至 2017 年年底，美国保险公司拥有 6.5 万亿美元的现金和投资资产。理解它们的商业模式、产品、服务和义务对于理解现代金融市场是很重要的。

保险公司的业务是分担风险。被保险人面临着不利事件带来的不确定性，以及不利的经济影响，房屋火灾和汽车事故是常见的例子。保险公司与个人订立合同，要求保险公司在发生指定的不利事件时向被保险人支付赔偿金。同时，作为将风险转移给保险公司的回报，个人支付保险费给保险公司。

（一）保险的类别

个人或企业可能面临的风险有多少种，保险就有多少种，以下是一些最常见的类型。

1. 人寿保险。

（1）如果被保险人在保险单规定的期限内死亡，定期人寿保险将支付约定的金额。

（2）终身人寿保险可以增加现金价值，并提供死亡抚恤金。保单持有人可以提取现金价值或以现金价值抵押贷款，一个主要的好处是累积的现金价值不需要纳税。

（3）更复杂的人寿保险产品包括固定的或可变的分红，以及固定的或可变的现金价值。

2. 健康保险。

（1）美国有许多不同种类的健康保险计划，其规则、要求、支付方式和覆盖范围都在不断变化，各州也可能有所不同。一般来说，年龄在 25 岁及以下的人可以享受他们父母的保险，65 岁及以上的人可以享受联邦医疗保险等项目。医疗补助为特定类别的个人提供医疗保险，但有收入限制。

（2）在州一级制定了各种覆盖范围和费用水平的计划。这些计划可供个人、家庭和小型企业使用。

（3）雇主计划在美国最常见。雇主可以在不同选项中做出选择，雇员通常也可以在这些选项中做出选择。覆盖范围大和扣减额度低的计划会收取更高的保费。雇主和雇员共同承担这些计划的费用。

（4）常见的健康保险计划：第一，健康维护组织（Health Maintenance Organization，简写为HMO）要求被保险人选择一名初级保健医生，并要求可以通过这名医生转诊，以便接受更专业的检查。健康维护组织批准的医生都可以选择，并且通常同意协商费用。第二，优先提供者组织（Preferred Provider Organization，简写为PPO）允许被保险人看更多的医生，但如果就医的范围不属于PPO“覆盖范围”，那么就医费用可能会较高。

（5）这些计划有免赔额。被保险人须支付免赔的费用，比如说每年1 000美元的医疗费用，而保险计划会支付超出免赔额的费用，免赔额的水平通常可以选择，高免赔额的保费会低。

3. 房产保险。房产保险为财产损失、意外事故和盗窃提供保险。典型的房产保险包含的风险有台风、水灾和火灾的破坏，访客在人行道上滑倒和摔倒，以及财产被盗。房产保险被认为是谨慎的，提供房产抵押贷款的银行要求房主有房产保险。

4. 汽车保险。大多数州要求司机购买该保险。责任保险包括为他人汽车或财产的损害提供事后赔付；人身伤害险包括身体损害的赔偿；碰撞保险提供事故后汽车修理的赔偿；综合保险包括火灾或水渍等其他事故。如果司机没有保险或保额不够，而事故涉及另一名司机，则另一名司机可在保障范围内为该事故提供保险。

5. 年金。年金为被保险人的一生提供了源源不断的收入。买方给保险公司支付初始金额，保险公司在之后的特定日期开始给付。例如，一个人可以在45岁时购买年金，并选择在预期退休的65岁时开始每年领取年金。

6. 灾害保险。这是一种范围很广的保险，包括财产损失、盗窃、交通事故和各种商业责任。

7. 巨灾保险。巨灾保险为低概率、高成本的事件提供保险，而这些事件通常不包括在较常见的保单中，包括地震、飓风和恐怖袭击等事件。

8. 再保险。一般类型的保险规定保险公司承担某些事件的风险，如果此类事件突然大量发生，保险公司可能会破产。为了降低这种风险，保险公司可能希望通过从另一家公司购买保险来减少部分风险，这叫作再保险。

9. 专属保险。这是一种自我保险，母公司或一些公司成立自己的保险公司，为集团提供保险。这可以降低成本，提供更适合集团需求的保险产品。

10. 互助人寿保险。这是一种人寿保险，保险对象可能是社会、教育、宗教或有类似联系和目的的非营利组织的成员。

保险公司的成功取决于以下这些因素：它必须能够成功地评估它所担保的不良事件发生的风险。在某些情况下，它可以接受或拒绝特定的风险，在其他情况下，它会接受风险，预测每年索赔账户的比例，它的盈利能力取决于它预测比例的准确性，以及收费的适当性。保险公司盈利的一个关键组成部分来自提前支付的保费，公司可以使用这些资金，直到必须支付索赔。然后，公司的盈利能力等于所收到的保费加上所产生的投资收入，减去经营费用和已支付的索赔额。保险公司的净利润占收入的3%~10%，但根据提供的保险产品和投资回报的不同，其差异很大。

因此，保险公司从保费和投资收益中积累了大量的现金。保险公司会把这些资金投资于一系列与保险支出义务相匹配的资产中。比较适合投资的是中长期固定收益资产，可以免税或减税。大型保险公司自己在内部管理资金，但也可能使用外部管理人员。对于规模较小的保险公司来说，可能更需要掌握特殊专业知识和投资技能的外部管理人员。

图 4 - 1 显示了 2010—2017 年美国保险公司现金和投资资产的增长情况。

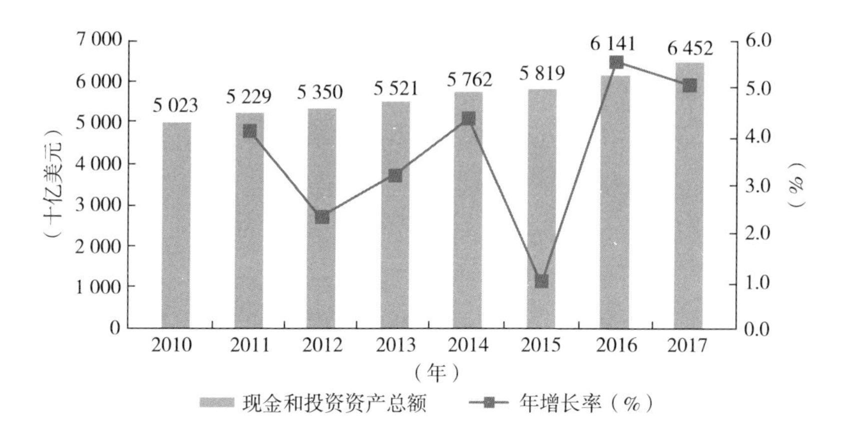

图 4－1　2010—2017 年美国保险行业现金和投资资产情况

注：包括附属投资和独立投资。

资料来源：美国保险监督官协会（NAIC）。

从这些投资的细节来看，65% 的资产是债券，对资金来源的分析表明，来自寿险公司的投资在总投资中的占比也几乎是这个比例（见表 4 - 4）。

图 4 - 2 给出了 2017 年美国资产规模最大的寿险公司。

ESG 的投资实践和承诺水平因保险公司而异，且保险监管机构对其有重大影响。例如，加州的保险公司被要求比其他许多州的公司有更强的环境意识。2016 年，加州保险部开始要求保险公司披露其化石燃料投资，并要求保险公司剥离电煤业务，因为随着消费者、企业、市场和政府逐步摆脱将煤炭作为能源来源，动力煤可能成为保险公司

表 4-4　2017 年美国保险行业现金及投资资产总额　　单位：百万美元

资产类别	人寿	财产	健康	互助	产权	总计	占比（%）
债券	2 982 586	1 003 354	116 948	106 703	4 858	4 214 449	65.3
普通股	166 027	598 478	37 510	4 486	2 460	808 962	12.5
抵押贷款	477 051	18 119	134	11 583	81	506 968	7.9
其他长期资产	177 694	159 418	11 312	4 783	210	353 416	5.5
现金及短期投资	105 008	117 258	46 189	2 925	1 196	272 575	4.2
贷款合同	129 027	3	—	2 884	—	131 915	2.0
衍生品	58 661	233	1	48	—	58 942	0.9
房地产	23 550	12 849	5 544	286	227	42 457	0.7
证券借贷（再投资抵押品）	16 870	4 476	724	571	—	22 640	0.4
其他应收账款	11 652	9 785	652	67	5	22 161	0.3
优先股	10 514	5 522	454	612	402	17 504	0.3
总计	4 158 640	1 929 496	219 468	134 946	9 440	6 451 989	100
占比（%）	64.5	29.9	3.4	2.1	0.1	100	

资料来源：美国保险监督官协会。

账簿上的一项搁浅资产。但在这个问题上仍然存在分歧，尤其是那些能源生产收入在经济中占很大比重的州——俄克拉何马州、北达科他州、蒙大拿州和得克萨斯州，这些州的保险专员和总检察长认为，加州的提案是“公然违反健全的保险法规”。12 个州的总检察长和一个州的州长签署了一封致加州保险专员的信，威胁其要采取法律行动。这些官员认为，加州的要求对一个运转良好的保险市场来说并不重要，披露这些信息会损害消费者利益，而不是帮助他们，因为这些信息可

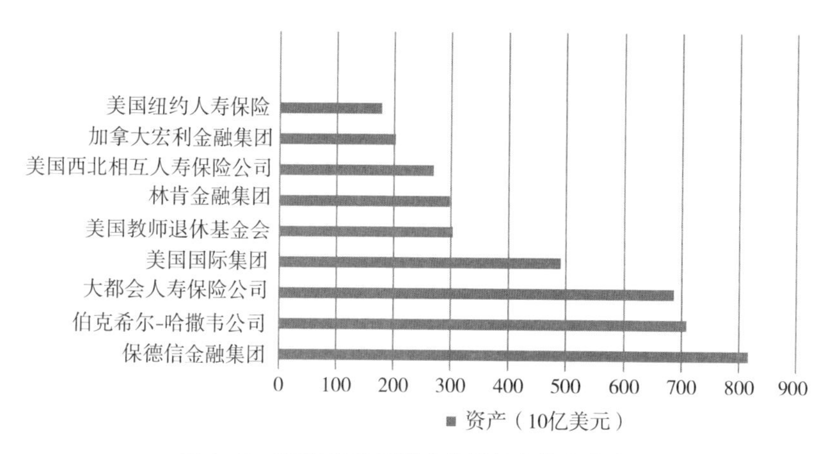

图 4-2　2017 年美国资产规模最大的寿险公司

资料来源：根据公司报告汇编而成。

能会影响所提供的保险产品的相关披露。他们还认为，加州的要求还将与环境政策相关的政治分歧带入保险公司投资领域。尽管存在争论，但许多保险公司还是在其投资决策中至少包含了一些 ESG 因素。以下是这些公司正在进行的一些例子。

（二）保德信金融集团

这些保险公司中最大的保德信金融集团表示，它认识到，“投资能够且应该产生财务回报，这些财务回报会产生积极的、可衡量的社会影响”。为此，该公司有一个影响力投资计划，目标是 2020 年在社会企业、金融中介机构和实物资产方面投资 10 亿美元。该公司成立于 1875 年，初创名称是“孤寡友好协会”，这是一家“以社会为目的的企业，致力于为贫困劳动者提供负担得起的丧葬保险”。“保德信的投资组合有意为大量资产保留了灵活性，投资组合包括直接和间接投资，所投标的包括债券、股权、不动产、经营业务、抵押贷款、资产证券化、私募配售和各种其他类型的选择。这使得公司可以在价格有吸引力的时候购买合适的房产（当债务不那么具有吸引力时，情况就不那么糟了)。它还向教育和劳动力发展项目提供贷款。目标投资成果包括普惠金融、保障性住房、卓越教育、劳动力发展、可持续农业等。

以下是保德信金融集团管理的3个投资组合。

第一个是影响力管理组合（Impact Managed Portfolio）。这个组合占ESG投资组合的80%。投资规模比其他两个投资组合大，回报率也高于市场回报率。这个组合的一项投资是特许学校贷款。这个投资组合优异的投资结果抵消了接下来两个投资组合的损失。

第二个是催化投资组合（Catalytic Portfolio）。这些是对营利性实体、项目或金融机构的较小规模投资。投资对象通常是初创公司，很少或没有信用记录，因此比影响力管理组合承担更多的风险。通常是具有重大研发价值的股权投资，如果成功，可能追加更大的投资。一个例子是减少暴雨径流。这个投资组合的财务表现落后于影响力管理组合，但这些项目显示出巨大的社会影响前景。

第三个是慈善投资组合（Philanthropic Portfolio）。这个投资组合是代表保德信基金会管理的，并为非营利组织提供优惠资本。为服务群众的组织提供低息贷款，例如社区发展金融机构或残疾机会基金（Disability Opportunity Fund）。

（三）大都会人寿保险公司

2017年，大都会人寿保险公司的影响力投资组合增长至500亿美元，较2016年同比增长12%。旗下大都会人寿保险基金承诺的5年2亿美元的金融普惠计划，在第4年惠及了600多万低收入个人。2018年，大都会人寿保险公司成立了一个新的负责任投资策略组合，加强了ESG平台建设。从一个自下而上的研究过程开始，聚焦于ESG因素，将其ESG理念付诸实践。这是一个长期的“购买和管理”的投资方法，在初始购买时评估ESG因素，并在持续投资时进行定期审查。此外，公司与管理层进行持续对话，以确保被投资企业的目标和行动

追求负责任投资

随着全球投资者对ESG问题的兴趣日益浓厚，越来越多的证据表明，将这些因素纳入投资决策能够积极支持投资组合的表现和回报。大都会人寿投资管理在负责任投资和影响力投资方面有着悠久的历史。专注于4个核心领域

绿色投资	影响力和保障性住房投资
我们长期支持绿色建筑和可再生能源项目，包括风能和太阳能。截至2018年12月31日，我们持有60家获得LEED认证的房地产的股权，并进一步投资英国的可再生海上风电项目。截至2018年12月31日，投资额达166亿美元	我们投资于影响力和保障性住房项目，以建立健康的财务状况并为社区带来切实利益。2018年，我们增加了对全球非银行和市场服务不足的中小微企业贷款。截至2018年12月31日，投资额达26亿美元
基础设施投资	**市政债券投资**
我们通过建设或升级机场、港口、道路、管道、输电线路和发电（包括风能和太阳能项目）的基础设施项目，为当地创造就业机会和经济效益。2018年，我们也在美国服务不足的社区投资非营利性医院和医疗保健设施。截至2018年12月31日，投资额达171亿美元	我们支持在47个州和华盛顿的400个自治市的基础设施、教育和社区服务。在2018年，我们投资了宾夕法尼亚州的规划和建设工作手册计划，该计划为学区提供贷款，用于合格的学校建设。截至2018年12月31日，投资额达163亿美元

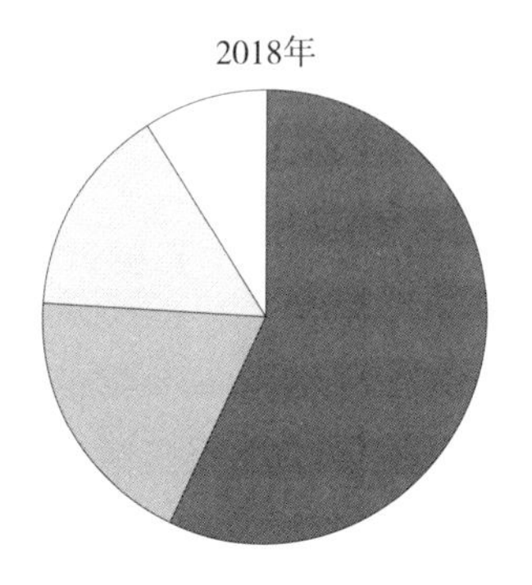

■ 基础设施投资：41亿美元

■ 市政债券投资：14亿美元

□ 绿色投资：11亿美元

□ 影响力和保障性住房投资：7亿美元

图4–3　大都会人寿保险公司影响力投资

资料来源：大都会人寿保险公司。

与 ESG 原则保持一致。

图 4 – 3 显示了大都会人寿保险公司在 4 个类别的投资分布：影响力和保障性住房投资、基础设施投资、绿色投资、市政债券投资。

大约 5% 的负责任投资组合投资于影响力和保障性住房投资，剩下的 95% 在其他类别中相对均匀分配，每类占 30%~34% 。

（四）苏黎世保险集团

苏黎世保险集团是世界上最大的保险公司之一。它管理着大约2 000亿美元的资产，并相信可持续投资是其在“做好事”的同时获得更高风险调整后回报目标的一部分。它通过将ESG因素整合到其投资方式中并进行重大影响力投资来实现这一点。它启动了一项“5－5－5”计划，投资50亿美元用于影响力投资，目的是避免大气中产生500万吨二氧化碳，影响500万人，为此，其在2017年实现了投资20亿美元绿色债券的目标。

八、养老基金

2018年，美国养老资产总额超过29万亿美元，其中约有19%，即5.6万亿美元是在401（k）计划中。这些计划通常提供几种不同的投资基金供个人选择，公共养老基金是美国最大的机构投资池之一。美国的养老计划有几种不同的形式：个人退休账户（IRA）、固定收益计划和固定缴款计划。许多年前，固定收益计划是公司和政府典型的养老计划。在这种类型的计划下，雇主或担保人承诺在退休期间向退休员工支付一笔特定数额的款项或福利。这种结构给雇主和员工都带来了巨大的风险。雇主面临的风险是，由于预期寿命的延长和其他因素，退休义务可能会不可持续地增加。员工面临的风险是公司破产，无法支付养老金。符合条件的福利计划由养老金担保公司（PBGC）担保，然而，这并不是美国政府的担保，养老金担保公司可能没有足够的资源来覆盖所有的违约计划。提供固定收益计划的商业公司的比例已经缩减到10%左右，而政府计划的75%是固定收益计划。

在固定缴款计划中，雇主或计划发起人仅代表参与计划的员工做出指定的缴款，雇主或计划发起人在退休时不负责付款，这样就大大减少了雇主或计划发起人的风险。参与计划的员工收到的金额将取决于缴款的规模和这些资产价值的增长；这些员工面临的风险是，资产可能无法增长到足以支撑退休后的特定支出水平。比较受欢迎的计划是401（k）计划和员工持股计划。

还有一种养老基金是个人退休账户。这个账户有一定的税收优势，因为投资收益可以累计免税。在提取投资收益之前，它们是不征税的，这样受益人就得到了本来应缴纳税款部分的投资回报。在传统的个人退休账户中，账户资金是税前收入。当这些美元被支付给个人之前，需要缴纳税款。罗斯个人退休账户（Roth IRA）的资金来源是税后收入。在个人退休账户和许多固定缴款计划中，投资的选择取决于个人。

图4-4显示了按计划类型划分的养老市场资产的分布情况。

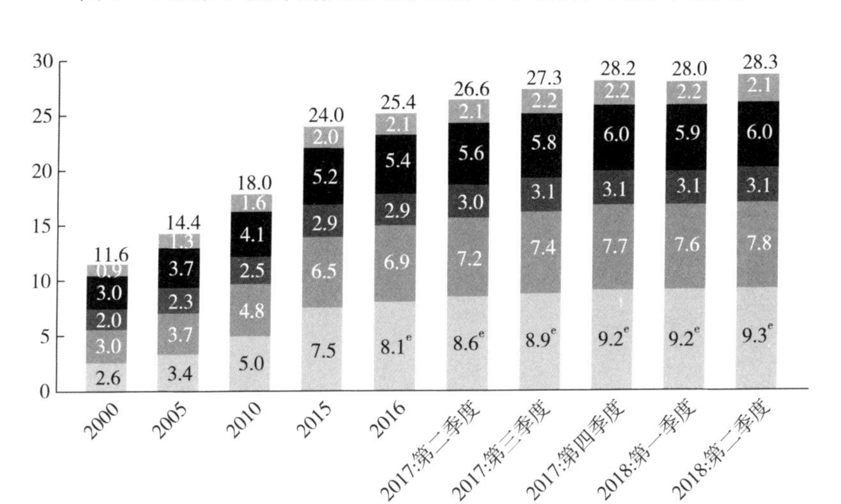

图4-4 按账户类型划分的美国养老资产（万亿美元）

注：e表示估计。

资料来源：美国投资公司协会。

2000年以来，年金和私人部门固定收益计划的资产增加较少，但其他类别的资产则大幅增加，其他类别包括政府固定收益计划、固定缴款计划和个人退休账户。

来自雇主和员工的缴款是养老基金收入的重要来源，但养老基金收入的最大份额来自累计的投资收益，这些基金的投资通常被分配到几个不同的资产类别。平均而言，养老基金在资产类别上的投资分布如下。

- 上市公司股票：47.6%。
- 固定收益投资：23.2%。
- 房地产：6.6%。
- 另类投资：18.3%。
- 现金和其他资产：4.3%。

表4-5列出了一些美国最大的公共养老基金。其中10只超过1 000亿美元。

（一）最大的养老基金

养老基金的目标是为受益人提供退休收入。加入ESG因素的风险在于，该基金将表现不佳。这可能导致退休人员收入不足，从而造成生活困难。它还可能导致投资经理和董事会成员被解雇。如果这些基金经理和董事会成员非常公开地表示支持ESG投资，他们可能很容易成为众矢之的，即使ESG投资与基金的糟糕表现几乎没有关系。正如上一章所讨论的，用ERISA管理私人养老基金，ERISA也经常被应用在公共基金管理中。随着时间的推移，美国劳工部已经发布了几份关于ESG投资的指导公告，2015年和2018年的公告明确指出，ESG因素可能直接影响投资的经济回报，并可能在评估投资时纳入。

早期的社会责任投资形式，仅仅是剔除那些从事负面活动的公司的股份。这些公司包括在南非种族隔离时期进行投资或经营的公司以

表 4–5　美国最大的公共养老基金

计划	总资产（百万美元）
加州公务员养老基金	336 684
加州教师养老基金	216 193
纽约共同基金	201 263
纽约养老基金	189 794
佛罗里达州管理委员会	167 900
得克萨斯州教师基金	146 326
纽约教师基金	115 637
威斯康星州投资委员会	109 960
北卡罗来纳州养老基金	106 946
华盛顿州投资委员会	104 260
俄亥俄州公务员基金	97 713
新泽西投资基金	80 486
弗吉尼亚州养老基金	79 238
俄勒冈州公共雇员基金	77 495
俄亥俄州教师基金	76 458
密歇根州养老基金	75 550
佐治亚州教师基金	73 089
明尼苏达州投资委员会基金	72 672
马萨诸塞州养老金储备投资管理委员会	69 496
田纳西州合并基金	55 112
洛杉矶乡村基金	53 832
宾夕法尼亚州公立学校基金	52 891
科罗拉多州公共雇员养老协会	51 476
马里兰州养老基金	50 297
伊利诺伊州教师基金	49 863
密苏里州公立学校基金	42 307
伊利诺伊市政基金	39 811
内华达州公务员基金	39 721
亚拉巴马州养老基金	38 800
南卡罗来纳州公共雇员基金	37 263

资料来源：美国国家税务局纳税申报文件中的养老金与投资项目（Pensions & Investments），截至 2016 年 12 月 31 日。

及烟酒和赌博行业的公司。在大多数情况下，这种撤资策略被认为对目标公司的影响很小，甚至没有影响，但对基金的投资业绩有负面影响。最近，ESG 投资采取了积极的方式“筛选”候选公司以施加 ESG 影响。具有积极影响的公司可以包括在投资组合中，通过更复杂的方法，可以筛选这些公司，这样，总体投资组合回报率就可以反映出一个基准指数，否则会既包括被纳入的公司，也包括被剔除的公司。

对于养老计划的 ESG 投资，两个关键问题是：

- 经 ESG 筛选的投资组合能否达到与未筛选的投资组合相同的收益/风险目标？
- 公共计划是推进 ESG 目标的正确工具吗？

关于第一个问题，正如我们将在后面章节中看到的，ESG 投资业绩的实证证据是不确定的，较早的研究表明，仅使用撤资方式的基金通常表现不佳。但使用更精确的 ESG 投资标准，可能会产生一个预期表现与未筛选组合相似的投资组合。

关于第二个问题，社会投资（公共计划）是个人投资者的自主选择，但要使社会投资适用于公共养老基金，就必须保证它不会产生较低的回报，并满足所有的受托责任。

这两个问题都有其支持者，这应该不足为奇，因为大多数投资经理仍然只关注财务回报（参见 Munnell 和 Chen，2016 年对这些问题的讨论）。整体而言，公共养老基金的财务回报和筹资水平越来越达不到未来的要求。2018 年的一项研究（皮尤研究中心，2018）发现，根据当时的最新数据，2016 年的州养老基金资金缺口正日益扩大。这一资金缺口，即基金资产与负债之间的差额，表明全美累计赤字为 1.4 万亿美元，比前一年增加了 2 950 亿美元。而低于标准的投资回报率是这一差距扩大的主要原因。2016 年，公共养老基金计划投资的回报率中位数约为1%，远低于7.5%增长的中位数假设。在如此低的回报率下，基金经理很难在不关注财务回报最大化的投资策略上达成共识。

接下来将讨论一些大型养老基金的ESG投资活动。

（二）加州公务员养老基金

加州公务员养老基金是美国最大的公共养老基金。它拥有超过3 500亿美元的总资产和190万名成员。它是最早活跃于ESG投资的机构投资者之一。也是PRI的创始签署方，这是一个旨在推动健全的ESG实践的投资者联盟。2005年，加州公务员养老基金加入了环境责任经济联盟（CERES），这是一个由投资者、环保组织和公共团体组成的非营利组织，与企业一起应对可持续发展挑战，而加州公务员养老基金与这一联盟的最初合作可以追溯到2003年。

加州公务员养老基金的ESG投资基础是采取将财务绩效与ESG因素相结合的经济框架。

加州公务员养老基金认为，长期的价值创造需要对3种资本形式进行有效管理——金融、物质和人。这提供了一种经济方法，将可持续投资议程纳入其受托责任，为加州公务员养老基金的受益人创造经风险调整后的回报。加州公务员养老基金提出了5个对风险和回报产生长期影响的核心问题。

- 投资者权益。
- 董事会质量：多元化、独立性和能力。
- 高管、董事和员工薪酬。
- 企业报告。
- 监管有效性。

这5个核心问题如图4－5所示。

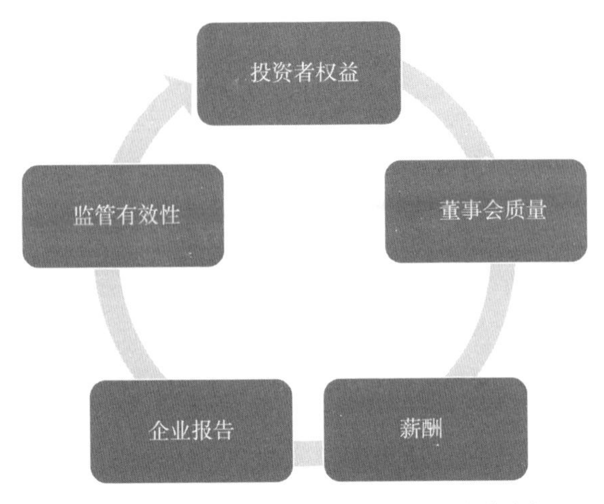

图 4-5　加州公务员养老基金提出的 5 个核心问题

加州公务员养老基金认为气候变化、水资源短缺和水质、收入不平等和破坏性技术是关注的重点领域。该基金的一名高管担任了“气候行动 100 +”（Climate Action 100 Plus）的主席，这是一个积极关注环境问题的投资者联盟。通过以上 5 个核心问题分析公司治理，似乎是该基金策略所产生的最大影响。与其庞大的投资组合相比，它对 ESG 重点战略的直接投资并不多。2018 年 3 月，该基金的一名董事会成员提议，养老系统应该剔除突击步枪零售商和批发商的股份，但董事会以 9 票对 3 票否决了这一提议。

值得注意的是，截至 2017 年年底，加州公务员养老基金的投资业绩略落后于其他州立养老基金和标准普尔 500 指数。2016 年，加州公务员养老基金的资产占比达到 69%，高于全国 66% 的平均水平，但落后于其他一些州，如纽约州的 91%。2017 年投资回报的提高将资金水平提升至 71%；然而，一直存在的养老金缺口和预期未来平稳的投资收益意味着，该基金需要吸纳的存款将不得不大幅增加，或者是将养老金支出削减，又或者两者兼而有之。鉴于该基金在支持 ESG 问题和组织方面有突出作用，一些反对人士将该基金的财务困难归因于 ESG

投资。该基金驳斥了这一观点，指出该基金在表现最差的ESG基金中的配置非常少，不应该脱离整体分散化组合投资的业绩而单独评价这项投资。该基金进一步重申，与企业合作解决ESG问题对经风险调整后的长期财务业绩具有积极影响。但在2018年10月的选举中，曾大力支持ESG投资并且是PRI董事会成员的该基金董事会主席，输给了一名挑战者，后者质疑该基金的社会投资重点，这件事也反映出人们对该基金业绩的担忧。

（三）佛罗里达州管理委员会

佛罗里达州管理委员会必须按照信托标准和佛罗里达州的法律进行资产投资和履行职责，这要求佛罗里达州管理委员会及其工作人员：

- 为投资客户的利益做出合理的投资管理决策。
- 在专业和谨慎的最高专家标准下做出投资决策，而不仅仅是出于善意。

佛罗里达州管理委员会作为长期投资者，支持国际公认的上市公司治理结构，包括股权、强大的独立董事会、基于业绩的高管薪酬、准确的会计和审计实践以及透明的董事会程序和政策。

佛罗里达州管理委员会投票、参与和提倡改进风险处理与信息披露的一些领域包括：

- 环境和可持续发展。
- 温室气体排放。
- 能源效率。
- 供水及节约用水。
- 政治捐款和支出。

- 在受保护或敏感地区的行动。
- 社区影响评估。
- 供应链风险。
- 企业多样性。
- 人权风险。

佛罗里达州管理委员会特别反对资产剥离，支持与被投资方管理层积极接触。其认为，资产剥离很少会导致受影响的公司股价走低或受到资本市场准入限制。从长期来看，资产剥离将增加投资的成本（执行、反映这些剥离证券的定制指数等），同时可能降低投资的分散程度和回报。相比之下，长期以来，佛罗里达州管理委员会一直积极与董事会和管理层接触，试图将企业的注意力集中在关注的问题上。

九、资产管理公司

资产管理公司代表客户进行投资，既包括专门公司，也包括保险公司、养老基金、政府实体等机构。一些资产管理公司是大型银行控股公司的业务部门；也有一些是非常大的独立实体。资产管理公司也被称为投资管理公司、资金管理公司或投资组合管理公司。表 4-6 列出了美国最大的资产管理公司。

资产管理公司为客户提供投资服务，包括对资产选择、执行、后续监督等进行研究并提出建议，它们往往是这些领域的思想领袖和顾问。资产管理公司雇用了全方位的专业人员来提供这些服务，投资组合经理的报酬是根据 AUM 的一定比例计算的，另外还有附加在某些产品和服务上的额外费用。这种收费结构之所以对公司有吸引力，是因为只要客户对投资组合经理的业绩感到满意，这种收费结构就会持续。资产管理公司管理的每只基金的回报是根据一个基准指数来衡量的。

表 4-6　美国最大的资产管理公司

公司名称	AUM（万亿美元）
贝莱德集团	6.44
先锋领航集团	5.10
道富环球	2.80
摩根大通	2.73
富达投资	2.46
纽约银行梅隆公司	1.90
美国资本集团	1.87
高盛集团	1.54
保德信金融集团	1.39
北方信托公司	1.20

资料来源：从各种公开报告中汇编的数据。

如果基金表现优于基准指数，或“合理”接近基准指数，资产管理公司可以预期多数客户会满意，并继续使用投资组合经理的服务。但如果该基金表现低于基准指数，客户可能会将其资金转移到另一家基金公司（导致该资产管理公司的资产“流出”），而该资产管理公司的收入将会下降。因此，资产管理公司非常重视投资业绩，成功的投资组合经理也会得到丰厚的报酬。正如我们将在第五章中讨论的那样，越来越多的人开始投资被动型指数基金，这些基金试图简单地复制作为基准的某个指数的表现。被动型指数基金没有对特定资产做积极管理，因此对于这类基金，资产管理公司收取的费用要低得多，通常不到 0.2%。

最大的资产管理公司已积极向客户提供一系列 ESG 投资选择。最大的一家是贝莱德集团，它提供了一系列监控措施来排除“罪恶股票”；投资 ESG 因素排名靠前的公司；识别和投资对社会和环境问题有影响力的公司。贝莱德集团董事长兼首席执行官拉里·芬克曾公开向企业首席执行官提出挑战，要求他们在管理企业时更加重视 ESG 问题。

十、对冲基金

对冲基金管理的客户资产总额超过 3 万亿美元。对冲基金投资于各种各样的资产。资金来自被称为“有限合伙人”的投资者，由被称为“普通合伙人”的基金公司职业经理人进行投资。对冲基金最初的投资策略是同时做多和做空股市：如果市场走高，多头的收益将超过空头的损失；如果市场走低，空头的收益将超过多头的损失。由此，投资者对股市下跌进行了“对冲”（至少是部分对冲）。对冲基金的策略已经发展到可用来投资现在所有可获得的资产，包括股票、债券、房地产、外汇和大宗商品。与其他投资管理公司一样，一些对冲基金现在开始提供具有 ESG 眼光的投资基金。最近一项针对 80 家对冲基金的调查发现，40% 的受访者表示，他们至少在用“负责任”的投资原则进行一些投资。大约 10% 的 AUM 被用来进行负责任投资（AIMA，2018）。

十一、私募股权投资

私募股权投资在结构上与对冲基金相似：有限合伙人出资，普通合伙人分配投资。主要区别在于投资类型：私募股权投资购买的是非上市或私募股权，通常是实物资产。风险投资可以被认为是私募股权投资的一个子集，其区别是风险投资通常投资于初创或早期阶段的公司，其中许多公司都失败了，私募股权通常投资于成熟的公司。私募股权投资还参与了利用杠杆或高水平负债收购企业的策略。然后，它们会重组公司，并将由此产生的公司出售给他人，从中获得高额利润。

最近，其中一些公司，如德太资本的睿思基金和贝恩资本的双重影响力基金，已经开始投资具有重大ESG影响的公司和项目。此外，黑石集团、科尔伯格·克拉维斯·罗伯茨等公司的高管和团队也在与投资组合中的公司合作，改善这些公司的ESG实践。对冲基金和私募股权投资都有的一个优点是，它们能够经营更长的时间。投资者通常投资7~10年，甚至更长时间，让项目和公司有时间度过财务表现可能不均衡的早期。

第五章

股票市场

许多 ESG 投资都涉及公司股票的所有权，无论是单独持有还是以一篮子公司的形式持有。但是这些证券代表什么呢？进行多元化投资组合的理论基础是什么？股票在哪里交易，如何交易？为什么 ETF 突然受到青睐，它们与共同基金有何不同？ESG 指数和共同基金有什么特点？在本章中，我们将寻求这些问题的答案。

股权或普通股代表公司的所有权。股东对公司的利润有索取权，但这种索取权的优先级低于其他债权人，如公司的供应商、债券持有人和其他贷款人。在破产的情况下，这些索赔人的次序都在股东之前。然而，股东对公司的义务不承担责任，股东只会失去所持股票的价值。一般来说，股东有权对某些提案和董事会成员的选举进行投票，而公司的高管负责管理业务。这种模式也有例外，即限制股东的投票权，同时保留股东的其他权利。缺乏投票权似乎对股东来说不公平，但是如果股票的无投票权特征被提前披露，并且投资者仍然选择购买，那么就不应该抗议这点。支持无投票权股票的理由是，它让公司的控制权掌握在创始人手中，而创始人的想法对公司的前景很重要。更进一步的原因在于，太多上市公司变得专注于非常短期的业绩，损害了公司的长期前景。Snap 是一家发行无投票权普通股的公司，它在 2017 年进行了 IPO，尽管市场上有一些抱怨的声音，但这次发行还是被机构投资者抢购一空。然而这些抱怨导致指数提供商富时罗素（FTSE Russell）宣布，将从其指数中排除任何流通股股东投票权低于5%的公司。被排除在指数之外是否足以让 Snap 改变其投票权，还有待观察。

除了普通股，还有一种有趣的股票，它兼有债券和股票的特点，叫“优先股”。优先股向持有人支付固定或浮动的股息，在普通股股东之前支付。如果公司在某个时候无法支付股息，错过的股息可以累加，并在以后全额支付。这种优先股被称为“累积优先股”，与“非累积优先股”形成鲜明对比，后者指的是错过的股息将被放弃，在未来也无法弥补。累积优先股的持有者在股息支付和破产时的资产分配方面比普通股有优先权。“可转换优先股”给予持有人以预定价格将优先股转换为普通股的选择权。如果随着时间的推移，普通股的股价越来越高，那么可转换优先股持有人能够以较低的预设价格将优先股转换为普通股，从而实现升值。

一、风险、收益和分散投资

对投资者来说，购买一家公司的股票可能会带来收益，但随之而来的风险是，投资者也可能会亏损，或者少于通过购买另一家公司或一篮子公司的股票所带来的收益。投资者只购买一家公司的股票而承担了相关的风险，即股票收益可能低于市场平均水平或其他基准。大量研究表明，购买一组公司的股票可以降低投资风险。但这种股票投资分散化可能超出了大多数人的财务能力，投资者可以购买一只或几只替代性的基金。共同基金和 ETF 是集合投资工具，可以通过较小的投资提供分散化。为了理解这些基金的目的，有必要对投资组合分散化的理论进行简述。所谓的“现代投资组合理论”（Modern Portfolio Theory，简写为 MPT）可以追溯到 20 世纪 50 年代，其先驱哈里·马科维茨赢得了1990年诺贝尔经济学奖。MPT作为一种理论建构，经受住了时间的考验，成为思考投资组合，尤其是投资组合建构中风险与收益权衡的一个有价值的起点。前提假设是投资者是风险厌恶者，对于给定的收益，他们希望最小化风险，或者对于给定的风险水平，他们希望最大化收益。满足这些要求的投资组合被称为“有效投资组合”，为了纪念马科维茨的开创性工作，有效投资组合也被称为“马科维茨有效投资组合”。为了实现分散化，投资组合可以分散在多个资产类别中：债券、股票、大宗商品和其他替代资产。在一个资产类别中，投资组合也可以是分散化的。例如，股票投资组合可以分散投资于不同行业、国家和规模的公司。

为了建立有效投资组合，投资应该如何分配？在一组有效的投资组合中，如何找到最佳或最优的投资组合？MPT提供了一种解决方案，即在给定的风险水平（由投资组合的标准差或方差衡量）下，最大化预期收益。对MPT的全面介绍超出了我们的范围，但这里总结了一些要点。投资组合收益的预期值等于单个资产收益的加权平均值。衡量投资组合的方差则更复杂，它需要计算单个资产的方差以及每对资产之间的协方差，两种资产之间的协方差或相关性代表了它们之间的紧密程度。如果协方差高，投资组合往往会有更大的风险。反之，如果资产A和B的相关性较低，那么当A价值降低时，B很可能受到的影响要小得多，投资组合的总损失百分比将小于A单独的损失百分比。因此，为了最小化投资组合风险，资产之间的相关性应该最小，甚至为负。在实践中，对于给定的风险水平，构建具有最高预期收益水平的投资组合需要大量的计算。MPT的批评者指出了理论中的一些其他限制性假设。

- 预期收益和投资组合的方差并不代表投资者考虑的全部内容：“肥尾”分布、意外却频繁出现的离群结果、“黑天鹅”事件等都令人担忧。

- 风险厌恶假设：投资者的风险偏好实际差异很大。
- 相同预期：当市场表明存在差异时，该理论假设投资者对资产的风险和收益的预期相同。
- 时间跨度：目前尚不清楚适当的时间，但有一些投资者具有短期投资跨度，而其他投资者具有长期投资跨度，这显然使单期时间跨度成为一个限制性假设。

尽管 MPT 是一个有价值的起点，经济学家也扩展了这一模型，纳入了更复杂的假设，但随着时间的推移，投资者找到了与 MPT 原则不冲突的其他捷径。比如，有的投资顾问建议将年度总收入的 10%～20% 用于储蓄，这些储蓄应该投资于分散化的投资组合，包括 35% 的债券、60% 的股票和 5% 的替代品，替代品包括房地产或大宗商品。每一项分配都可以进一步分散化，同时可以根据投资者的职业生涯调整投资组合的百分比。处于职业生涯早期阶段的人持有债券的比例可能较低，而接近退休的人持有债券的比例可能较高。最后，投资顾问可能建议以避税的方式定期重新平衡投资组合。

二、资本资产定价模型

利用风险和预期收益权衡的概念，资本资产定价模型（Capital Asset Pricing Model，简写为 CAPM）提出了为证券定价的方法。CAPM 和其他资产定价模型试图确定给定预期收益的资产的理论价值。CAPM 假设存在无风险收益率（通常是美国国债的收益率），并且还存在广泛的市场收益率。对于股票 A 来说，它的波动性是相对于市场而言的。这种相对波动性被称为贝塔（β），贝塔为 1 的股票将与大盘指数的走势一致，贝塔小于 1 表示波动性较小，贝塔大于 1 则表示波动性较大。

CAPM 的基本公式是：

$$R_A = R_F + \beta_A (R_M - R_F)$$

在上式中，R_A代表股票 A 的预期收益率，R_F代表资产的无风险收益率，R_M代表市场回报率，β_A代表股票 A 相对于市场的波动性。

该模型认为，资产的预期收益率应该等于无风险利率加上溢价，溢价反映了该资产与市场收益率相比的相对波动性。该模型有助于理解资产定价，即使模型本身在应用于现实环境时存在一些困难。其他资产定价模型扩展了 CAPM 的概念，并纳入其他风险因素。这些风险因素可能是通过纯粹的统计方法、宏观经济指标或公司基本面而得来的。

三、有效市场假说

有效市场假说（Efficient Market Hypothesis，简写为 EMH）是一种投资理论，在这种理论中，投资者拥有完全的信息，并根据这些信息采取理性行动。该假说并不要求所有投资者都是全知全能的，因为就算只有一部分人是理性的，他们也会购买被低估的资产，出售被高估的资产，从而将价格调整至有效价值。因此，主动投资者想“击败市场”是不可能的，他们没有优势，股票分析和市场择时都不能带来额外价值。若非愿意承担更多风险，投资者就只能获得市场收益率。许多人认为，最好的投资策略是购买低成本、分散化的被动型投资组合。然而，其他市场观察人士指出，一些投资者成功进行了经典的股票基本面分析，还有一些投资者使用各种量化方法进行交易。

四、随机游走

“随机游走”是指，对于任何变量（如股票价格）的运动，下一个周期值是随机的，不依赖于当前值。如果市场是有效的，那么市场的运动是不可预测的，价格变动是随机的。下一个时期的价格变动是正或负的可能性相同。马尔基尔在《漫步华尔街》一书中推广了这一假说。EMH 的支持者坚持其基本原则，即交易者在权衡风险和收益后将购买价格过低的资产，并出售价格过高的资产。其他经济学家认为，市场中有更多的因素在起作用，周期性的崩盘和泡沫就是证明，这些不能简单使用新信息来解释。

五、指令类型

在股票交易和其他资产市场中，有几种不同的指令类型。

- 市价指令：这是两种最常见的指令类型的一种。指令是以市场上最优价格执行的。买方（或卖方）面临的风险是，指令在存在“流动性缺口”的时候执行，此时市场上的最优价格是暂时不佳的。
- 限价指令：这是两种最常见的指令类型的另一种。投资者指定指令执行的价格。指令只能在那个价格或更有利的价格下完成。投资者面临的风险是，市场行情不利，限价指令没有兑现。在购买限价指令下，投资者认为股票有上涨的潜力，如果限价过低，股价可能一直处于高位，投资者将错过执行指令的机会。
- 止损止盈指令：这是有条件的指令。在卖出止损的情况下，该指令指定股票在低于某价格时被卖出。例如，某公司的股价可能是 150 元，交易员可能会在 135 元设置卖出止损。如果这家公司的股价低于 135 元，卖出止损指令就会被激活。因此，如果股价低于某一水平，投资者就会退出该头寸。卖出止损通常在投资者做多某只股票时起到保护作用。如果股价一直低于指定水平，则该指令可能无效，或者面临更大损失的风险。如果某公司的股价是 135 元，投资者想要在购买股票后股价上涨但稍显下跌迹象时获利，可以设置卖出止盈。在这种情况下，投资者可能以 50 美元或更低的价格购买了股票。如果市场以指定的价格交易，指令将被激活，投资者将获利。止损止盈指令也可以与市价指令或限价指令结合使用。止损市价指令：在股价为 135 元的时候卖出某公司股票。在这种情况下，如果该公司股票的交易价格是 135 元，那么市场上的最优买入市价将触发指令。投资者面临的风险是，次优买入市价可能差得很远，也会成交。当然，市场可能还会直线下跌，指令继续成交。止损限价指令：某公司股票 135 元止损，135 元限价。在这种情况下，如果该公司股票的交易价格为 135 元，该指令被激活，成为一个限价为 135 元的卖出指令。它可以在 135 元或更高的价格交易，但不会更低。风险在于，股价一路下跌时该指令永远不会执行。

- 开盘指令：只能在当天开盘时间的范围内完成的指令。
- 收盘指令：只能在当天收盘时间的范围内完成的指令。
- 交割或终止指令：这些指令在市场必须立即交割，否则将被取消。
- 一直有效（GTC）指令：除非另有说明，其他指令仅在当前交易时段有效，GTC 指令则会继续交易，直到投资者取消它们。

机构投资者下大单的行为，被称为“大宗交易”。许多人参与“程序交易”，一篮子股票基本上会同时执行。这些交易有时会加剧市场波动。还有一组风格独特的交易者是高频交易者（HFT）。高频交易者使用计算机算法与交易所连接来快速报出买价和卖价，并在市场上根据指令进行交易。有许多不同风格的高频交易，但通常交易规模较小，而且往往在相对较短的时间内结清。许多高频交易不是高度资本化的，也不持有大量头寸过夜。虽然单笔交易规模可能很小，但交易非常频繁。高频交易者通常充当做市商的角色，在许多市场占很大份额。事实上，据估计，高频交易可能占美国股票交易总量的50%以上。一些观察人士认为，高频交易对市场波动性的增加起到了负面作用，而其他人则指出高频交易为市场提供了不可替代的流动性。一些认为高频交易对市场起到负面作用的观察人士建议设立“减速带”来减缓这些交易者的速度。但这些提议没有得到广泛支持，部分原因是担心市场的流动性会大幅降低。

六、股票交易场所

在美国，股票在交易所交易，或者在替代交易系统（ATS）交易。美国还有几家规模较小的地区性交易所，但美国最大的3家交易所是：

- 纽约证券交易所：是洲际交易所的子公司，是上市公司市值最大的交易所。它同时经营电子交易和场内交易，前者占主导地位。
- 纳斯达克：在此交易的公司市值仅次于纽约证券交易所。其母公司拥有并经营着几家规模较小的美国交易所，以及北欧交易所和波罗的海交易所。纳斯达克是第一个完全电子化交易的交易所。
- BATS：芝加哥期权交易所（CBOE）旗下交易量最大的美国股票市场运营商，拥有4个活跃的交易所：BATS BZX交易所、BYX交易所、EDGA交易所和EDGX交易所。

除了交易所，股票还可以在替代交易系统上交易，替代交易系统可以是“明”池（提供指令交易前的信息和已执行交易的交易后信息），也可以是“暗”池（没有交易前的信息，但会报告已执行的交易）。电子通信网络（ECNs）提供市场买卖报价服务，投资者可以直接进入市场，不需要通过经纪商。

暗池允许机构投资者相互撮合交易，而无须在交易前披露买价和卖价，它的发展是为了防止信息泄露。如果一个机构投资者向市场出价很高，交易员可能会抢在投资者之前“提前”下单，任何市场上的报价都会随之走高，机构投资者最终将支付巨额溢价，甚至无法完成指令。暗池有几种不同形式，在最小指令规模、池的所有权、定价和其他因素上有所不同。有经纪商自营的资金池，如巴克莱银行、瑞士信贷、花旗、高盛、摩根大通和摩根士丹利都经营着受投资者欢迎的暗池。其他暗池由经纪商或交易所代理运营，包括由 Instinet、Liquidnet、BATS 和纽约泛欧交易所运营的资金池。也有由自营电子交易公司维护的暗池，这些公司通常充当交易的主体。沃途就是这样一家公司，旗下 Matchit 是一个匿名的撮合场所，其交易资金有许多来源，包括流动性提供商、经纪商、沃途自有的客户做市商、沃途自有现金、来自第三方经纪商的直接市场准入和来自第三方经纪商的算法指令流，以及沃途电子交易。

为了与现有的自动交易系统和交易所竞争，许多替代交易系统相继建立。有些公司在某项技术上领先，但没有一家公司具有绝对优势地位。一个关键的原因是流动性不足，这是“网络效应”的一个特征，网络效应是指当一种商品或服务被更多人使用时，它就变得更有价值。如果脸书、Instagram 或其他社交服务软件的用户很少，它们就没有这么大价值，但每个人都使用它们，它们就是线上社交的首选场所。这种效应在市场交易中也很重要，如果许多或大多数交易者使用一个特定的市场或系统，那么这个系统就是买卖价差最接近和交易量最大的地方。在市场上，成功吸引流动性会带来更多的流动性。如果一个市场有极好的流动性，技术只要足够好就可以了。因此，交易量使交易所形成了竞争力。

纳斯达克本身是第一个交易股票的电子平台。早在1971年，它就建成了一个分布式交易网络，并持续升级技术。纽约证券交易所长期以来以拥有实体交易所为特征，但随着2006年与群岛控股公司的合并以及随后将电子业务更名为纽约证券交易所高增长板市场（NYSE Arca），纽约证券交易所进入了电子时代。2012年，纽约证券交易所被洲际交易所收购，洲际交易所从其商品交易所业务中带来了技术创新文化，加快了纽约证券交易所的电子化步伐。按照目前的金融科技标准，洲际交易所是一个老牌公司，但它遵循的发展道路如今被许多初创公司效仿。洲际交易所的董事长兼首席执行官杰夫·斯普雷彻（Jeff Sprecher）最初在1996年购买了一个能源交易平台，这个平台在2000年成为一个在线能源交易市场。斯普雷彻后来加速了交易的电子化，使洲际交易所成为今天的主导力量。

七、监管

美国股票市场有几个层次的监管。美国证券交易委员会是负责执行国会通过的证券法的主要联邦实体。美国证券交易委员会是由美国《1934年证券交易法》创立的，该法案旨在纠正大萧条的一些问题。美国证券交易委员会的使命是保护投资者，维护公平、有序、有效的市场，促进资本形成。它有以下5个部门。

- 公司财务部门：该部门确保投资者在公司最初发行证券时持续获得重要信息。
- 执法部门：该部门在联邦法院和行政诉讼中进行调查和提起民

事诉讼。

- 经济和风险分析部门：该部门整合了金融经济学和数据分析专业能力，以支持政策制定、规则制定、执行和检查。
- 投资管理部门：该部门监管可变保险产品、联邦注册投资顾问和投资公司，包括共同基金、封闭式基金、单位投资信托和ETF。
- 交易和市场部门：该部门建立并维护公平、有序和有效市场的标准。它监管证券市场的主要参与者，如经纪商、证券交易所、金融监管局等。

美国金融业监管局（Financial Industry Regulatory Authority，简写为FINRA）由国会创建，但不是政府机构。它是一个非营利性组织，其使命是通过对经纪商的监管来保护投资者和市场的完整性。它通过下列活动执行这项任务。

- 编写和执行管理经纪人活动的规则。
- 检查公司遵守这些规则的情况。
- 培养市场透明度。
- 投资者教育。

虽然美国证券交易委员会和美国金融业监管局是国家级的监管机构，但每个州也有证券法和各自的监管机构。这些州的法律被称为"蓝天法"，重点是保护投资者。各州之间存在一些差异，证券发行通常会指出哪些州的居民无法参与其发行。

除了上述监管机构，交易所本身也有规则手册，参与者同意接受这些规则的约束。交易所还有一些处分权，包括罚款和拒绝违规者进入市场。

八、股票投资

投资股票可以有几种形式。最简单的是个人为自己的账户购买股票。然而股票投资是由机构投资者主导的，包括养老基金、保险公司、对冲基金和其他大型基金经理。大型基金的投资风格可以分为主动型和被动型。主动型是指基金经理试图超越市场平均水平；被动型是指跟随一个基准，基准通常是本章后面讲述的指数，投资策略可能进一步针对特定行业、特定公司规模（以组成公司的市值衡量）或特定地区。主动型的基金经理的薪酬有很大一部分是由投资业绩与特定基准比较决定的。对冲基金的典型薪酬协议规定，对冲基金经理（基金普通合伙人的雇员）将获得管理资产2%的管理费和20%的利润。这些比例取决于市场条件和对特定经理服务的要求，以及有限合伙人的规模和议价能力。还有一种股票投资叫作“基金中的基金”，这些基金经理为配置资金收取选择和监控其他基金的费用，这些费用是基金中的基金收取的额外费用。基金收取的这些费用为金融科技公司提供了一个机会，开发了被称为“智能投顾”（robo-advisor）的低成本投资管理服务技术。许多人指出，当计入所有费用时，投资者难以超越市场平均水平，沃伦·巴菲特就是这样一位批评家。巴菲特可以说是他那一代人中最伟大的投资者，在他2016年给伯克希尔－哈撒韦公司投资者的信中，他给出了他在2008年发出的一项挑战的结果。他的论点是，在10年的时间里，低费用的被动型指数基金业绩将优于对冲基金等基金组合。该挑战的结果如表5－1所示。

结果表明在所示的时间段内，当包括所有费用和其他成本时，低成本的被动型指数基金的表现优于主动型基金。支持主动型基金的一个论点是，当整体市场可能为负时，这些基金寻求产生正收益，因此在市场情况不佳时，其表现将优于被动型指数基金。这就是2008年的情况，当时被动型指数基金损失了37%的价值，而主动型基金的跌幅较小。

表5-1　主动型基金与被动型指数基金的表现　　单位：%

年份	基金 A	基金 B	基金 C	基金 D	基金 E	标准普尔指数基金
2008	-16.5	-22.3	-21.3	-29.3	-30.1	-37.0
2009	11.3	14.5	21.4	16.5	16.8	26.6
2010	5.9	6.8	13.3	4.9	11.9	15.1
2011	-6.3	-1.3	5.9	-6.3	-2.8	2.1
2012	3.4	9.6	5.7	-6.2	9.1	16.0
2013	10.5	15.2	8.8	14.2	14.4	32.3
2014	4.7	4.0	18.9	0.7	-2.1	13.6
2015	1.6	2.5	5.4	1.4	-5.0	1.4
2016	-2.9	1.7	-1.4	2.5	4.4	11.9
到期收益	8.7	28.3	62.8	2.9	7.5	85.4

资料来源：伯克希尔－哈撒韦公司。

如果巴菲特挑战的最后一年市场低迷，最终的结果也可能不同。值得注意的是，巴菲特的论点集中在过度收费的不利影响上。这并不一定意味着所有主动型基金的表现都将低于市场平均水平。事实上，伯克希尔－哈撒韦本身就是一个成功的主动型基金的例子。

九、集体投资工具——共同基金和ETF

鉴于投资者投资组合分散化的重要性，金融机构开发了投资工具，允许资金有限的个人投资者在一次投资购买中实现资产分散化，共同基金就是这样一种工具。共同基金出售给个人投资者，然后基金经理将基金投资于分散化的投资组合。投资者以当日交易结束时计算的基金资产净值买卖基金。每个投资者按比例承担基金整体业绩的收益或损失。共同基金可以是开放式的，也可以是封闭式的。开放式基金可以持续买卖，并以基金持有的标的资产净值定价。封闭式基金总量是固定的、具体的，然后在公开市场上买卖，价格由供求决定。

共同基金对投资者有吸引力，因为它们提供了分散化投资以及专业的投资管理服务，并且具有较低的交易和信息成本。共同基金有许多不同的风格，如债券基金和股票基金，在股票基金中，又分为增长基金、收入基金和混合基金。它们可以是被动型，也可以是主动型。

ETF 是一种新的共同投资工具，已经变得非常流行。ETF 跟踪特定股票、债券或其他资产指数。与共同基金不同，ETF 的买家在标的股票或债券中没有部分所有权，而是拥有 ETF 本身的份额，这些份额在交易所进行买卖。交易所交易市场实际上是 ETF 的二级市场。一级市场涉及专业公司，通常是高频交易者，他们参与股票组合的创建和赎回。这些机构专业人士被归类为特定 ETF 的授权参与者，他们通过购买 ETF 所追踪的必要的一篮子证券来执行重要的套利功能。像共同基金一样，ETF 使投资者达到广泛而分散的投资目的，并可以在交易所买卖。但 ETF 又与共同基金有一些差异。投资者不必等到一天结束才知道基金的价格。ETF 全天基于其不断更新的资产净值交易。如果共同基金有交易利润，那么每个基金投资者可能都有纳税义务。对于 ETF 来说，其份额是买卖的，投资者在出售时才需要纳税，对那些没有改变头寸的投资者没有税收影响。

共同基金和 ETF 可以由一个特定领域公司的证券组成，也可以反映行业甚至整个市场。最近几年，专注于 ESG 因素的基金越来越受欢迎。下文和第九章介绍了更多相关内容。

十、股票指数

虽然各交易所都有大量个股，但通过观察股票指数，投资于分散化的公司组合并跟踪该组合的表现十分容易。这些股票指数用于评估行业的整体表现或市场状况，并作为投资组合表现的基准。最重要和最受关注的指数如下。

- 道琼斯工业平均指数：30 家大型且被广泛持有的美国工业公司的股价加权平均值。
- 纽约证券交易所综合指数：该指数和以下指数都是根据所包含公司股票的市值（大小）进行加权的。这个基准是在纽约证券交易所交易的所有公司的总和。
- 纳斯达克综合指数：总结了纳斯达克系统交易的所有股票的价格。
- 标准普尔 500 指数：标准普尔公司的一个委员会编制的指数，选择了在纽约证券交易所、纳斯达克和场外交易市场（OTC）交易的一些公司，以反映整体市场情绪。
- 威尔逊5000 指数：该指数包含非常广泛的市场范围，不只包括 5 000 家公司。
- 罗素 1000 指数：包含 1 000 家大型企业的综合指数。

还有一些指数是非美国市场的重要基准。一些更受关注的指数如下。

- 东京证券交易所股价指数：东京证券交易所第一板挂牌上市的所有股票的市值加权股票价格指数。
- 日经 225 指数：东京证券交易所第一板挂牌的最大的 225 家公司的指数。
- 恒生指数：香港交易所交易的最大的 50 家公司的加权股票价格指数。
- 富时 100 指数：包括在伦敦证券交易所交易的 100 家最大的公司，约占其总市值的 80%。
- 德国 DAX 指数：这是法兰克福证券交易所 30 家最大公司的指数。

- 法国 CAC 40 指数：巴黎证券交易所交易的 40 家最大公司的资本加权指数。
- 瑞士绩效指数：包括在瑞士交易所交易的并在瑞士注册的约 230 家公司。
- S&P/TSX 综合指数：前身为加拿大 TSE 300 指数。该指数包括在多伦多证券交易所交易的约 250 家公司的价格，约占总市值的 70%。
- 明晟（MSCI）全球指数：由 20 多个市场的超 1 500 家公司组成的全球指数。

这些指数大多有进一步的分类指数，反映行业、规模或地区集中度。

十一、ESG 指数

几家公司构建了反映 ESG 标准的股票指数。这些指数中有许多是为了“既做得好，又做好事”，目标是开发包括那些既具有卓越 ESG 特征，又与传统的投资组合财务业绩大致相等的公司的指数。这些指数旨在为机构投资者提供具有一定风险和收益特征并符合 ESG 政策基准的投资工具。这些指数被用作评估投资业绩的基准，并被用来创造其他金融产品，如基金、ETF、结构化产品和衍生品。在第八章和第九章中，我们将更详细地了解这些指数是如何构建的，以及一些机构投资者是如何使用它们的。在这里，我们只简要描述一些可用的指数。

（一）MSCI

MSCI 从 1969 年开始发展全球股票指数。如今，MSCI 的产品被各种各样的机构投资者所使用。机构投资者利用 MSCI 的研究、数据和多资产类别风险管理工具来判断其聘用的基金经理是否带来了适当的风险调整收益。首席投资官们利用MSCI数据来开发和测试投资策略，还使用MSCI模型和绩效归因工具来理解投资组合收益的驱动因素。主动型基金经理使用MSCI的因素模型、数据和投资组合构建以及优化工具来调整投资组合，并使其与他们的投资目标保持一致，而被动型基金经理使用MSCI的指数、股权因素模型和优化工具来调整他们的指数基金和ETF。此外，首席风险官使用MSCI风险管理系统来理解、监控和控制他们投资组合中的风险。MSCI构建的ESG指数涵盖1 800亿美元。可分为以下主要类别。

- MSCI全球可持续发展指数：针对的是ESG评级最高的公司，这些公司占相关指数各板块调整后市值的50%。一些投资者寻求投资于可持续性强、对股票市场跟踪误差相对较小的公司，该指数正是为这样的投资者而设计的。该指数可以反映标的指数中ESG评级最高的公司的收益。
- MSCI全球社会责任指数：包括ESG评级最高的公司，占MSCI全球指数每个行业调整后市值的25%，不包括涉及酒精、烟草、赌博、民用枪支、军用武器、核能、成人娱乐和转基因生物的公司。
- MSCI全球争议性武器指数：使投资者避免对集束炸弹、地雷、化学和生物武器以及贫铀弹的投资。
- MSCI全球环境指数：提供低碳、非化石燃料和其他旨在支持各种低碳投资战略的指数。
- 巴克莱MSCI ESG固定收益指数：包括500多个标准和自定义的ESG固定收益指数。关于固定收益市场和指数的更多信息可以在第六章找到。
- 自定义MSCI ESG指数：旨在满足特定投资者的利益和要求。
- MSCI ACWI可持续影响指数：由核心业务至少应对SDGs所界

定的社会和环境挑战之一的公司组成。为了有资格被纳入该指数，公司必须从一个或多个可持续影响力类别中产生至少50%的销售额，并至少保持最低的ESG标准。

（二）富时罗素

富时罗素是伦敦证券交易所集团信息服务部门的全资子公司，它为机构投资者提供大量指数，作为创建投资基金、ETF、结构化产品和指数衍生品的基准。总而言之，以这些指数为基准的资产约有16万亿美元。富时罗素提供的ESG指数可分为以下几类。

- 富时全球气候指数系列：旨在反映全球多元化一篮子证券的表现，这些证券的权重根据3种与气候相关的分析数据（碳排放、化石燃料储备和绿色收入）而变化。
- 富时ESG指数系列：在这个系列中，每个指数中的公司权重使用富时罗素的ESG评级进行调整。随后，应用行业中性重新加权，以使每个指数中的行业权重与标的指数相匹配。因此，富时ESG指数具有与基本面类似的风险收益特征，并具有改进ESG指标的额外好处。
- 富时“四好”（4Good）指数系列：使用明确定义的ESG标准，这一系列指数旨在衡量进行大量ESG实践的公司的绩效。
- 富时绿色收入指数系列：根据富时的绿色收入数据模型，增加向绿色经济转型的公司的权重。该指数旨在捕捉企业商业模式在转向提供商品、产品和服务以使适应、减轻或纠正气候变化、资源枯竭和环境侵蚀时，企业收入结构的变化。
- 富时撤资－投资指数系列：该系列旨在将化石燃料撤资与低碳和绿色解决方案的主题投资相结合。

- 富时环境技术指数系列：在全球范围内，衡量核心业务是开发和部署环境技术，包括可再生和替代能源、能效、水技术以及废物和污染控制的公司的业绩。有资格的公司必须有至少50%的业务来自环境市场和技术。
- 富时环境机会指数系列：在全球范围内，衡量在环境业务活动中有重大参与的公司的业绩，包括可再生和替代能源、能源效率、水技术以及废物和污染控制。有资格的公司必须有至少20%的业务来自环境市场和技术。
- 富时 EPRA Nareit 绿色指数：为投资者提供了一个将气候风险纳入其上市房地产投资组合的工具。这些指数为富时 EPRA Nareit 全球房地产指数系列提供了以可持续性为重点的扩展，该系列是全球领先的上市房地产基准系列。富时 EPRA Nareit 绿色指数基于两个可持续投资指标对成分进行加权，即绿色建筑认证和能源使用。
- 富时化石燃料指数系列：一些市场参与者希望管理他们投资中的碳敞口，并减少与搁浅资产相关的贬值重估风险。“搁浅资产”指的是石油、天然气和煤炭等化石燃料的储量，这些储量必须保持不燃烧或埋藏在地下，才能使世界避免气候变化带来的最坏影响。该系列指数旨在代表富时罗素等指数中剔除对化石燃料有一定敞口的公司的表现。
- 富时环球指数（FTSE All-World ex Coal Index）系列：旨在代表富时环球指数（FTSE All World Index）特定细分市场中排除涉及煤矿或一般采矿公司后的表现。
- 富时董事会中的女性领导指数系列：旨在代表董事会中女性比例较高且具有话语权的公司的绩效。

2018年年底，富时宣布在上市房地产行业创建几个新的绿色指数，并与 Sustainalytics 公司合作，创建罗素 1000、2000 和 3000 指数的 ESG 新版本。

（三）晨星

晨星是一家投资研究和投资管理公司，除其他服务，还为投资基金提供影响力评级。2016 年，晨星开始研发基于可持续性标准的基金评级工具。晨星可持续发展评级使用由 Sustainalytics 公司开发的公司 ESG 评级。晨星可持续发展评级是一种衡量投资组合中的公司相对于同一类别中其他投资组合的公司管理 ESG 风险的能力的指标。对于没有特意纳入可持续性标准的投资组合，仍然可以根据它们在这些度量上的表现进行评估。晨星发布年度“前景”报告，回顾基金的财务和可持续性表现。以下是 2018 年报告的一些关键要点（晨星，2018）。

- 在美国，越来越多的基金纳入 ESG 因素或可持续性标准。
- 在晨星公司的 56 个类别中可以找到可持续发展基金。
- 管理资产和资金流均达到历史最高水平。
- 可持续基金在价格和表现上具有竞争力。
- 在短期和长期都是正向业绩。
- 可持续基金一直获得较高的晨星可持续发展评级。

这份报告将美国可持续基金定义为那些声明将 ESG 标准纳入投资流程，或者追求与可持续发展相关的主题，或者在追求财务收益的同时考虑可持续影响的开放式基金和交易所交易基金，不包括只使用基于价值筛选的基金。图 5 - 1 显示了 2013—2017 年每年增加的新的可持续基金。

除了这些新基金，一些基金开始在其现有组合中增加可持续性标准。如图 5 - 2 所示，由于新基金和一些现有基金的调整相结合，可持

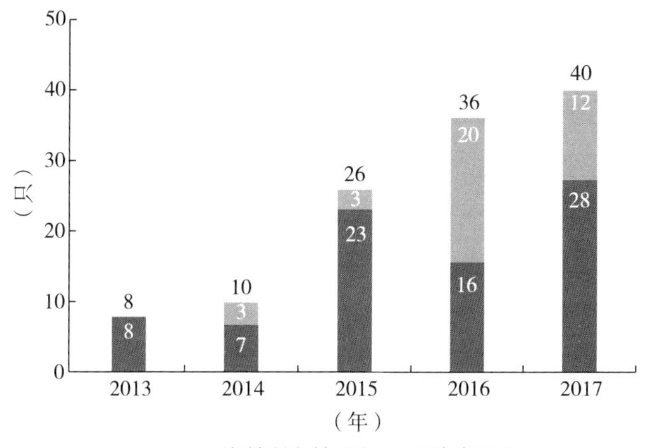

图 5-1　新推出的可持续基金

资料来源：晨星。

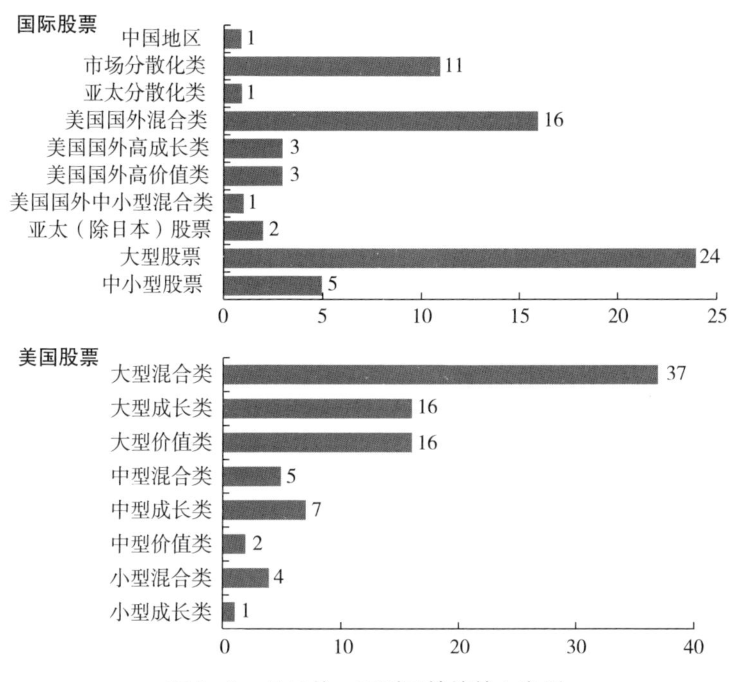

图 5-2　晨星的一系列可持续基金类别

资料来源：晨星。

续基金涵盖了更多类别。那么这些可持续基金表现如何？晨星的评论总结道，它们的表现与观察结果一致，重要研究证据表明，可持续投资并没有带来系统性的业绩损失，也没有基于降低风险或增加阿尔法等途径而获得优异业绩。就2017年而言，这些基金中有54%位列晨星年度排名的前一半。截至2017年的3年期业绩相似，尽管基金数量从119个增加到184个，但业绩相似（见表5-2）。

表5-2　2015—2017年相对于晨星分类的可持续基金表现

	2017年		2016年		2015年	
	只数	占比（%）	只数	占比（%）	只数	占比（%）
上四分位	45	24	41	28	33	28
第二四分位	55	30	39	27	35	29
第三四分位	47	26	44	30	29	24
下四分位	37	20	21	15	22	19
总计	184	100	145	100	119	100

资料来源：晨星。

十二、智能投顾

投资管理是新的、颠覆性的金融科技初创公司的一个增长领域，这些公司有时被称为“财富科技公司”，它们提供各种服务，旨在改善产品的交付，协助投资和财富管理。这些产品范围广泛，从增加现有产品的技术支持服务到整体解决方案。这些服务中最成功的也许是“智能投顾”，它是在线的自动化投资管理服务。典型的商业模式是客户在线访问，几乎没有人工服务。客户根据风险、期望收益和投资金额指定个人投资偏好，然后智能投顾的投资算法确定投资选择和权重。投资标的通常是不同的ETF，一些服务也可能提供股票、债券、大宗商品和其他资产的选择。投资者也可以在被动型和主动型投资工具之间选择。就投资选择而言，智能投顾类似于大型金融机构财富管理部门提供的服务。不同的是，智能投顾侧重于在线交付和人机交互，缺少物理场所。这使得智能投顾能够增强客户的数字体验，并将成本保持在非常低的水平。

领先的两家智能投顾公司是 Wealthfront 和 Betterment。Wealthfront 受到了投资者的欢迎，截至 2019 年年初拥有 100 亿美元的 AUM。它对最低开户的资产要求非常低，仅为 500 美元，同时对于 10 000 美元以下的账户不收取任何管理费，对于超过 10 000 美元的账户，Wealthfront 收取 0.25% 的固定费用。Betterment 和其他智能投顾公司收取的费用也是如此。Wealthfront 提供一项称为“路径”（path）的服务，该服务将帮助投资者制订养老金计划。用户填写调查表并将“路径”链接到他们的支票账户，根据目标、习惯和财务状况，Wealthfront 将推荐量身定制的策略。Wealthfront 的重点是建立分散化的策略，并对其进行优化，从而最大程度地减少税收和降低费用。Wealthfront 的一个核心特征是为每日的投资损失节税，通过出售亏本的投资产生节税效应，并增加了高度相关的替代投资，使整体投资组合状况保持不变。Wealthfront 的另一个核心特征是增强指数，将资金分配给大型和中型股票以及一两个额外的 ETF 组合。权重根据多因素方法进行调整，多因素方法能够确定可能具有更高预期收益的证券并增加该证券的权重。在 ESG 投资方面，Wealthfront 为投资者提供了一种选择，可以从投资组合中排除特定股票。这使投资者可以选择他们希望忽略的任何“罪恶股票”。Wealthfront 排除在外的股票分为 4 个类别：烟草、森林砍伐、化石燃料、武器。拥有超过 500 000 美元投资额的 Wealthfront 客户可以利用公司的“智能贝塔”（Smart Beta）服务，进一步细化排除的投资对象。正如我们在前几章中所提到的，仅排除特定股票，不考虑对投资组合的影响，可能（并且在过去已经）产生较差的财务业绩。当然，个人投资者可能会选择接受与这种撤资策略相关的潜在较低的财务收益。

Betterment 成立于 2008 年，与 Wealthfront 有很多相似之处，也有一些区别。两家智能投顾公司都提供一系列的个人退休账户和其他账户，并提供广泛的在线访问；识别客户的风险承受能力，并设计最佳投资组合；如果投资组合与目标不符，则会对其进行重新平衡；两者都提供社会责任投资选择；客户账户余额由证券投资者保护公司承保，最高限额为 500 000 美元。在专注于技术方案的同时，Betterment 还提供专业人员和持牌专家的服务。Betterment 的最低资产要求仅为 1 美元，收取的费用上限为 5 000 美元。如果账户余额超过限额，Betterment 还会将超出部分自动存入银行。

根据 MSCI ESG 等级，Betterment 采用了一种复杂的方法来开发 SRI 方案。在其开发的 SRI 组合中，已经用以社会责任投资为主的公司取代了传统的投资组合。SRI 组合包括这些类别：美国整体股市、美国高价值股、美国中小型成长股、新兴市场。根据历史表现，预计由此产生的 SRI 组合将密切跟踪传统的核心投资组合。

第六章

债券市场

债券市场为企业和政府提供了巨额资金（“固定收益”“债券”“信贷”等词语经常被交替使用来描述有息证券）。以美元发行的债券规模比股票规模大得多，而且它们正越来越多地被用于ESG投资。机构和个人可以投资ESG债券基金，即从具有积极ESG特征的发行人手中购买固定收益产品。机构和个人也可以购买为符合投资者ESG目标而特别发行的“绿色债券”，或者购买ESG ETF或基于ESG指数的其他衍生品。在我们研究这些产品之前，我们需要了解债券背后的理论，以及固定收益市场上可用的各种工具。

借款的历史已经有几千年了，欧洲的国王和女王们曾经为战争和其他目的而借款（并拖欠）。现代政府继续在现代债券市场上借款（和违约）。公司也依赖这些市场来筹措资金进行运作或投资项目。信用产品的一个重要特征是发行人向资本提供者支付利息，确定利率的出发点是资本提供者对当前消费和未来消费的偏好，资本提供者可以选择购买一些商品用于当前消费，也可以选择保留一些资源（存款）以备将来使用。这被称为时间偏好。一些资本提供者可能更愿意现在使用所有资源，但如果有一些补偿，他们可能会被说服将一些资源消耗推迟到未来。还有一种思考方式是，贷款有机会成本，即资本提供者可以选择现在消费；借款者必须提供一种激励，让资本提供者放弃当前的消费，这种激励被称为“利息”。“你是愿意今天得到1 000美元，还是明年得到1 000美元?”几乎每个人都愿意今天就得到1 000美元，资本提供者会坚持要求借款者明年再支付一些额外的款项，并考虑借款者不偿还的风险。

一、终值和现值

利息支付可以采取不同的形式，有不同的频率。典型的形式是由借款者按月或按季度向贷款者还款，债券的利息通常每半年支付一次。有些债券在到期赎回时一次性支付利息，为了比较不同支付流的债券，我们有两个相关的概念，它们提供了一致的衡量标准。终值（FV）量化了一项投资在未来特定时间点的价值，现值（PV）量化了未来投资结果的当期价值。举个例子，将1 000美元借出去一年，假设一年的利率为5%，利息将是$1 000×0.05＝$50。这1 000美元在第1年年末的终值等于现值加上利息，即$1 000＋（$1 000×0.05）＝$1 000×（1＋0.05）＝$1 050。

这可以表示为，

$$终值=现值+利息$$

注意到利息是现值的一部分，就可以表示为，

$$FV = PV \times (1 + r)$$

其中，r是利率。

方程两边同时除以（$1+r$），就得到已知FV和r时求PV的公式，

$$PV = \frac{FV}{(1 + r)}$$

如果投资持续到第2年，在同样的条件下，利率仍然是5%，但以新的本金1 050美元计算，在第2年及以后，利息都是根据初始本金和较早的利息计算的。这种以利还利的方式被称为“利息复利”，对长期投资结果具有强大的乘数效应，在这个例子中，第2年的本金可以计算为第1年年末的新本金（$1 050）加上赚得的利息$1 050×0.05 = $52.5，合计为$1 102.5。

注意到第1年年末的本金是由初始本金加上第1年的利息组成的，所以第2年年末的终值可以表示为，最初的1 000美元加上第1年1 000美元的利息加上第2年1 000美元的利息加上第1年赚的利息在第2年的利息，也就是，

$$\$1\,000 + \$1\,000 \times 0.05 + \$1\,000 \times 0.05 + [(\$1\,000 \times 0.05) \times 0.05]$$

即，

$$FV = PV + (PV \times r) + (PV \times r) + [(PV \times r) \times r]$$

通过计算，我们得到，

$$\begin{aligned} FV &= PV \times (1 + r + r + r^2) \\ &= PV \times (1 + 2r + r^2) \end{aligned}$$

并且 $(1+2r+r^2) = (1+r)^2$，所以，

$$FV = PV \times (1 + r)^2$$

上式更普遍的表达是，

$$FV = PV \times (1 + r)^n$$

其中，r 是利率，n 是周期数。在上面的例子中，

$$FV = \$1\,000 \times (1.05)^2 = \$1\,102.5$$

所以，在年利率为5%的第2年年末，1 000美元将等于1 102.50美元。

这个公式可以用来计算投资者从任何固定利率的、复利投资中获得的总金额。应该注意的是，它不仅仅是年利率乘以年数，还会从早期的利息收入中获得额外的利息，终值公式可以用来计算从任何固定利率投资中获得的金额。举个例子，投资1 000美元5年，每年5%的利息。将这些参数输入一个现成的财务计算器，就会显示出总金额为1 276.28美元，10年后，总金额将达到1 628.89美元。虽然需要计算器来确定精确的数额，但有一个方便的经验法则可以用来估计投资需要多少年才能翻倍，这便是“72法则”。“72法则”就是把利率作为一个整数，用72除以这个数，例如，如果利率是7%，就用72除以7，结果比10稍大一点，即每年的利率是7%，计算复利大约需要10年时间才能翻一番，如果每年的利率是6%，则需要12年才能翻倍。由公式 $FV = PV \times (1 + r)^n$ 可知，FV 随 PV 的增加、r 的增加、n 的增加而增加。

因此，终值计算公式可以用来计算当前所做的投资在未来的预期值，使用财务计算器会使计算更加简单，只需输入参数，就可以得出结果。下一个问题是，如果未来赚的钱是已知的，那么它今天值多少钱？在前面的例子中，明年的1 050美元，以5%的利率计算，现值是1 000美元。

如果FV的方程为，

$$FV = PV \times (1 + r)^n$$

那么，方程两边同时除以 $(1 + r)^n$，就得到，

$$PV = \frac{FV}{(1 + r)^n}$$

注意，在 FV 保持不变的情况下，PV 随着 r 的上升而下降，随着 n 的增加而下降；当 r 和 n 保持不变时，PV 随 FV 的增加而增大。在我们的例子中，在5%利率下第2年1 050美元的现值是1 000美元，而在7%利率下它的现值只有981.31美元。投资也可能产生不同的支付流，通过比较每笔投资的现值，投资者可以很容易地确定哪一个是首选的投资方案。现值的一个重要特征是可加性，如果投资收益以一系列不同的方式支付，而不是一次性支付，那么每笔支付的现值可以求和得到整个支付流的总现值。

二、内部收益率

使用 PV 是为了评估投资收益的支付流，如果支付流是已知的，那么使支付流刚好抵消原始成本的利率称为内部收益率（IRR）。IRR可以用来计算各种项目的预期收益率，比如购买新工厂和设备。因此，它可以用来比较不同的项目，对这些项目进行收益率排序。计算出的IRR可以与公司的最低预期收益率或最低可接受收益率进行比较。例如，一个小型啤酒酿造商可能会购买总计100万美元的设备，并期望每年在啤酒销售中赚取20万美元。用现值计算公式，第一年销售的现值等于，

$$PV = \frac{\$200\ 000}{(1 + r)}$$

其中，r 代表IRR。

第二年的销售的现值等于，

$$PV = \frac{\$200\ 000}{(1+r)^2}$$

假设设备的寿命为10年，我们可以列出购买新设备的IRR方程，如下，

$$\$1\ 000\ 000 = \frac{\$200\ 000}{(1+r)} + \frac{\$200\ 000}{(1+r)^2} + \cdots\cdots + \frac{\$200\ 000}{(1+r)^{10}}$$

使用财务计算器，这个方程可以解出 r，即IRR，它使支付流与原始成本相等。在这个例子中，IRR等于15.098%。如果小型啤酒酿造商的最低预期收益率低于15.098%，这将是一个可以考虑的投资项目。

三、信贷工具

债券市场有许多不同形式的信贷工具，我们可以先把它们分成4类。

第一，简单的贷款。这是一种传统的交易，贷款者提供资金，借款者在到期时偿还本金，外加额外的利息。

第二，固定支付贷款。这种形式在抵押贷款或汽车贷款中最为常见，借款者定期支付相同的款项，款项包括利息和部分的原始本金。

第三，附息债券。借款者在每一期向债券持有人支付一定数额的利息，在到期日，将一定数额的票面价值支付给债券持有人。

第四，零息债券。这些债券也被称为贴现债券，以低于面值的价格出售，不支付利息，在到期时，债券持有人会得到全部面值，其中包括高于购买价格的正溢价。

为了比较这些工具在不同现金流和不同期限下的收益，我们有必要引入另一个概念，它被称为到期收益率（YTM）。YTM可以定义为使投资现金流的现值等于投资价格的利率。回想一下1年期债券的现

值计算公式。

$$PV = \frac{FV}{(1+r)}$$

对于债券，FV 是一系列的票息支付（CP）加上债券的面值（*Face Value*）。1 年期债券的 PV 等于 CP（实际上是 2 次半年支付的利息）加上面值，折现可得，

$$PV = \frac{CP}{(1+r)} + \frac{Face\ Value}{(1+r)}$$

解这个方程的 r 得到 YTM。如果方程两边同时乘以（$1+r$）我们得到，

$$(1+r)\ PV = CP + Face\ Value$$

如果 PV 等于 *Face Value*，即购买价格等于面值，那么 YTM 就是票面利率；如果购买价格高于面值，则 YTM 低于票面利率；如果购买价格低于面值，则 YTM 高于票面利率。

四、费雪定律

前面讨论的是名义利率。也就是说，没有考虑通货膨胀。以经济学家欧文·费雪的名字命名的费雪定律认为，实体经济中价格的变化率对金融工具的要求收益率有影响。这可以表述为，

$$i = r + p$$

其中，i 是名义利率，r 是实际利率，p 是预期通胀率。

直观地说，费雪定律认为名义利率等于实际利率加上预期通胀率，

也可表示为，

$$r = i - p$$

实际利率等于名义利率减去预期通膨率。例如，如果债券的名义利率是4%，预期通膨率是2%，那么投资者的实际利率是2%。在实际应用时，如果投资者预期通货膨胀会更严重，他们就会要求债券发行人提供更高的利率。

五、期限结构与收益率曲线

信贷工具有不同的期限，到期时间不到1年的美国联邦债务被称为“短期国库券”，期限在1～10年的被称为“中期国库券”，期限在10年以上的被称为“长期国库券”。公司债券的到期日也可能相差很大，利率与不同期限债券收益率之间的关系称为利率期限结构或收益率曲线。一般来说，到期时间越长，投资者要求的收益率就越大，图6-1给出了收益率曲线的典型形状。

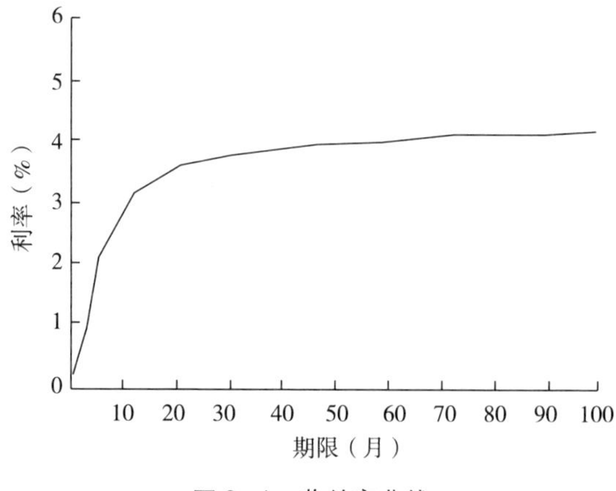

图6-1　收益率曲线

典型的正收益率曲线表明，债券期限越长，收益率越高；平坦的收益率曲线表明，所有到期债券的收益率将保持不变；反向的收益率曲线则表明，较短期限债券的收益率更高。2011 年 9 月，美联储实施了“扭曲操作”，之所以这样命名，是因为它的目标是“扭曲”收益率曲线。美联储想要降低长期利率，因此它出售短期国债，购买长期国债（1961 年美联储曾有过一次“扭曲操作”，当时也出现了一种名为“扭曲”的舞蹈热潮，因法兹·多米诺和恰比·切克而流行起来）。

任何两种期限之间的差额被称为收益率曲线差或期限差，最常用于研究国债。比较企业期限的一个复杂之处在于，发债方之间的信用质量差异。美国国债收益率曲线是全球范围内确定收益率和为债券定价的基准。

债券定价中的两个重要概念是久期和凸度。久期是一种衡量金融工具价格对利率变化的敏感性的指标，它被定义为价格相对于收益率变化的比率。凸度是度量久期变化速度的指标，它是价格对收益率的二阶导数。

影响债券价格的因素是什么？我们可以从影响债券需求的因素开始，包括：

- 财富：个人拥有的资源越多，可能购买的债券数量就越多。
- 预期收益：债券的收益越大，与其他投资相比，债券更有可能受到青睐。
- 风险：相对于其他资产，预期收益的确定性越大，债券被购买的可能性就越大。
- 流动性：高预期收益固然好，但如果存在流动性问题，投资者可能会怀疑这些收益是否能实现。

同一期限的债券预期会有相同的利率，但还有其他因素需要考虑，包括：

- 违约风险：在全球范围内，美国国债被视为无风险的工具。其他公司债券和其他国家的债务均包含风险溢价，反映了发行主体的信用风险。评级机构（最大的是穆迪、标准普尔和惠誉）提供信用评级，公司债券分为投资级（信用风险低）和高收益级（信用风险高）。高收益级债券一度被称为“垃圾债券”，但高收益级可能对投资者更具吸引力。投资级债券又分为以下几种，即信用最高级别债券（AAA 或 Aaa），高级债券（AA 或 Aa），中上等级债券（A），中等等级债券（BBB 或 Baa）。图 6 - 2 显示了信用最高级别债券的收益率随时间变化的情况。
- 流动性：当投资者想要出售债券时，有买家是很重要的。当投资者想要退出头寸时，如果没有流动性，投资者就有遭受损失或面临错过其他再投资机会的风险。美国国债市场是全球流动性最强的市场，流动性次之的市场是货币基金市场。此外，许多公司债券的流动性非常有限。
- 税收待遇：投资者要考虑的收益是税后收益，这给发行债券的政府提供了融资优势。市政债券利息免缴美国联邦税，在大多数州，州发行的债券利息也免缴州税。投资者在比较应纳税的公司债券和免税的市政债券时，需要考虑税后收益。例如，根据个人投资者的具体税率，利率 4.7% 免息税的市政债券比利率 5% 的应税公司债券更有竞争力。此外，这些相对税率对税收政策的变化很敏感。如果所得税税率上升，那么免税的市政债券就更有吸引力，因为其可以提供更低的税率。相反，如果所得税税率降低，市政债券就不那么有吸引力了，市政债券相比于应纳税的企业债券需要提高它们支付的利率。表 6 - 1 显示了各种发行期限的债券收益率。

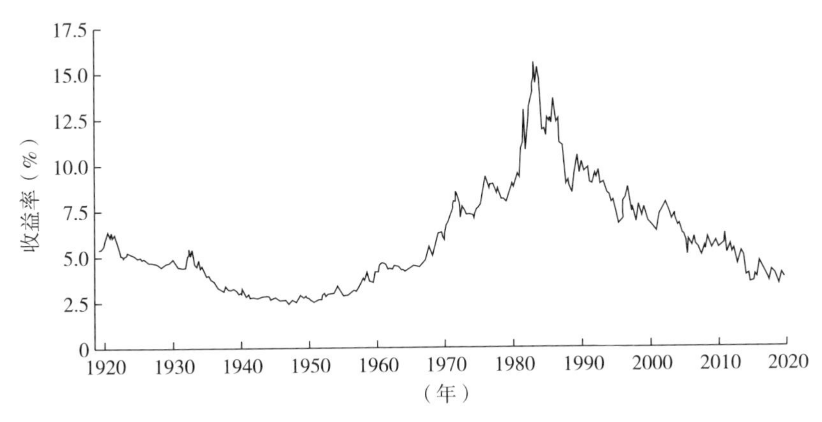

图6-2 穆迪评级的信用最高级别债券（Aaa）收益率

资料来源：https：//fred. stlouisfed. org/series/AAA，2019 年 11 月 2 日。

六、债务工具：货币市场工具

货币市场工具是指期限不超过一年的金融工具。它们为投资者提供了一个从流动资产中获得收益的市场，为需要短期流动性的借款者提供了资金，为美联储提供了实施货币政策的工具。货币市场包括以下不同类型的工具，每一种都有不同的用途。银行在所谓的“银行间融资（或借贷）市场”相互借贷，无担保贷款通过联邦基金市场进行，而有担保贷款则在回购市场进行，银行间融资的利率是“联邦基金利率”。在伦敦，银行拆借的利率是伦敦银行同业拆借利率（LIBOR）。LIBOR 已成为大量浮动利率债券的基础参考利率。大约有 400 万亿美元的金融工具是基于 LIBOR 的。

回购协议（REPO）是一种短期的证券销售，卖方通常承诺在第二天买回。从买方的角度看，这种协议被称为反向回购，即购买证券并同意将其卖回。交换的抵押品是提前给卖方的贷款的抵押品。因此，卖方（通常是交易商）可以获得成本较低的资金，而买方则可以从流动性强、有担保的交易中获得收益。抵押品通常是国债和机构证券，但也可以包括抵押贷款支持证券、其他资产支持证券（ABS）和贷款池。

表6-1　各种期限的债券收益率　　单位：%

	3个月	6个月	9个月	1年	2年	3年	5年	10年	20年	30年及以上
信用违约掉期（新发）	1.20	1.30	1.35	1.50	1.70	1.95	2.30	2.80	3.10	—
美国国债	1.03	1.19	1.28	1.36	1.49	1.66	1.95	2.34	2.61	2.87
美国零息国债	—	—	—	1.33	1.47	1.67	1.97	2.44	2.83	2.94
机构债（政府扶持企业）	1.29	1.40	1.38	1.53	1.83	1.86	2.17	3.00	3.42	—
企业债（Aaa/AAA）	—	—	1.39	1.49	1.67	1.84	2.34	2.73	3.48	4.02
企业债（Aa/AA）	1.32	1.48	1.57	1.60	1.88	2.01	2.49	3.12	3.76	4.51
企业债（A/A）	1.49	1.53	1.66	1.88	1.98	2.33	2.75	4.19	4.91	4.94
企业债（Baa/BBB）	1.71	1.72	1.91	1.90	2.95	2.66	3.77	5.80	6.08	6.26
市政债券（Aaa/AAA）	0.95	0.99	1.07	1.04	1.17	1.44	1.60	2.50	3.21	1.90
市政债券（Aa/AA）	1.09	1.05	1.08	1.23	1.44	1.59	2.00	3.15	3.55	3.92
市政债券（A/A）	1.22	1.20	1.21	1.23	1.59	2.05	2.13	3.45	3.86	4.00
应税市政债券*	0.82	1.43	1.54	1.55	2.04	2.32	2.91	3.92	3.60	3.64

*：应税市政债券包括穆迪的Aaa至A3评级，标准普尔的AAA至A-评级。

资料来源：富达投资。

商业票据（CP）是高信用评级公司向银行借款的另一种选择。大多数商业票据在 90 天内到期，但可以进一步延长。当商业票据过期时，通常会发行新的商业票据替换它，这个过程称为“滚动”。一些商业票据是由非金融公司发行的，但有大量融资需求的金融公司已经开始成为这个市场的主导。在全球金融危机之前，未偿付的商业票据总额超过 2 万亿美元。在全球金融危机之后，成交量仅为这个水平的一半。

定期存单是由银行签发的，有一个期限和名称。大额定期存单的面额为 1 000 万美元以上。定期存单可以是不可以转让的，要求持有者等到到期日才能赎回，或者是可以转让的，在这种情况下，持有者可以随时在公开市场上出售定期存单。

银行承兑汇票是一种融资协议，由发行银行担保，它是为在美国境内涉及进出口以及储存和运输货物的交易而设立的。例如，进口企业可以向出口企业提供银行承兑汇票，从而限制托运人拒付的风险。银行承兑汇票取代了金融机构的信用地位和进口业务的信用地位。

融资协议是一种有期限的保险合同，为买方提供有保证的本金和利息收益。协议内容有许多不同的变化，可能是固定的或浮动的利率，期限从 3 个月到 13 个月不等，还可能含有允许投资者要求提前还款的权利。

货币市场基金大约有 3 万亿美元的资产。它们投资于短期金融工具，以获得最高收益为目标，但受到某些限制，被强制要求维持资产净值在 1 美元以上。货币市场基金创立于 20 世纪 70 年代，旨在为那些被禁止赚取利息的支票账户基金提供收益。资产净值低于 1 美元的被称为“跌破 1 美元”，这在全球金融危机期间引起了极大关注。2008 年 9 月，雷曼兄弟申请破产，当时，主要储备基金在雷曼兄弟的债务上蒙受了损失，其资产净值跌至 97 美分。投资者担心，其他货币市场基金可能也存在类似问题，导致大量资本净流出。美国财政部采取行动暂时为这些资金提供担保，避免了货币市场基金可能发生的挤兑，并冻结了企业为短期需求融资的能力。图 6－3 显示了货币市场共同基金的金融资产总额随时间的变化。

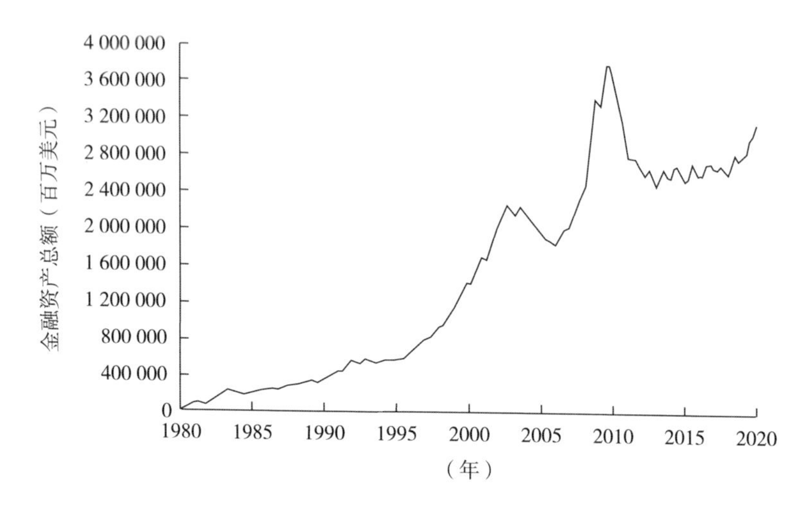

图 6－3　货币市场共同基金的金融资产总额

资料来源：https：//fred. stlouisfed. org/series/MMMFFAQ027S，2019 年 11 月 2 日。

七、债务工具：美国国债

美国财政部是全球最大的债券发行机构，而这种债券的市场流动性也最强。

- 短期国库券：期限不超过 1 年。它们不支付利息，但在到期日支付固定金额，并以面值的折扣出售。
- 中期国库券：期限为 1～10 年，每半年支付一次利息，在到期时偿还本金。
- 长期国库券：期限在 10 年以上，每半年支付一次利息，在到期时偿还本金。

- 浮动利率国库券：按3个月国库券利率进行季度支付。
- 通货膨胀保值债券（TIPS）：利率与消费者价格指数挂钩。
- 本息分离债券：这是一种将原附息债券本金和票息剥离开来的衍生产品。

美国财政部在2月、5月、8月和11月举行季度再融资竞价。只有认可的"一级交易商"才可以参与这些竞价。然后这22个一级交易商通过柜台市场进一步分销，从而提供连续性和流动性。最近竞价的一期叫作"on the run"，其他的叫作"off the run"。美国联邦债务总额如图6-4所示。美国联邦债务总额占GDP的百分比如图6-5所示。

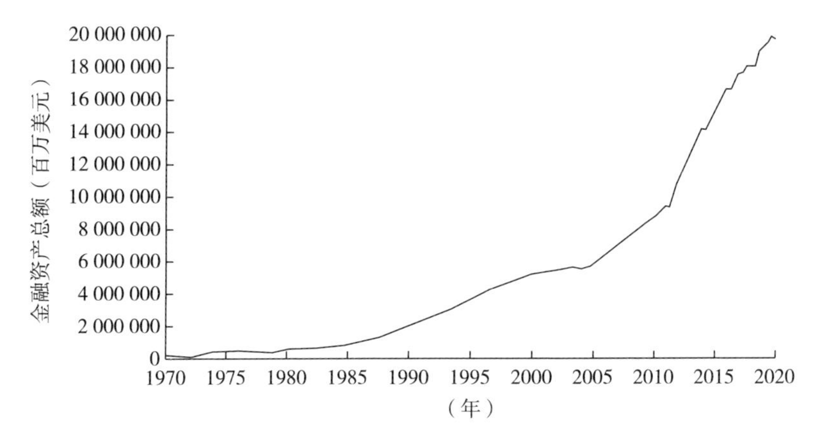

图6-4　美国联邦债务总额

资料来源：https：//fred. stlouisfed. org/series/GFDEBTN，2019年11月2日。

八、债务工具：机构证券

一些联邦机构为美国经济的特定部门提供资金支持，并发行各种债务工具来支持这些职能。这些实体包括：

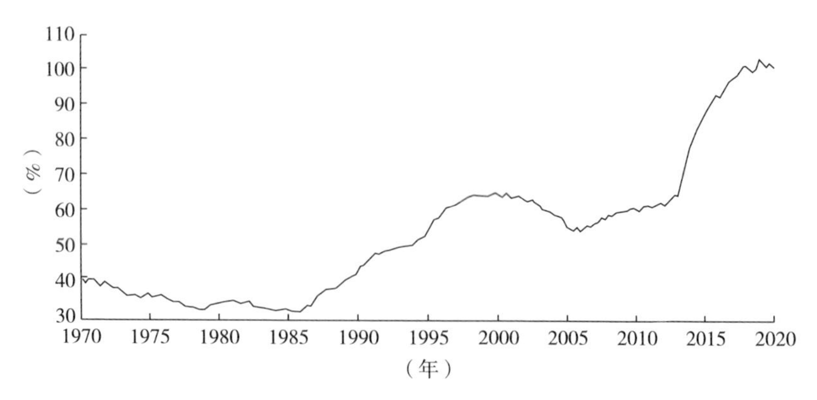

图 6-5　美国联邦债务总额占 GDP 的百分比

资料来源：https：//fred. stlouisfed. org/series/GFDEGDQ188S，2019 年 11 月 2 日。

- 房利美（Fannie Mae）：即美国联邦国民抵押贷款协会支持的，为抵押贷款二级市场提供流动性。
- 房地美（Freddie Mac）：即美国联邦住房贷款抵押公司，为传统抵押贷款提供支持。房利美和房地美在全球金融危机中都遭受了巨大损失，2008 年 9 月 7 日，两家公司都被美国国会接管。
- 农民麦克（Farmer Mac）：即美国联邦农业抵押公司，为农民和其他农村企业提供更好的抵押贷款。
- 田纳西河流域管理局（TVA）：提供防洪、电力等服务，债务没有美国政府的担保，但被评为 AAA 级。

九、债务工具：公司债券

大多数公司债券的发行期限为 20～30 年，并规定定期支付一定利息。债券发行时可能带有赎回条款，允许发行人在到期前赎回债券。还有一些具有回售条款的债券，允许买家在一定条件下按票面价格将债券卖回给发行人。带有偿债基金条款的债券要求发行人在债券到期前赎回预先确定的金额。可转换债券有一项条款，赋予买方将债券转换为发行公司股票的选择权，这种条款类似于认股权证，认股权证也是购买股票的期权。公司债券由评级机构进行信用评级，也被更广泛地划分为投资级或高收益级。公司债券二级市场的交易发生在场外交易市场，其流动性低于许多其他市场；尽管债券交易平台已经取得了一些进展，但它仍由使用电话和聊天信息服务的经纪商主导。这些平台有几种不同的模式：允许特定经纪商向其客户提供在线访问的单一经纪商平台；只允许大型经纪商相互交易的经纪商间系统；对买方的机构客户和经纪商开放的经纪商-客户系统；竞价系统。无论是通过平台还是通过传统方式进行，公司债券交易的报告都需要通过美国金融业监管局运营的交易报告和合规引擎（TRACE）进行。

时间介于商业票据和期限较长的债券之间的一种中间债务工具是中期票据，中期票据具有较低的相关成本，并在发行期限和规模上给予发行人更大的灵活性。

十、债务工具：市政债券

大约有4.4万家不同的美国实体发行了市政债券，其中大多数具有税收优势。这些发行人包括州、县、市、学区、水利系统和其他机关。这些债券的传统吸引力在于它们免除联邦税，也可以免除发行地的州税和地方税。机构投资者也积极参与这些债券的交易，但它们更感兴趣的是寻求资本利得，而不是税收优惠。市政债券的优势在于，它凭借税收优惠可以提供较低的税率，与相同期限公司债券相比，具有竞争力。市政债券可以有不同的支持来源，例如：

- 一般责任债券可以是无限的，由发行人的充分征税能力和信用担保。它也可能受到发行人税率的限制。

- 道德责任债券对税收有不具约束力的质押。
- 收入担保债券是为了支持某一特定项目的融资而发行的债券，并以该项目所产生的收入作为担保。例如，机场收益债券或体育设施债券。

市政机关也发行为期 12 个月的短期债务，尽管期限可以更长或更短。这些证券包括税收和预期收入票据、免税商业票据等。

市政债券持有者面临的风险是发行地区违约风险。一些市政债券发行人可以根据《美国破产法》第九章进行重组，但市政债券破产可能会很复杂。许多州不允许市政机关申请破产，还有许多州在批准前附加了某些条件。人们担心的是，市政机关申请破产可能会对其他政府实体未来的融资能力产生负面作用。依据《美国破产法》第九章申请破产的案例有 1994 年的加州奥兰治县（Orange County）和 2013 年的密歇根州底特律市（Detroit）。波多黎各（Puerto Rico）是一个引人注目的未被允许申请破产的实体。2016 年 6 月，奥巴马总统签署了《波多黎各监督、管理和经济稳定法案》，该法案成立了一个联邦监督委员会，有权就波多黎各 700 亿美元债务的破产重组进行谈判，在此前波多黎各多次出现部分债务违约。

十一、债务工具：主权债务

主权债务是一个国家的中央政府的债务。它可以是欠该国居民的国内债务，也可以是由外国债权人提供资金的外债。国内债务的风险较低，因为理论上可以通过增税、减少支出和印钞来偿还，其实，这个国家的居民正在以各种形式偿还这些债务。偿还外国债权人的债务可能会有更大的问题，尤其是当该国货币在外汇市场上遭遇不利波动时。评级机构分别对各国的内债和外债进行评级。

中央政府的财政承诺似乎为主权债务提供了无风险担保，但图6-6显示了1800年以来违约发生率显著提高。许多国家已经违约7次甚至8次，这表明债务违约并不是未来进入世界资本市场的障碍。

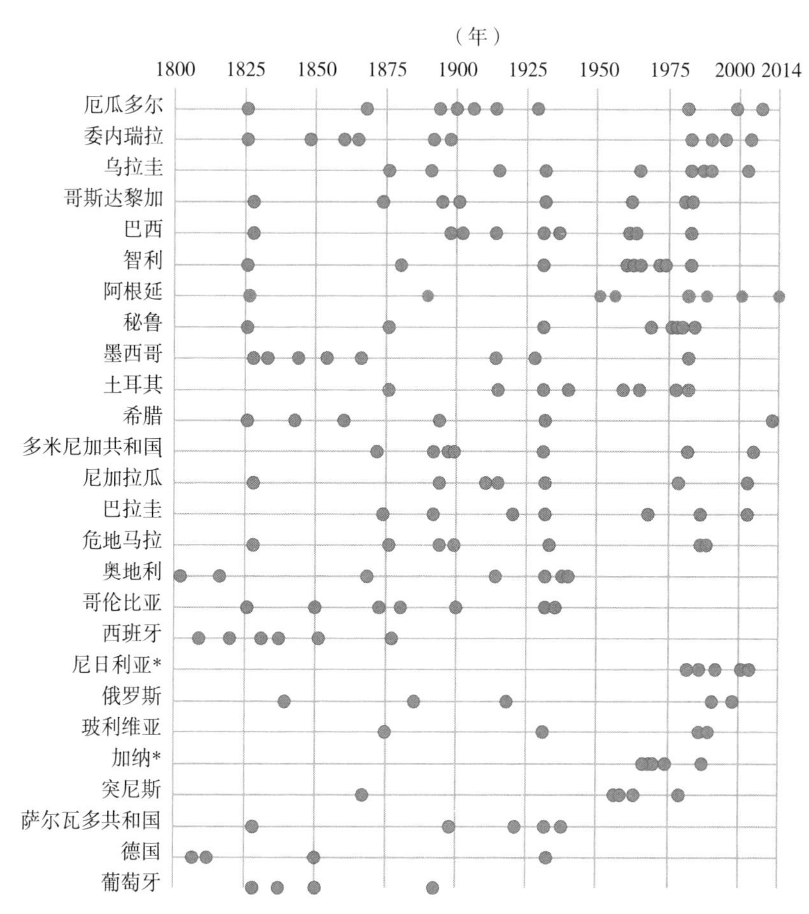

图6-6　1800年以来各国政府的外部主权债务违约时点

*：从1960年开始计算。

资料来源：Carmen Reinhart 和 Kenneth。

十二、固定收益交易

股票交易由有组织的交易所主导，债券交易更为复杂。一家公司通常只发行一只股票，但可能发行多只债券。每一只债券可能只是偶尔交易，但交易规模要比股票的交易规模大得多。所以，这些因素使交易员难以维持大量的库存和交易后的市场。因此，债券交易多年来几乎没有什么变化，仍然主要是一次性交易，投资者通过电话或电子聊天与经纪商或交易商敲定债券并确定价格。

但随着科技的发展，债券交易不再完全依赖电话和聊天等传统方式。在日益增长的流动性和交易量下，询价（RFQ）系统和电子平台出现了。询价系统有一些变体，但都代表了一种混合交易系统，一方会在没有交易承诺的情况下到市场上出价，另一方可能提供一个可交易的市场，或只提供一个意向。然后，双方可以由经纪商协助或在平台上进行交易。其中一个重要变化是一些平台向所有的买卖方开放。在此之前，经纪商只喜欢在自己的平台上，通过传统的方式与买方客户进行交易。2018 年第二季度，公司债券的电子交易增加至交易总额的 26%。在提供债券交易的电子平台中，85% 的市场税是公司债券交易产生的。

BondPoint 是一个具有有趣历史的平台。BondPoint 运营一个电子平台，有超过 500 家金融公司作为参与者。它最初名为 ValuBond 后来被专注于高频交易的金融公司 KCG 收购。2012 年，由于对现有算法的更新错误，KCG 交易软件出现故障，在不到一个小时的时间里遭受了 4.65 亿美元的损失。毁灭性的损失导致 KCG 被卖给了 GETCO，后来又卖给了沃途，这两家公司都是专门从事高频交易的金融公司。2018 年 1 月，BondPoint 被洲际交易所收购。

美国国债交易量最大的经纪商间（经纪商银行之间）平台，是由 Brokertec、eSpeed 和 TradeWeb 运营的。Brokertec 以大约 80% 的市场份额主导着债券交易，该公司于2013年将eSpeed出售给纳斯达克，并于2017年夏季启动了一个新的美国国债交易平台。

电子交易平台的兴起表明，这种交易形式有许多优点，但也有一些缺点。电子交易平台的优点如下。

- 交易效率高。
- 可得性好。
- 可以进行更好的价格发现。
- 流动性的指数交易要求：指数交易的增长导致金融公司需要获得大量债券，这在电子交易平台上更容易实现。
- 网络效应：越来越多的参与者使用同一个平台，这个平台就会有更大的价值。
- 后勤办公室：用最少的人，直接进行干预处理，提高了处理速度，降低了出错风险。
- 对报告、合规和风险的管理。
- 更少的错误。
- 更快。

电子交易平台发展面临的挑战如下。

- 异质性和市场碎片化：债券种类繁多，发行人、期限等多种多样，平台很难提供一个全面的解决方案。
- 流动性：在1.5万笔发行的债券中，约有1 000笔发生了交易。其他14 000笔的流动性有限，这使得这些债券不太可能成为平台上的候选人。
- 更小的规模：平台的最低参与量通常很小。这吸引了更多的潜在参与者，这些参与者可能拥有更少的资本，但对于需要大量转移资金的参与者来说，这可能是一种麻烦，甚至是一种负担。

- 惯性，新系统的成本：目前的交易员有一套适合他们的系统。许多金融机构对老的交易系统进行了大量投资，提出新的交易平台需要有明确的理由。
- 经纪商和买方机构的业务风险：经纪商不希望客户流失到匿名平台，而买方机构则担心无法获得自全球金融危机以来市场份额不断增加的最大经纪商所提供的服务。
- 信息泄露：如果一个拥有大量头寸的卖家在屏幕上发布报价，就有可能导致其他人提前执行卖出指令或支持任何潜在的报价。类似地，如果部分交易并被公布在屏幕上，这一公开信息可能会影响卖方完成发行。

十三、固定收益指数和基金

在为股票市场发展的现代投资组合理论概念的基础上，出现了固定收益指数和基金，为投资者提供方便的投资工具和基准，使固定收益投资组合分散化。固定收益指数由行业、期限、风险、地域覆盖等因素组成。例如，美国、加拿大、欧洲、新兴市场、全球范围等都有地区固定收益指数。

固定收益 ETF 已成为一种越来越受欢迎的投资固定收益证券的工具。在美国，近 400 只固定收益 ETF 的 AUM 总计约为 6 400 亿美元。除了投资分散化，这些固定收益 ETF 还有一些有趣的特点。固定收益 ETF 的潜在价值将跟踪其复制的债券指数，但它作为单一证券在交易所方便地交易。交易所交易基金的价格取决于该基金的买盘和卖盘，可能与其潜在价值有所不同。一些单一债券交易不频繁，可能很难找到来源和定价，尤其是在活跃的市场上。但总体而言，固定收益 ETF

的市场会比单一标的债券的市场流动性更强。固定收益 ETF 也按月支付利息，而且不会“到期”。当然，个别债券确实会到期，也可能每半年支付利息，但当旧债券到期时，固定收益 ETF 会持续购买新债，并会收到一系列不同时间的利息支付，可以按每月支付给投资者。

（一）ESG 债券基金

固定收益投资组合的管理人员越来越多地投资具有积极 ESG 因素的公司债券。通过对发行人及债券收益率、期限、信用质量和其他标准的仔细分析，设计出的投资组合可能与现有债券基金相同，但添加了正的 ESG 维度。虽然投资者对这些基金的兴趣有所增加，但它们的规模仍相对较小。机构投资者越来越多地将 ESG 因素纳入股票投资标准，但与股票投资者相比，将 ESG 因素纳入考虑的债券分析师和投资组合经理较少。一种可能的解释是，拥有债券和拥有股票是不同的。债券基金经理可能会与企业就 ESG 问题进行接触，但他们接触企业管理层的方式不同。与债券持有者不同，股票所有者可以对股东提案进行投票，并在董事会成员的选择上拥有发言权，债券持有者没有这样的投票权与发言权。然而，首席执行官和首席财务官们肯定会试图吸引那些债券重要买家的关注。

表 6 - 2 显示了 CFA-PRI 调查的结果，调查发现机构投资者可能更关注股票的 ESG 因素，而不是债券。

表 6 - 2　经常或总是将实质性 ESG 问题纳入投资分析的受访者占比

单位：%

	股权分析	信用分析
治理问题	56	42
环境问题	37	27
社会问题	35	27

资料来源：CFA 协会。

尽管债券参与者对ESG债券基金的关注比较有限，但现在有各种发行类别的ESG债券基金可供选择（图6－7）。

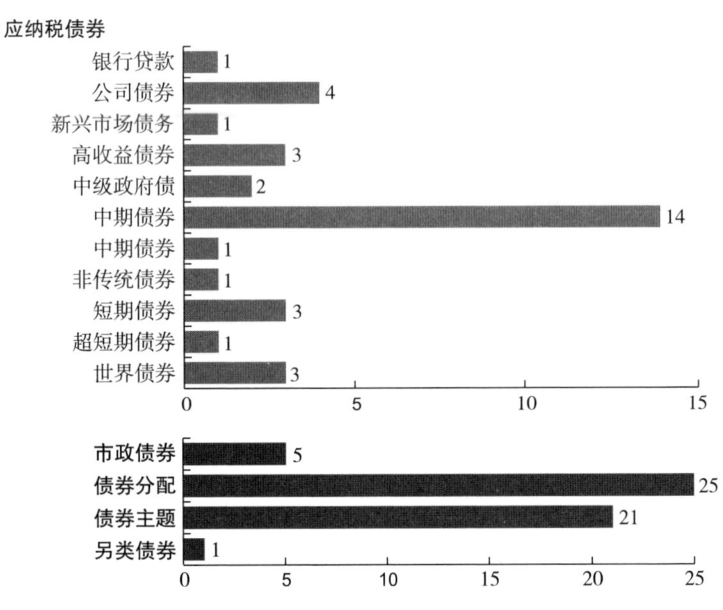

图6-7　晨星公司对可持续债券基金的分类

资料来源：晨星。

那么ESG得分较高的债券基金与得分较低的在财务表现上有什么差别呢？最近的一项研究（巴克莱银行，2018）利用彭博巴克莱债券指数的安全级别数据构建了高ESG和低ESG投资组合。该分析进行了两次，使用了MSCI ESG研究和Sustainalytics公司两家不同供应商的ESG评级。为了剥离ESG的影响，该分析在9年的时间内控制了信用评级、利差、持续时间和跨行业部门的分布。这对分析很重要，因为这些因素对高ESG债券的敞口会导致投资组合具有不同的特征。数据表明，信用评级良好的公司往往具有更高的ESG得分。因此，高ESG投资组合的收益率较低，信贷质量较好。因此，在分析中控制这些因素是很重要的。

如图6-8所示，在使用两个不同供应商的数据构建的投资组合中，美元投资级高ESG组合的表现分别比低ESG组合高出43和27个基点。欧元市场的表现更为强劲，分别为51和43个基点。

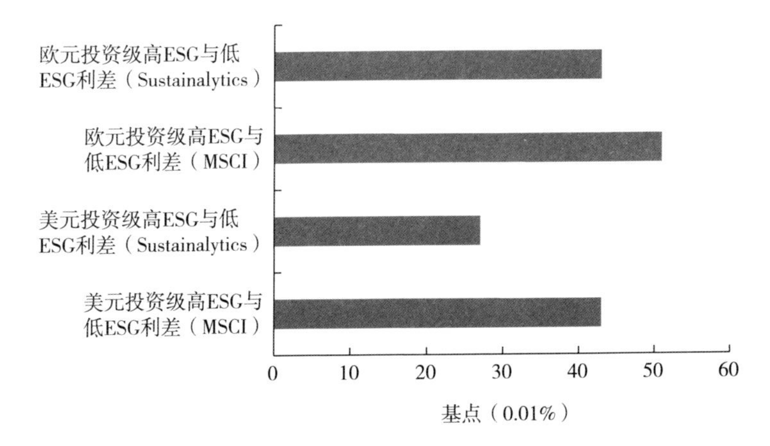

图6-8 2009—2018年，在美元和欧元市场不同等级ESG投资组合利差

对美国发行人的一些其他结论如下。

- 欧洲企业的ESG得分高于美国同行。
- ESG评级较高的公司在欧洲的借贷成本较低，但在美国则不然。
- 在高收益债券投资组合中，高ESG债券的表现也优于低ESG债券。
- 不同类别的ESG因素对替代行业的影响程度不同：环境因素对非周期性消费品、运输和能源行业最为重要，治理因素的重要性次之，社会因素对运输和能源有负面影响；治理因素对银行和经纪业务最为重要，社会因素也很重要，环境因素影响不大。
- 投资者对ESG投资兴趣的增加，并未推高ESG债券的价格。高

ESG 债券的价格可能会被推高，从而导致收益降低，但这一观点没有得到数据的支持。

作者相信他们对 2009—2018 年的相对投资组合表现的研究证明了他们在更早时间（2016 年发布）所做的分析。他们得出的结论是，将 ESG 因素纳入投资决策，与积极的投资组合绩效有着广泛的联系，其中环境和治理因素最为显著。作者继续说明不要过度解释特定的行业结果，并指出 ESG 因素很少是投资组合构建中的唯一考虑因素。

例如，ESG“过滤器”可以帮助筛选具有弱 ESG 属性的证券，但可能会减少投资范围，从而降低产生收益的潜力。此外，投资组合的构建目标是在不排除任何证券的情况下获得较高的 ESG 平均得分……同时选择具有相对价值或动量等可取特征的证券。在这种情况下，考虑到 ESG 和纯金融特性之间的权衡，投资者可以接受低 ESG 投资组合的发行人。

（二）ESG 债券基金管理公司

意识到投资者兴趣日益浓厚，大型固定收益资产管理公司都向客户提供 ESG 债券基金。这里我们总结了两家最大的基金供应商提供的基金的主要特点。

1. 太平洋投资管理公司。太平洋投资管理公司是全球最大的固定收益资产管理公司之一。截至 2018 年第三季度，其 AUM 超过 1.72 万亿美元。太平洋投资管理公司早在 1991 年就推出了首只社会责任债券基金，2010 年在欧洲推出了一只类似的基金，2017 年推出了一系列核心 ESG 债券策略。它是 PRI 的签署方之一。太平洋投资管理公司的投资方式有 4 个关键信念。

- ESG 的分析与太平洋投资管理公司长期确立的投资流程一致，该流程强调长远考虑。
- ESG 投资不需要为了获得积极的社会影响而牺牲财务业绩。
- 参与是社会投资的一个重要组成部分。
- ESG 的发行包含了比绿色债券更广泛的因素。

太平洋投资管理公司为每个发行人创建了 ESG 档案，并为每个政府和主权发行人开发了专有的评分系统，从而使其成为固定的方法。建立 ESG 专业投资组合的过程，始于对长期全球经济主题以及更多周期性因素的自上而下的观点。指导方针是围绕关键的风险因素开发，如持续时间、曲线、信贷、货币和波动率。这些是公司所有投资组合的共同因素。构建 ESG 投资组合还需要进一步采取 3 个步骤：第一，排除那些在实践上与 ESG 原则本质不一致的公司；第二，评估单个发行人和投资组合；第三，与单个发行人和行业团体进行接触，以进一步推进 ESG 实践和目标。这 3 个步骤如图 6 -9 所示。

2. 富达投资公司。富达投资公司是全球最大的投资管理公司之一，截至 2018 年年中，其客户资产接近 7 万亿美元。它提供包含所有固定收益资产类别的 3 种可持续发展指数基金。

- 富达可持续债券指数基金。
- 富达美国可持续发展指数基金。
- 富达国际可持续发展指数基金。

投资者还可以在富达投资公司找到更多的 ESG 投资产品，比如一只积极管理的共同基金——富达精选环境与替代能源投资组合，以及富达基金网络计划，其中包括 100 多只 ESG 基金。投资者可获得的资源包括公司级 ESG 研究、共同基金和 ETF 筛选工具。

排除	评估	参与
限制对不从事可接受的可持续性实践的发行人的投资	基于太平洋投资管理公司ESG分数和主要参与候选人构建ESG优化投资组合	与发行人接触并授权其改变ESG相关的商业惯例
过程 两层排除流程： 核心：由于业务的性质而永久排除 动态：临时排除 太平洋投资管理公司ESG咨询小组监督	**过程** 强调基于专有定量评分的一流发行人 由太平洋投资管理公司的信贷研究团队进行，从太平洋投资管理公司参与活动中获得见解	**过程** 制定一套由发行人定制的接洽目标，在协作和建设性的基础上开展接洽包括会议、问卷和正在进行的对话

图6-9　太平洋投资管理公司构建ESG固定收益投资组合的3个步骤

资料来源：太平洋投资管理公司。

（三）绿色债券

ESG债券基金会购买在ESG指标上得分较高公司的债券。发行债券的公司可以自由地将资金用于许多不同的目的。这种债务通常不会与某个特定的“绿色”项目联系在一起。投资者也可以自己购买具有正ESG属性的固定收益产品，如“绿色债券”。绿色债券是为特定项目发行的证券，旨在实现环境目标。它们的本质是传统债券，但收益的目标是环境保护。还有一些类似的债券被称为蓝色债券、社会债券或可持续债券。项目的目标可能是提高能源效率，污染防治，可持续农业、渔业和林业，清洁运输，水资源管理，以及其他方面。这些债券通常也有税收优惠，由第三方认证，并提供后续影响报告。绿色债券通常与发行人的未偿债券具有相同的信用评级，因此购买绿色债券的人不会承担额外的风险。

发行人可以是金融公司、非金融公司、开发银行、地方政府、政府支持的实体或主权政府。虽然现在有各种各样的发行人和投资者，但绿色债券只占债券总额的 1%。然而，与欧洲投资银行 2007 年发行的首只绿色债券相比，投资者的兴趣和发行总额已大幅增长。2017 年全球绿色债券发行总额达到 1 555 亿美元，比 2016 年的 872 亿美元增长了 78%；2018 年的发行总额估计为 1 620 亿美元，比 2017 年略有增加。

世界银行在 2008 年发行了第一只绿色债券，10 年后通过 150 只绿色债券共筹集了 126 亿美元。以下是近期世界银行发行的两只绿色债券。第一只是 7 年期美元债券，半年期票面利率为每年 3.125%，将于 2025 年 11 月 20 日到期，该债券的实际收益率为 3.149%，与 2025 年 10 月 31 日到期的 3.00% 美国国债的收益率差 14.9 个基点。第二只是 9 年期欧元债券，票面利率为每年 0.625%，于 2027 年 11 月 22 日到期。该债券的收益率为 0.685%，比 2027 年 8 月 15 日到期的 0.50% 的德国国债高出 40.4 个基点。这些债券的联合牵头经纪商是美林银行、法国农业信贷银行、德意志银行和瑞典北欧斯安银行。这些发行的债券被各种各样的国际机构投资者超额认购。

美国最大的绿色债券发行人是房利美，它通过绿色抵押贷款支持证券融资 249 亿美元。房利美绿色抵押贷款支持证券是一种固定收益证券，旨在从 3 个方面产生积极影响。

- 金融：降低信用风险，增加现金流，提高财产价值。
- 社会：更强的负担能力和更高质量、更健康、更耐用的住房。
- 环境：降低能源和水资源的使用，提高复原力。

（四）绿色债券指数和 ETF

绿色债券市场包括一系列发行人，绿色债券基金的风险和预期收益与传统的高质量全球固定收益投资组合一致。一些机构投资者认为，绿色债券可以替代其全球固定收益投资组合的一部分，同时在收益率、久期和其他指标上保持一致。部分绿色债券指标如下。

- 彭博巴克莱 MSCI 绿色债券指数：包括投资级、企业和政府债券，并根据 MSCI 定义的 6 个合格类别评估绿色标准。只提供美元和欧元的分类指数。
- 美银美林绿色债券：指企业和准政府机构的指数投资级债券，不包括证券化和担保证券。有资格的债券必须明确指定资金用途，仅用于促进减缓或适应气候变化或其他环境可持续性目的的项目或活动。绿色产业企业的一般债务不包括在内。
- 标准普尔绿色债券指数：可能包括高收益级和投资级债券。公司、政府和多边发行人。需要气候债券倡议组织（CBI）的绿色标识。

标准普尔绿色债券精选指数包含了全球绿色债券市场上所有的发行类型，但不包括免税的美国市政债券。它具有高质量及主要的全球债券投资的特点，可以考虑在这样的投资组合中进行可持续的配置。

投资者可以购买一种或多种绿色债券，但出于分散投资的目的，他们也可以购买与广泛绿色债券指数挂钩的 ETF。首只绿色债券 ETF 是 VanEck Vectors 的绿色债券基金（GRNB），于 2017 年 3 月上市。它跟踪标准普尔绿色债券精选指数的表现和收益率特征。2018 年 11 月，贝莱德推出了 iShares 全球绿色债券 ETF（BGRN）。该 ETF 追踪彭博巴克莱 MSCI 绿色债券精选指数（美元对冲）的价值，该指数持有约 180 种绿色债券。BGRN 基金有效久期为 6.96 年，与之前的 GRNB 一样，平均到期收益率为 3.65%；BGRN 旨在为机构投资者提供一种易于交易的投资工具，它可以是全球债券配置的核心，也可以是多元化投资组合中对环境负责的部分。

国际资本市场协会（ICMA）为绿色、社会和可持续性债券的原则管理提供指导。它将这些债券定义为任何类型的固定工具证券，其收益将只适用于符合条件的环境或社会项目。它还维护着这些债券的数据库。

有许多公司作为外部审核者，与发行方合作，确认债券发行的收益将满足绿色、可持续或社会目标。这些外部审核者包括：必维国际检验集团、碳信托基金、中国诚信信用管理有限公司、挪威奥斯陆国际气候与环境研究中心、挪威船级社、ERM 认证和验证服务、EthiFinance、Kestrel Verifiers、标准普尔全球评级、Sustainalytics、德国技术监督协会 NORD 证书、Vigeo Eiris。

第七章

股东参与

ESG 投资的一个共同目标就是使公司以符合投资者的 ESG 理念方式行事。一种尝试改变公司行为的方法是与公司董事会和管理层接触，这种参与可以采取持续对话的形式，也可以通过行使股东权利，即对支持特定行动的提案进行投票。股东可以提出这些正式提案，然后将其提交给公司所有股东并进行表决。股东积极主义的支持者认为，这种参与是从内部改变公司行为最有效的方式。

另一种尝试改变公司行为的方法是，如果大型上市公司的股东不喜欢公司的运营方式，他们可以出售自己的股份。如果市场流动性好，股东这样做不一定会遭受重大损失。事实上，这就像通常在道德或伦理基础上进行的撤资策略一样。但这一论点似乎颠覆了控制关系。人们普遍认为，股东拥有控制公司行为的能力，即使这只是通过他们选举董事会成员的能力间接实现的。对于公司高管来说，（雇员）的行为导致股东感到不得不出售所有权，这似乎有点反客为主。这里有一个关于体育的类比：老板不满意球队的失败、球员的低迷表现和教练拙劣的战术。教练说："如果你不喜欢，那就卖掉整个球队。"这位教练应该不会在这支球队待多久了！

这仍然是活动家们正在辩论的话题：更好的策略是参与还是剥离？

出售股份无助于股东积极主义者的事业，他们希望使公司行为有所改变。例如许多希望减少碳排放的人认识到，几十年内很难摆脱化石燃料。因此他们倡导一系列政策，包括与化石燃料相关的风险溢价、透明度以及关闭高成本和高碳项目。这些投资者认为，他们需要真正拥有这些公司，这样他们的声音才能被听到。但是，那些支持出售股份的人认为，即使参与真的奏效也太慢了。

对于许多忧心忡忡的投资者来说，他们不认为出售公司股票会实现他们的 ESG 目标。首先，要出售的股份规模对目标股票的价格可能没有太大影响。如果所有相关股东都出售所持股份，那么剩下的股东大概不太可能鼓励公司采取更有利于 ESG 的行动。大多数机构基金都是在 ESG 投资出现之前创建的。出于社会目的减持股票可能会让人质疑这些基金经理对投资者和纳税人的责任，特别是在基金表现不佳或资金严重不足的情况下。几项实证研究发现，仅排除“罪恶股票”的基金历来表现不佳。此外，机构投资者也担忧撤资存在相关成本，既有交易成本，也有人力资源分流的成本。出于所有这些原因，事实证明参与是撤资之外的一种流行选择。

一、利用参与为投资者和公司创造价值

最近的一项研究（Gond 等人，2018）调查了投资者及其被投资公司从参与中获得的收益。该研究对 36 家大型上市公司进行采访，在此之前还对 66 家机构投资者参与的活动进行了研究。早期的研究表明，ESG 参与确实有助于提高回报，所以该研究着重探讨 ESG 参与如何为投资者和公司创造价值。该研究采用了广泛的价值定义，包括加强信息交流（“传播价值”），ESG 相关新知识的产生和传播（“学习价值”），以及参与 ESG 带来的政治利益，例如，通过增强对 ESG 问题的行政支持（“政治价值”）。表 7－1 概述了这 3 个价值创造的过程。

表7-1　价值创造的过程

动态价值创造	企业	投资者
传播价值（信息交换）	确定期望并增强问责制	传达和定义ESG预期
	管理印象并对虚假陈述重新调整	寻求详细和准确的公司信息
	指定业务流程	加强投资者ESG沟通和问责制
学习价值（产生并传播知识）	预测和检测与ESG相关的新趋势	建立新的ESG知识
	收集反馈、基准，发现差距	研究投资决策的背景
	发展ESG问题的知识	寻找并传播行业最佳实践
政治价值（获得政治利益）	招募内部专家	推进内部协作和ESG整合
	提升可持续性和保护资源	满足客户期望
	提高长期投资者的忠诚度	建立长期合作关系

资料来源：《ESG参与如何为投资者和公司创造价值》（How ESG Engagement Creates Value for Investors and Companies），《负责任投资原则》（Principles for Responsible Investment），经UNPRI许可使用。

该研究向公司和投资者提供了重要建议。对于公司来说，首先，公司可以通过更紧密地协调内部ESG信息、ESG参与和ESG报告实践来改善与投资者的沟通。其次，鼓励公司在ESG政策和管理体系上采取更积极的行动，而不仅仅是对投资者做出回应。最后，如果在投资会议上，投资者关系、可持续发展人员、董事会成员之间的内部协调得到改善，公司将从中受益。

对于投资者来说，该研究建议他们提高参与的透明度和沟通程度，以及如何启动、执行和评估参与流程。获取新的ESG信息和亲自主动参与获得信息活动之间形成反馈循环，可以增强学习价值。最后，通过财务分析师与ESG相关人员更紧密地合作，以及让客户和受益人参与制定或完善参与政策和目标，可以获得收益。

（一）股东积极主义

对于大型机构投资者来说，ESG参与策略随着时间的推移而演变。最初只是发布一般性指导原则，随后发展为在公开市场进行代理投票，并就最佳实践的观点发布更广泛的声明。再后来，许多公司采取了更全面的参与策略，包括积极对话和投票。

在早期，股东积极主义与经历丰富多彩且有争议的人物有关，如威尔玛·索斯、刘易斯·吉尔伯特和伊夫林·戴维斯。据说戴维斯在120家不同的公司购买了价值2 000美元的股票，这是可以向这些公司提出决议的最低要求。几十年来，她出席年度会议并提出涉及各种治理问题的决议，如高管薪酬和董事会成员任期限制。戴维斯等人的行为受到了一系列宽容、敌意、嘲笑和幽默的回应，但很少受到认真的考虑。

卡尔·伊坎是另一群股东积极主义者的典型代表。这一类型的投资者购买他们认为被低估的公司股票，并利用这种所有权地位获得董事会席位，改变公司政策，以提高公司价值，但可能会采用各种有争议的策略。20世纪80年代，一些投资者恶意收购目标公司股票，并威胁目标公司的领导层，胁迫目标公司溢价回购投资者手上的股票。这种以牺牲其他股东利益为代价来使一些股东获益的做法被称为“绿票讹诈”（greenmail），几项法律实施后阻止了这些行为。但这些投资者也可能在公司重组中拥有更多合法权益，例如，为了所有股东的利益出售资产、合并或拆分运营部门。这些股东积极主义者的一个共同焦点也是治理问题，如高管薪酬过高和滥用公司资产。总之，这类股东积极主义者对与增加短期股权价值没有直接关系的社会和环境问题不太感兴趣。

（二）股东代理投票

大多数股东对公司决议的投票是由投资经理代理的，他们依据股东给他们的委托书进行投票。投资者对公司治理的参与度大幅提升：2017年，标准普尔500指数公司中有72%的报告称与股东进行了接触，而2010年这一比例仅为6%。在2017年的代理投票季，28%的散户股东和91%的机构投资者进行了投票。大规模持股的投资经理自行研究这些提议，小规模持股的投资经理接受代理咨询公司关于如何投票的建议。这些代理咨询公司在收集公司信息和提案方面提供了有用的服务，但批评者指出，这些公司没有维护股东利益的义务，而且存在潜在的利益冲突。机构股东服务公司（ISS）和GlassLewis这两家公司共同控制着代理咨询行业97%的份额。出于对这两家公司的影响力的担忧，美国证券交易委员会在2018年开始讨论代理咨询公司的角色、活动和影响。

对代理咨询公司评级重要性的研究结果喜忧参半。有证据表明，至少在某些情况下，这些公司政策受到咨询公司评级标准的影响。评级对投票行为也有一定影响，但由于大规模持股的投资经理的自行研究，削弱了这种影响。依靠独立机构的建议被认为在某种程度上消除或“清洗”了投资经理投票方面的利益冲突。投资经理可以表示他们是在独立机构的推荐下投票的。然而，这给理解代理咨询公司本身的潜在冲突，以及与报告公司的商业关系对这些公司的潜在影响，造成了困难。

让我们看看代理咨询公司是如何提出建议的。这些投票建议是通过反复的讨论过程而制定和更新的，包括对监管的要求、行业惯例的分析以及与市场参与者的讨论。公司发行人和机构投资者参与开发和更新投票政策，例如评估董事会独立性的标准和高管薪酬方案。代理咨询公司将与公司发行人进行沟通，并允许他们在定稿之前审查用于提出投票建议的数据。

批评者指出了潜在的利益冲突。例如，ISS为希望改善公司治理的公司提供咨询服务。企业可能会觉得有必要保留这些服务以获得良好的评价（ISS认为它已采取措施来披露和缓解这种潜在的冲突）。除了对利益冲突的担忧，批评者还指出了代理咨询公司提出建议的流程缺乏足够的透明度以及偶尔的不准确性等问题。

代理咨询公司 Glass Lewis 认为其不会对投资者产生不当影响。在2017 年代理投票季，Glass Lewis 对 92% 被咨询的美国公司会议提案提供了投票建议（这些公司的董事会和管理层对这些提案的投票率为98%）。然而，董事提名在 99.9% 的时间里获得了多数票，而薪酬话语权提案在 99.1% 的时间里获得了多数票。此外，董事提名的支持率为 96%，薪酬话语权提案的支持率为 93%，相比之下，Glass Lewis 建议的支持率分别为 89% 和 84%。这些结果在一定程度上支持了 Glass Lewis 独立于公司管理层进行股东投票的观点。

ISS 也指出其建议不是盲目服从谁的。在 ISS 的前 100 名客户中，约有 85% 使用了定制代理投票政策。在 2017 年，由 ISS 代理全球客户处理的投票中，约有 69% 与客户的定制代理投票政策相关，这大约占该时段 ISS 处理总数的 87%。

二、主要公司治理和股东投票趋势

以下是基于 4 000 多次年度会议得出的 2018 年公司治理和股东投票趋势的一些关键事实（Broadridge，2018）。

- 上市公司股份的机构所有权略有下降，从 2017 年的 71% 降至 70%。个人投资者的所有权从 29% 增长到 30%。
- 机构投资者的投票率仍然很高，达到 91%。该季度个人投资者的参与度略有下降，降至 28%。
- 披露了 CEO 薪资公司的股东对薪酬话语权提案的支持度，与不要求披露薪资公司相同。“薪酬话语权”是指股东对高管薪酬进行投票的决议。
- 机构股东对社会和环境提案的支持率在过去 5 年中从 2014 年的 19% 增长到 2018 年的 29%。

- 在过去的5年中，机构对公司政治支出提案的支持率从2014年的20%上升到该季度的28%。
- 代理参与股东提案的数量在过去4年中从2015年的81个减少到2018年的34个。这部分是由于许多公司自愿采用代理参与，其中包括65%的标准普尔500指数成分公司。代理参与提案是指股东或股东集团提出董事会席位候选人的能力，但要受到某些限制，例如所持股份的最低百分比。值得注意的是，在报告前的一个季度，机构反对试图降低现有门槛或取消达到所有权门槛所需的股东数量限制的股东提案。

图7－1是支持ESG股东提案的投票百分比，显示了股东对社会或环境提案的支持日益增加。

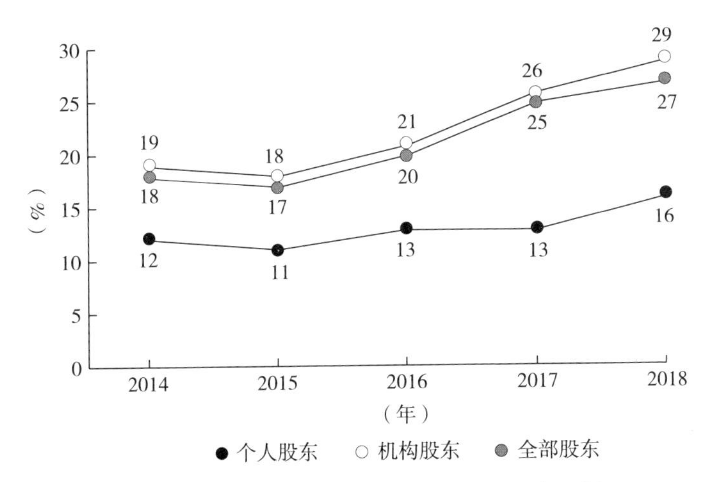

图7－1　对社会或环境提案投赞成票的股东比例

资料来源：普华永道。

机构投资者参与公司治理的一些案例如下。

- 贝莱德集团与公司就首席执行官薪酬过高、董事会多元化、枪支暴力、董事绩效评估和董事继任等话题进行了接触。

- 纽约市审计长斯科特·斯金格和纽约养老基金继续推进“董事会问责制项目2.0”，目标是多元化、独立和“适应气候”的董事会。151个董事会中有49个董事会任命了59名新董事，新董事是女性或有色人种。
- 加州公务员养老基金报告称，它们与罗素3000指数中的500多家公司进行了接触，原因是这些公司缺乏董事会多元化，结果它们否决了85家公司271名董事的投票。
- 普信集团（T. Rowe Price，简写为TRP）重申了其作为长期投资者的立场，并详细阐述了其股东积极主义的概念。此外，普信集团表示将与公司直接或私下接触，建设性地解决分歧。对于有争议的招标，将采用长期眼光来确定哪一方更有可能促进公司的长期业绩。

三、近期的股东提案

多年来，独立股东一直提出有关公司政策变更或信息披露的提案。这些提案很少获得投票，更多的是用来发表声明，而不是真正期望通过。但在过去的几年中，其中一些提案获得了多数票，从而产生了更大的影响。公司董事会和管理层已注意到所提出的实质性问题，并且这些提案已得到越来越多主流投资者的支持。因此，这些提案对公司政策和信息披露的影响要比仅通过查看正式投票批准的数量所猜测的大得多。

那么股东提案中提出了哪些问题？与2017年相比，2018年ESG提案的数量有所下降，但成功率引人注目。9个环境和社会提案在2018年获得多数票，创下历史新高（Westcott，2018）。另外18个提案获得了大约40%的支持。获得多数票的成功提案包括：

- 要求金德尔－摩根报告为全球气温升高2℃的“2DS”情景所做的准备工作，2℃被认为是避免变暖对经济造成严重后果的全球变暖上限。
- 阿纳达科石油公司也有类似的2DS要求（这些2DS提案和3个类似的提案在2017年获得成功，对公司自愿进行此类报告的意愿产生了影响，并导致许多此类提案被撤回）。
- 要求阿曼瑞恩公司对煤灰风险进行报告。
- 要求兰杰资源（Range Resources）对甲烷排放管理进行报告。
- 要求金德尔－摩根和美得彼集团（Middleby）做可持续发展报告。
- 要求杰纳西及怀俄明（Genesee & Wyoming）设定温室气体排放目标。
- 要求DepoMed公司对因阿片类药物流行而引起的风险进行报告。
- 要求斯图姆－鲁格公司做枪支安全和减轻伤害的报告。

图7－2是2018年代理投票季提交的环境提案分布情况。

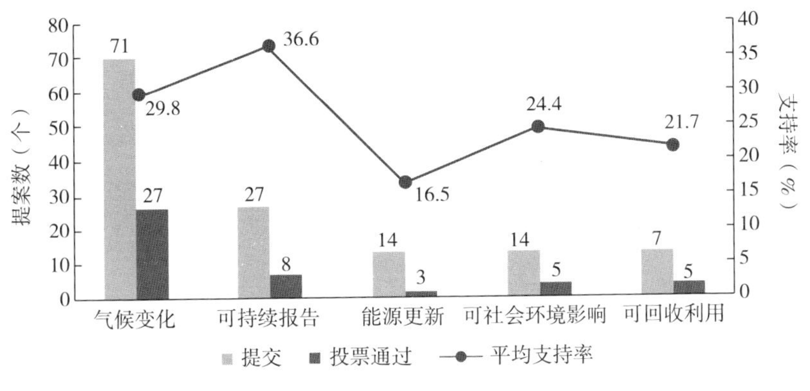

图7－2　2018年提交的环境提案

资料来源：联盟顾问（Alliance advisors）。

许多解决方案涉及代理参与。传统上，公司董事会挑选候选人参加董事会的选举。代理参与决议寻求开放董事提名程序，允许投资者提交提名。其他提议涉及高管薪酬以及在可疑公司活动最近才被披露的情况下保留审计师。董事会性别多元化、减少性骚扰行为以及风险管理问题也是提案的主题。

表7-2和表7-3展示了2017年和2018年许多不同类别的投票结果的细节。表7-2展示了环境提案的结果。

表7-2 2017年和2018年环境提案投票

环境提案	2018年提交	2018年投票[1]	2018年多数票[2]	2018平均支持率(%)[2]	2017年提交	2017年投票[1]	2017年多数票[2]	2017平均支持率(%)[2]
煤炭	2	1	1	53.2	2	2	0	36.8
甲烷排放	10	4	1	35.5	13	4	0	30.0
2DS报告	20	5	2	36.8	19	16	3	45.4
减少温室气体排放量	31	9	1	32.1	24	9	0	22.9
能源效率和可再生能源	12	3	0	16.8	14	8	0	21.5
棕榈油和森林砍伐	4	2	0	24.9	8	3	0	19.7
循环利用	8	4	0	20.4	15	6	0	23.5
环境风险委员会	4	1	0	48.6	1	0	0	—
具有环境专长的董事	1	1	0	26.5	4	3	0	13.3
可持续发展报告	30	8	2	37.0	23	10	1	32.1

注：①包括最低提案；不包括年度会议之前未提交或撤回的投票提案。2017年的数据是全年的，2018年的数据截至2018年6月8日。②根据赞成票和反对票的百分比。

资料来源：联盟顾问。

表 7-3　2017 年和 2018 年社会提案投票

社会提案	2018 年提交	2018 年投票[①]	2018 年多数票[②]	2018 平均支持率（%）[②]	2017 年提交	2017 年投票[①]	2017 年多数票[②]	2017 平均支持率（%）[②]
董事会多元化与自由	30	3	0	24.5	38	9	2	27.7
工作场所多元化	23	7	0	38.8	19	10	1	32.4
学生贷款	1	1	0	42.8	1	0	0	—
阿片类药物危机	11	2	1	51.8	0	0	0	—
抗生素和工厂化农场	4	2	0	29.3	8	3	0	25.1
游说（保守派）	2	2	0	27.9	11	1	0	1.9
游说（自由派）	50	26	0	26.2	51	39	0	26.0
选举支出	27	16	0	34.4	33	19	0	28.0
游说或选举混合支出	5	3	0	33.2	4	3	0	26.6
枪支	5	1	1	68.8	0	0	0	—
网络安全	2	1	0	29.5	0	0	0	—

注：①包括最低提案；不包括年度会议之前未提交或撤回的投票提案。2017 年的数据是全年的，2018 年的数据截至 2018 年 6 月 8 日。②根据赞成票和反对票的百分比。

资料来源：联盟顾问。

2018 年，7 个环保提案获得了多数票，10 个类别中的 8 个获得了约 25% 或更多的支持。最大的提案类别包含减少温室气体排放、可持续性报告和 2DS 报告。表 7－3 展示了社会提案的结果。

只有 2 项社会提案获得多数票，即上述关于阿片类药物和枪支的提案。然而，所有类别的社会提案的平均支持率明显高于 25%。最大的提案类别包括游说、董事会多元化、选举支出和工作场所多元化等方面。

表7－4展示了治理提案的结果。

表7－4　2017年和2018年治理提案投票

治理提案	2018年提交	2018年投票①	2018年多数票②	2018平均支持率(%)②	2017年提交	2017年投票①	2017年多数票②	2017平均支持率(%)②
董事会信息公开	14	5	5	84.5	16	9	6	64.8
多数投票	10	3	2	63.8	18	14	9	65.5
代理参与（采用）	27	11	3	38.8	108	31	19	57.5
代理参与（修改）	27	21	0	28.4	67	26	0	28.1
绝大多数投票	25	12	9	62.3	24	13	12	72.1
双重股票	10	8	0	29.2	13	12	0	28.0
特别会议	79	57	7	41.6	28	24	4	42.1
书面同意	44	36	6	42.3	17	15	3	45.5
独立董事	55	41	0	30.8	53	44	0	30.5

注：①包括最低提案；不包括年度会议之前未提交或撤回的投票提案。2017年的数据是全年的，2018年的数据截至2018年6月8日。②根据赞成票和反对票的百分比。

资料来源：联盟顾问。

2018年，有32个治理提案获得了多数票，与2017年相比大幅下降，这主要是因为在2017年得到了大力支持的代理参与提案在2018年减少。许多公司认识到需要修改其代理参与规则，并且已经或正在自愿进行修改，从而减少了独立代理参与提案的需求。所有治理提案类别均获得25%的平均支持率，而提案数量最多的类别是：特别会议、独立主席、书面同意、代理参与和多数投票。书面同意是指股东采取书面方式而不是出席会议，许多公司在其原始公司章程中规定，股东只能在会议上投票或经一致书面同意才后可采取行动。

表7－5显示了薪酬提案的结果。2017年和2018年，没有任何薪酬提案获得多数票。在性别/种族薪酬平等和薪酬与社会问题类别中，提交的提案数量最多。获得超过25%票数的类别有索回、加快股权奖励授予、循环支付和保留股权奖励。索回是指公司根据业绩收回以前给予的奖金，如果以后的财务结果受到过去行为的负面影响，公司可以收回部分或全部奖金。例如与摩根大通“伦敦鲸”丑闻有牵连的交易员，年薪为600万～700万美元，据报道，截至2012年年底，该银

表7-5　2017年和2018年薪酬提案投票

薪酬提案	2018年提交	2018年投票[①]	2018年多数票[②]	2018平均支持率(%)[②]	2017年提交	2017年投票[①]	2017年多数票[②]	2017平均支持率(%)[②]
加快股权奖励授予	6	3	0	31.4	7	6	0	30.7
循环支付	3	3	0	28.2	5	4	0	28.3
索回	13	8	0	38.3	7	6	0	13.9
保留股权奖励	1	1	0	28.1	5	4	0	23.3
性别/种族薪酬平等	27	5	0	14.8	30	14	0	14.7
薪酬与社会问题联系	21	10	0	15.4	11	8	0	11.5

注：①包括最低提案；不包括年度会议之前未提交或撤回的投票提案。2017年的数据是全年的，2018年的数据截至2018年6月8日。②根据赞成票和反对票的百分比。

资料来源：联盟顾问。

行入账约62亿美元，并收回了交易员80%的薪酬。加快股权奖励授予是指在规定的最初授予日期之前，根据股票支付高管薪酬的做法。令人担忧的是，最初的授予规定了某些绩效要求，这些要求可能是为了提供适当的激励，而提前授予这些奖励会使这些激励失效。循环支付是指对在政府和私人部门之间流动的高管进行补偿。保留股权奖励是指要求高管保留他们的股权，以使他们继续对公司承担经济责任。

四、股东参与政策案例

一些最大的公共和私人投资管理公司在吸引被投资公司方面变得更加积极主动，主动与管理层和董事会讨论，并积极参与公司决议投票。接下来，我们将总结几个积极参与被投资公司政策的案例。

（一）贝莱德集团

贝莱德集团是全球最大的资产管理公司，管理资产超过6万亿美元。它以建设性的方式与被投资公司交流，而不是指导被投资公司采取行动。但是如果发现被投资公司的业务或治理实践存在缺陷，贝莱德集团将主动进行对话，并期望得到与其长期投资者目标一致的回应。在必要时，贝莱德集团将投票反对管理层，以保护其客户的长期经济利益。2017—2018年，贝莱德集团确定了几个优先参与的关键事项，集中于5个领域。

- 治理：董事会的组成、有效性、多元化和问责制。
- 公司战略：董事会对公司战略的审查是关键。
- 薪酬：高管薪酬政策应与长期战略和目标紧密联系。
- 气候风险披露：通过持续披露，加强对各公司管理气候风险流程的理解。
- 人力资本：在人才紧缺的环境下，高标准的人力资本管理是一种竞争优势。

许多公司已经制定了参与 ESG 问题的政策，但是推动这些政策的人们不一定是这些公司的高管。贝莱德集团情况并非如此，董事长兼首席执行官拉里·芬克在 2018 年致公司首席执行官们的信中提出挑战，要求他们在气候变化、人力资本管理、多元化和高管薪酬等领域为社会做出积极贡献（芬克，2018）。

（二）加州公务员养老基金

加州公务员养老基金是美国最大的公共养老基金。它在 10 000 多家上市公司中投资了超过 3 000 亿美元。它认为自己是具有长期投资目标的投资者，因此，它认为必须在其所有日常投资业务中考虑 ESG 因素。它相信长期价值是有效管理财务、物质和人力资本的结果。它的可持续投资议程建立在受托责任的基础上，即为受益人带来风险调整后的回报。投资策略的 4 个驱动因素如下。

- 绿色环保：包括但不限于气候变化和自然资源可用性。
- 治理：包括但不限于利益一致。
- 人力资本：包括但不限于公平劳动、健康和安全、负责任的承包和多元化。
- 风险管理规范。

加州公务员养老基金有一个焦点清单计划，该计划涉及与公司合作以改善其治理实践。参与的侧重点如下。

- 董事会质量和多元化：领导结构、独立性、技能组合和多元化。
- 公司报告：ESG 做法、商业战略和资本部署的透明度。

- 投资者权利：投票权和董事条款。
- 环境和社会问题的风险管理。
- 与股东在高管薪酬上的一致。

此次调查结果的分析基于1999—2013年188家目标公司的股票表现。受此合约约束的公司的业绩比罗素1000指数高出15.27%，比各自的罗素1000行业指数高出11.90%。加州公务员养老基金还将代理投票视为影响被投资公司运营和治理的主要方式，其代理投票原则如下。

> 我们将以符合本原则的方式履行代理投票责任，除非这种行为可能对公司造成的长期损害超过所有合理、可能的长期利益；或除非这种投票有悖于投资者的利益。因此，对于加州公务员养老基金这样的股东来说，最重要的是行使其参与权并充分理解信息和法律文件，进而做出投票决定。我们的代理投票职责涵盖了围绕各种管理层和股东建议的公司治理问题。具体的投票主题可能包括董事会质量、投资者权利、高管薪酬、公司报告、资本结构、环境和社会相关问题。行使我们的投票权时，我们将对符合受益人利益并贯彻本原则的个人管理层和股东提案投赞成或反对票。我们将投票反对那些没有有效考虑这些利益的公司董事候选人。在公司长期财务表现不佳的情况下，我们将保留投票权。作为我们对透明度承诺的一部分，我们在11 000多家公司的年度股东大会上公布我们的代理投票活动（CalPERS，2018）。

粗略回顾加州公务员养老基金代理投票的公开记录可知，它经常投票反对公司管理层的建议，并将定期支持独立股东在治理问题上的建议。例如，在2017年，加州公务员养老基金积极促使埃克森美孚公司和美国西方石油公司通过报告气候风险的提案。

（三）普信集团

普信集团是一家 AUM 达 1 万亿美元的美国公司。它指出："作为一家全球投资管理公司，我们认识到我们通过投资组合对社会和环境问题产生的影响……我们公司的主要使命是帮助客户实现其长期目标……为了履行这一使命，我们有义务了解公司商业模式的长期可持续性以及可能导致其改变的因素。我们通过将 ESG 因素纳入我们的投资流程来做到这一点。"普信集团是 PRI 的签约方之一，并支持该原则确定的框架，将其作为鼓励更好的对话和改善公司披露的有效手段。分析师和投资组合经理由两组内部专家提供支持，即"负责任投资"和"公司治理团队"。投资方法遵循以下原则。

- 合作：公司、投资者和政府之间的合作，都可以发挥作用。
- 问责制：投资分析师负责评估所有可能产生影响的因素。
- 基础研究：当由熟悉公司、富有经验的投资者领导时，ESG 分析和参与是最有效的。
- 管理：勤奋投资者的责任不会随着购买证券而终止。关键在于与投资组合公司的管理层保持定期对话。
- 重要性：重点是最有可能对客户投资组合产生重大影响的 ESG 因素。

影响 ESG 的重要因素因国家、行业和公司而异。它们可能包括：资本管理、问责制、透明度、领导素质、战略和执行、行业竞争动态、人力资本管理以及资源的有效利用。

（四）纽约市审计办公室

纽约市审计办公室（The New York City Comptroller's Office，简写为

NYCCO）代表纽约市养老基金管理投资。责任投资和公司治理团队为5个纽约市养老基金制定和实施公司治理计划，包括投票代理，让投资公司参与ESG政策与实践，以及倡导监管改革以保护投资者和加强股东权利。2017年7月1日至2018年6月30日，纽约市审计办公室代理投票的统计数据如下。

- 在69 360个代理提案中，已投69 131票。
- 赞成票占76%，反对票占24%。
- 参与了7 054次会议。

如图7－3所示，最主要的提案与董事有关，其他问题也相当广泛。图7－3显示了提案的分布，分为管理层和股东。

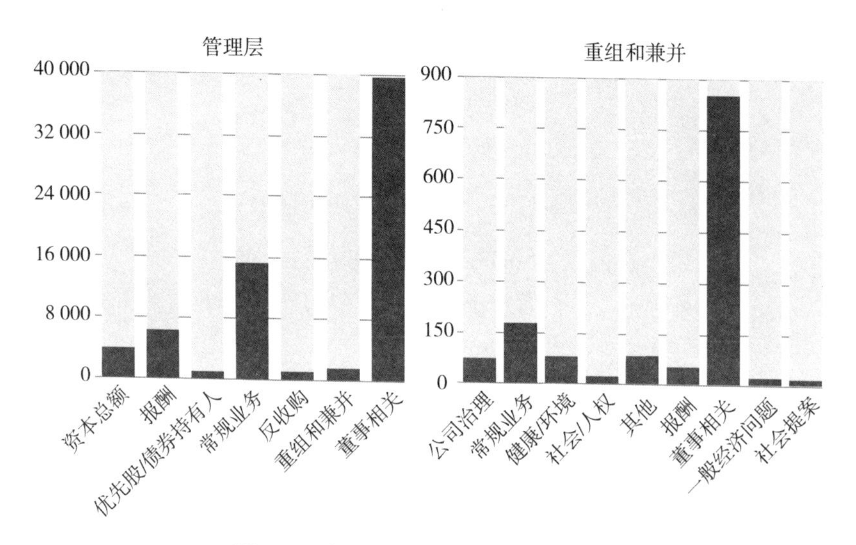

图7－3　纽约市审计办公室的股东提案

资料来源：2018年纽约市审计办公室，养老金/投资管理部门，纽约市。使用经由ISS Analytics的许可。

（五）先锋领航集团

拥有超过5万亿美元AUM的先锋领航集团（Vanguard Group）是共同基金最大的提供商，也是ETF的第二大提供商。从历史上看，它一直是基金收取低费用的领导者，还是与被投资公司互动的领导者。在2017年，其投资管理团队在近19 000个股东会议上选举了171 000名代理人，并与公司领导人和董事进行了950余次接触。先锋领航集团认为，只要公司具备以下条件，长期投资的成功率就会提高。

- 符合目标的高绩效董事会。
- 赋予股东权利的治理结构。
- 适当激励持续表现的薪酬计划。
- 监督和管理重大风险的框架。

先锋领航集团认为对股东的经济利益构成威胁的一些问题包括传统的治理问题，例如高管薪酬方案不当、股东投票权不平等、董事会效率低、没有气候风险披露以及未实现董事会构成性别多元化。从2017年开始，先锋领航集团支持了有关气候变化的股东决议，认为气候变化构成了某些行业公司的长期风险。

先锋领航集团声明，“……在这些问题上的立场，并不是因为它们善良或高尚的本质，而是因为它们与您基金投资的长期经济价值有关。我们在与各个公司的会议中，在我们的公开宣传中，以及最终在我们代表先锋领航集团基金进行的代理投票中，都将表达我们的观点”。

五、机构投资者共同行动

我们已经看到了几家大型机构投资者是如何与被投资公司合作的。

下一个层面的参与可能是由志同道合的投资者组成联盟，使提案更具分量。例如，2018 年 11 月，13 名机构投资者与哈佛高级领导力计划（Harvard Advanced Leadership Initiative）联手向枪支制造商和销售商施压，要求它们让枪支更安全、更可靠、更易于追踪。参与的机构投资者如下。

- 加州公务员养老基金。
- 加州教师养老基金。
- 康涅狄格州养老信托基金。
- 佛罗里达州管理委员会。
- 缅因州公务员养老基金。
- 马里兰州养老基金。
- Nuveen（美国教师退休基金会的管理部门）。
- OIP 投资信托基金。
- 俄勒冈州公共雇员基金。
- 洛克菲勒资产管理公司。
- 旧金山雇员养老基金。
- 道富环球。
- Wespath 投资管理公司。

这些机构投资者的累计 AUM 接近 5 万亿美元。它们团结起来创建和推广负责任的枪支行业原则。它们表示，它们相信法治并尊重美国宪法第二修正案，但也相信，如果它们在与枪支相关的企业中有财务利益，它们有降低投资者风险的责任。此外，它们认为参与制造、分销、销售和执行枪支行业法规的企业可以很好地支持应用透明度和安全措施，这些措施有助于枪支的负责任使用。通过制定原则，它们发挥了机构投资者的作用，并确定了对枪支行业的期望，这将减少风险并改善整个公民社会的安全。它们还承诺随着时间的推移监视所投公司的活动，并定期与所投公司接触。

这些原则是合乎情理的，而不是指令性的。应用原则的方法有很多，公司可以自由地以它们认为合适的方式应用这些原则。这些机构投资者还认识到，民用枪支公司在制造、销售、使用和转让枪支方面受到联邦和各州的高度监管，但公司可以自愿采取更多措施来促进安全和负责任地使用民用枪支。这些机构投资者呼吁民用枪支公司公布它们对这些原则的遵守情况，如果做不到这一点，“我们将考虑使用我们作为投资者可以使用的所有工具来降低这些风险”。

这 5 项原则如下。

- 原则 1：制造商应支持、推进和整合使民用枪支更安全、更可靠和更容易追踪的技术。
- 原则 2：制造商应采用并遵循负责任的商业惯例，建立并执行负责任的经销商标准，并促进围绕枪支安全设计的所有者培训和教育计划。
- 原则 3：民用枪支分销商、经销商和零售商应建立、宣传和遵循最佳做法，确保在没有完成背景调查的情况下不出售枪支，以防止向被禁止购买枪支的人或持枪太危险的人出售枪支。
- 原则 4：民用枪支分销商、经销商和零售商应教育和培训其雇员，以更好地识别和有效监测销售点的违规行为，保存所有枪支销售记录，定期审计枪支库存，并积极协助执法。
- 原则 5：民用枪支行业的参与者应与这些原则的签署方合作、交流和接触，以设计、采用和披露措施及衡量标准，展示最佳做法并保证这些原则落实。

时间将证明这些机构投资者究竟会有多成功。尽管资金规模很大，但它们并不是两家最大的公共枪支制造商的最大股东：斯图姆 – 鲁格公司和美国户外品牌公司（该公司曾用名为 Smith & Wesson）。美国户外品牌公司辩护说，它不认为其股东将非法使用枪支与制造枪支的公司联系在一起。其最大股东贝莱德集团在 2018 年 3 月向客户发布了一条消息，称其对枪支公司采取两种方法。首先，对于寻求在其投资组合中排除枪支公司的客户，贝莱德集团创建了带有筛选的新 ETF，以将枪支排除在外。其次，贝莱德集团与枪支制造商和销售商就与枪支生产和销售有关的商业做法进行接触。也许是为了解释为什么它没有进一步挑战枪支公司，贝莱德集团指出，“贝莱德为各种各样的投资者管理资金，包括养老金、保险公司和个人投资者，他们对枪支有不同的看法。最终，客户会选择他们投资的基金类型。我们有幸为客户提供服务，将继续与所有客户互动，以了解他们的需求和偏好，以便我们有效地实现他们的投资目标”。

机构投资者联盟的形成可能标志着投资者参与的新趋势，超越了单个机构最近出现的股东积极主义。尽管这些机构规模庞大、举足轻重，但它们意识到单独行动时仍然只占少数选票，但是通过联合，它们有望成为实现变革的强大力量。几个投资行业组织已经成立，目标是提高公司治理水平，本章提到的大多数大型机构投资者都是这些团体的支持者或创始成员。其中最重要的有：

- 投资者管理小组（Investor Stewardship Group，简写为 ISG）。
- 30% 俱乐部。
- 可持续发展会计准则委员会（Sustainability Accounting Standards Board，简写为 SASB）。①

① 2021 年，国际财务报告准则（IFRS）基金会宣布成立国际可持续发展准则理事会（ISSB），旨在制定一个全面的可持续发展披露标准的全球基准。2022 年，SASB 准则已受 ISSB 的监督管理。——编者注

（一）ISG

ISG 是由一些美国大型机构投资者和全球资产管理公司发起的一项投资者主导计划。在美国股市中有 60 多家美国和国际机构投资者，总资产超过 31 万亿美元。该组织的目标是为美国机构投资者和董事会行为建立一个基本投资管理和公司治理标准的框架。为此，该组织制定了以下管理和治理原则。

机构投资者的管理框架：第一，机构投资者应对其投资对象负责；第二，机构投资者应证明其如何评估所投资公司的公司治理因素；第三，机构投资者应大致披露如何处理在其代理投票和参与活动中可能出现的潜在利益冲突；第四，机构投资者应对代理投票决定负责，并应监督向其提供有关建议的第三方的相关活动和政策；第五，机构投资者应以建设性和务实的态度解决和尝试解决与公司之间的分歧；第六，机构投资者应共同努力，以鼓励采纳和实施公司治理和管理原则。

美国上市公司的公司治理框架：第一，董事会对股东负责；第二，股东应享有与其经济利益成比例的投票权；第三，董事会应对股东做出回应，并积极主动地了解其观点；第四，董事会应具有强大的独立领导结构；第五，董事会应采用能提高其效率的结构和做法；第六，董事会应制定与公司的长期战略相一致的管理激励结构。

（二）30%俱乐部

30%俱乐部成立于伦敦，并于 2016 年 10 月发布了一份意向声明，俱乐部成员将利用其所有权参与公司管理，以鼓励在性别多元化方面取得进展。意向声明包括到 2020 年支持以下目标。

- 30% 的女性进入富时 350 董事会。
- 30% 的女性进入富时 100 公司的高管层。

集团的承诺包括：

- 与被投资公司的接触：就董事会多元化问题与董事会主席和提名委员会积极接触。如果有证据表明提名程序在董事会多元化方面存在问题，则提出问题。在董事会没有多元化的趋势，且与董事会的接触没有取得任何令人满意的结果时，可选择投票反对董事会主席或提名委员会主席的连任。
- 行使所有权：作为一种普遍做法，这可能涉及上市公司在两个方面的投票行动。一方面是董事（连任）选举，包括董事会主席和/或提名委员会主席。提名委员会应确保董事会拥有适当的技能、经验、独立性和知识范围。该委员会的主席与董事会主席共同承担责任，确保董事的任命符合客观标准，并充分考虑到多元化的好处。投资者可以考虑不支持那些仍未达到预期的公司的提名委员会主席或董事会主席。另一方面是报告和账目。公司应披露其多元化政策和实施情况。如果多元化声明不令人满意，或者没有明确证据表明董事会充分考虑了多元化，投资者可以考虑不支持报告和账目决议。

（三）SASB

SASB 制定了财务会计规则，2011 年成立以来，SASB 寻求为社会和环境问题提供类似的规则，特别是与美国公司的美国证券交易委员会表格 10-K 备案要求相关。它有一个由大型机构投资经理组成的投资者顾问团，AUM 大约有 25 万亿美元。SASB 的活动将在第八章中详细讨论。

第八章

定义和测量 ESG 表现

前几章讨论了 ESG 投资者可用的各种金融工具。但是，这些投资真的像投资者所相信的那样吗？如何定义、测量和报告 ESG 因素？ESG 投资组合在过去的表现如何？全面了解以下这些方面，对定义和衡量 ESG 表现是很重要的。

一、投资组合构建中的 ESG 因素

在前面的章节中，我们看到投资者越来越关注 ESG 问题，并对投资于具有积极 ESG 特征的公司表现出越来越大的兴趣。但投资者该如何评估一家公司的业绩呢？想要构建 ESG 投资组合可能是一个相对容易的决定，但构建这样一个投资组合的细节可能需要花费更多的精力。投资者必须先确定对自己来说重要的关键指标。许多 ESG 分数是作为一个单一指标提供的，但有许多独立的因素去构建这个分数，一个特定的问题可能对某一个投资者非常重要，但另一个投资者可能认为这个问题并不重要，甚至产生截然相反的观点。现代数据库可以包含数百个不同的 ESG 变量，每个变量都有分数，人工智能（AI）的广泛应用加剧了这个问题，因为打分过程仍然需要分析师为 AI 应用程序提供

一个结构，但打分过程对投资者来说通常是不透明的。在有许多指标的情况下，投资者必须确定每个指标的相对价值，一些投资者转而选择追随拥有类似 ESG 目标的其他投资者。这种方法的优点是简单，而且它允许投资者将责任推到第三方，但这同时也带来了风险，即其他投资者的投资组合可能并不能准确反映其所追求的目标。指数提供商、机构投资经理、共同基金和 ETF 发起人都可以通过其拥有的资源来调查公司的 ESG 绩效，从而为这一问题提供解决方案。

由于美国市场有数百只社会责任共同基金和 ETF 在交易，投资者现在有广泛的投资选择。一些供应商也提供定制服务，投资者可以在其中挑选投资组合，但更受欢迎的选择是，投资者只需要从众多现成的汇集 ESG 投资产品的基金中进行选择。这为投资者提供了一个简单且不错的选择，但这也给理解每一种方法以及这些基金之间的差异带来了挑战。一些基金只是在现有的投资中添加了 ESG 因素，而另一些则采用了更注重结果的方法，目的是在提供财务回报的同时提供可持续性或有影响的回报。添加 ESG 因素的简单化做法或许能满足一些投资者的需求，但也存在基金不能实现 ESG 目标的风险。所以，很多投资者还是希望采用更注重结果的方法。因此，分析 ESG 基金不仅需要了解它们的风险回报状况，还需要了解它们实现可持续发展的方式。为了提供 ESG 评级，分析师或评级服务机构必须确定重要的 ESG 因素，开发一些衡量这些因素的方法，然后用一种方法来评估每家公司的业绩。

二、企业报告 ESG 影响的标准

评估一家公司最简单的方法就是评估该公司或其行业的历史声誉。但这种方法可能低估了公司为提高业绩所做的努力，相反，也可能受到不准确报道的影响，这些报道甚至是有误导性的。例如，基于对历史产品和对化工行业的普遍看法，陶氏化学公司（Dow Chemical Company）在ESG方面的得分很低。然而，最近陶氏化学公司已成为其行业的领导者之一。

还有一个复杂之处在于ESG的考虑是多方面的，一个公司的业绩可以从很多方面进行衡量，比如对空气、水和能源的影响；对员工和客户可持续性的影响；性别和少数族裔的招聘、培训和晋升。如何以最优的方法衡量这些？由于难以收集和分析各种ESG因素的信息，公司和投资者依赖外包服务进行研究，并就ESG问题的识别、合规和报告提供指导。

有几个组织提供了报告可持续性或ESG绩效的框架：全球报告倡议组织（GRI）的可持续发展报告指南，可持续发展会计准则委员会（SASB），联合国全球契约组织（UNGC）的倡议，联合国工商业与人权指导原则（UNGP），经合组织（OECD）指导方针，国际标准化组织的ISO 26000，国际劳工组织（ILO）的三方声明。接下来，我们将看看几种不同的ESG度量方法和报告框架。

（一）GRI①

89%做可持续发展报告的公司使用正式的框架或指南进行编写，其中最受欢迎的框架是GRI建立的。GRI是一个独立的组织，由环境责任经济联盟（CERES）、特勒斯研究所（TELLUS Institute）和联合国环境规划署（United Nations Environment Programme）于1997年组织成立。GRI最近一次更新标准是在2016年。2017年，在进行可持续发展报告的国家中，最大的100家公司中有65家使用了GRI报告框架；全球《财富》250强公司中有75%的公司都使用了GRI报告框架。GRI报告框架的标准被分为3种：经济、环境和社会。此外，还有3种通

① 此处作者援引介绍的为GRI 2016年版，GRI于2021年发布了修订版。——编者注

用标准来指导编写可持续发展报告，它们指导编写者如何使用该标准，报告组织的相关背景信息，以及如何按照类别撰写报告。

经济标准的类别包括：

- 经济表现。
- 市场份额。
- 间接的经济影响。
- 反腐败。
- 反竞争行为。

环境标准的类别包括：

- 材料。
- 能源。
- 水资源。
- 生物多样性。
- 废水和废物。
- 环境合规。
- 供应商环境评估。

社会标准的类别包括：

- 就业。
- 劳动/管理关系。
- 职业/健康和安全。
- 培训教育。
- 多元化和平等的机会。

- 反歧视。
- 自由、联合和集体谈判。
- 童工。
- 强迫或强制劳动。
- 安全措施。
- 本地人民的权利。
- 人权评估。
- 当地社区。
- 供应商的社会评价。
- 公共政策。
- 客户健康和安全。
- 营销与标签。
- 客户的隐私。
- 社会经济合规。

在每一种标准下都有详细的特定主题的披露标准。例如，经济标准的第一类特定主题是经济表现，这个主题有如下4个披露标准。

披露201－1：直接经济价值的产生和分配。报告机构应报告以下信息。

a. 在权责发生制基础上产生和分配的直接经济价值，包括下列组织全球业务的基本组成部分。如果数据采用收付实现制，除报告下列基本组成部分，还应报告使用收付实现制的理由。

  ⅰ. 产生的直接经济价值：收入。

  ⅱ. 分配的经济价值：经营成本、员工工资和福利、对资本提供者的支付、国家向政府的支付，以及社区投资。

  ⅲ. 经济价值留存："产生直接经济价值"减去"经济价值分

配”。

b. 在国家、地区或市场层面上分别报告产生和分配的直接经济价值，以及定义重要性的标准。

披露201－2：气候变化带来的金融影响和其他风险与机会。报告机构应报告以下信息。

a. 气候变化带来的可能导致业务、收入或支出发生实质性变化的风险和机会，包括：

ⅰ. 风险或机会的描述及其物理、监管或其他分类。

ⅱ. 有关对风险或机会影响的描述。

ⅲ. 在采取行动前，风险或机会对财务的影响。

ⅳ. 用于管理风险或机会的方法。

ⅴ. 为管理风险或机会而采取的行动成本。

披露201－3：确定的福利计划和其他退休计划。报告机构应报告以下信息。

a. 如果该计划的养老金负债由组织所拥有的资源来满足，则报告这些负债的估计价值。

b. 如果存在一个单独的基金来支付该计划的养老金负债，则报告以下内容：

ⅰ. 在何种程度上，计划的养老金负债可由已拨备用来应付这些负债的资产来承担。

ⅱ. 做出估计的依据。

ⅲ. 何时做出这个估计。

c. 如果为支付该计划的养老金负债而设立的基金没有完全覆盖，

说明雇主为实现全覆盖而采取的策略（如果有的话），以及雇主希望实现全覆盖的时间表（如果有的话）。

d. 雇员或雇主支付的工资百分比。

e. 参与养老金计划的人数，例如参加强制性或自愿计划、区域或国家计划或有财政支持的计划。

信息披露 201－4：从政府获得的财政援助。报告机构应报告以下信息。

a. 本组织在本报告所述期间从任何政府机构获得的财政援助的货币总值，包括：

ⅰ. 税收减免。

ⅱ. 补贴。

ⅲ. 投资补助金、研究及发展补助金，以及其他相关类别的补助金。

ⅳ. 奖金。

ⅴ. 专利费。

ⅵ. 出口信贷机构的财政援助。

ⅶ. 财政激励措施。

ⅷ. 因为任何业务从任何政府收取或应收的其他财务利益。

b. 201－4－a 中按国家分列的信息。

c. 该股份中是否有任何政府持有，以及在何种程度上存在控股结构。

这 4 个披露标准说明了 GRI 提供的详细程度（完整的报告框架载于 GRI 网站，https：//www. globalreporting. org/standards/gri-standards-download-center/？ g＝1aba153b-bfea-492c-bb5c-134bee736572）。

对 GRI 报告框架的一个批判是，它没有对“背景”因素的影响给出指导。这些都是在全球、区域、地方或部门一级对经济、环境或社会资源的限制和要求，但各国之间的差异如此之大，适用的标准也必然应该有所不同。与本章讨论相关的是，由于部门、地方或区域因素，两个报告组织可以基于截然不同的标准解释而报告。同样重要的是，这些标准是公司报告的指导方针。GRI 不审查公司或政府报告的准确性，这是一个很重要的缺陷，不管标准有多详细，组织都采取自我报告的形式披露自身的表现，人们必定会质疑数据的准确性。

GRI 是最受欢迎的可持续发展报告指南来源，其他几个组织也有不同的、相互竞争的报告方法。

（二）SASB

SASB 制定了一系列行业特有的可持续发展会计准则，帮助公司向投资者披露财务材料、决策和有用的 ESG 信息。该组织的工作，正如首字母缩写所示，与财务会计准则委员会（FASB）的工作是平行的。FASB 是一个独立的组织，它建立了与公认会计原则一致的财务会计和报告准则。SASB 的工作是试图提供更好的、更为一致的指标，就像那些用于纯财务会计的指标。为此，SASB 选出了一系列行业特有的问题，其中 78% 是定量的。SASB 的可持续产业分类体系确定了 11 个部门和 77 个行业。行业分组如图 8－1 所示。

在一个特定行业中，某些 ESG 问题会比其他问题更重要或更具有重要性。SASB 深入调查每个行业，以确定哪些问题是与该行业相关的。详细问题可以表示成每个行业的“重要性地图”。图 8－2 展示了卫生保健行业的这一地图。

SASB 标准对于美国公司在美国证券交易委员会的 10-K 文件中报告 ESG 风险特别有用，在这方面较更普遍的 GRI 标准要有针对性。

消费品	食品和饮料	资源转换
服装、配件和鞋类 设备制造 建筑产品及家具 电子商务 家居及个人用品 复合或特殊产业的零售商和分销商 玩具及体育用品	农产品 酒精饮料 食品零售商和分销商 肉类、家禽和奶制品 不含酒精的饮料 加工食品 餐厅 烟草	航空航天和国防 化学物质 容器和包装 电气电子设备 工业机械及货物
采掘和矿物加工	**卫生保健**	**服务**
煤炭业务 建筑材料 钢铁生产商 金属和矿业 石油和天然气 （勘探和生产） 石油和天然气（中游） 石油和天然气 （炼油、销售） 石油和天然气（服务）	生物技术和制药 药品零售商 卫生保健服务 卫生保健分销商 管理式医疗 医疗设备及用品	广告与营销 博彩 教育 酒店和住宿 休闲设施 媒体与娱乐 专业及商务服务
金融	**基础设施**	**技术与通信**
资产管理和托管活动 商业银行 消费金融 保险 投资银行及经纪业务 抵押贷款融资 证券和商品交易所	电力设施和发电机 工程施工服务 天然气公用事业及分销商 房屋建筑商 房地产 房地产服务 废物管理 水利设施及服务	电子制造服务及 自主设计制造 硬件 互联网媒体与服务 半导体 软件和IT服务 电信服务
可再生资源和替代能源	**运输**	
生物燃料 林业管理 燃料电池和工业电池 纸浆及纸制品 太阳能技术和项目开发商 风能技术和项目开发商	空运及物流 航空公司 汽车零部件 汽车 汽车租赁 邮轮公司 海上运输 铁路运输 公路运输	

图 8–1 SASB 的可持续产业分类体系

资料来源：SASB's SUSTAINABLE INDUSTRY CLASSIFICATION SYSTEM®© SICS.

问题	卫生保健					
	卫生保健	制药	医疗设备及用品	卫生保健服务	卫生保健分销商	管理式医疗
环境						
温室气体排放						
空气质量						
能源管理	■	■	■	■		
燃料管理					■	
水和废水管理	■	■	■			
废物和危险物品管理	■	■	■	■		
生物多样性的影响						
社会资本						
人权和社区关系	■	■				
可得性和可负担性	■	■	■	■		■
客户福利	■	■	■	■		■
数据安全和客户隐私				■		■
公平披露和标志				■		■
公平营销和广告	■	■	■			
人力资本						
劳动关系						
公平劳动关系						
员工的健康、安全和福利	■	■				
多元化及构成						
薪酬和福利						
招聘、发展与留存	■	■		■		
商业模式和创新						
对产品的生命周期影响	■	■	■		■	
对资产的环境、社会影响				■		■
产品包装					■	
产品质量安全	■	■	■		■	
领导与治理						
系统性风险管理						
事故与安全管理						
商业道德和支付透明度	■	■	■	■	■	
竞争行为						
监管获得和政治影响			■			
材料采购	■	■	■			
材料来源						

图 8-2 SASB 卫生保健行业的重要性地图

资料来源：SASB's SUSTAINABLE INDUSTRY CLASSIFICATION SYSTEM®© SICS.

（三）UNGC

UNGC 的倡议是世界上最大的可持续发展倡议之一，它为企业的战略、政策和程序提供了 10 项原则（UNGC，2018）。这些原则如下。

1. 人权。

原则 1：企业应支持和尊重保护国际生命的人权。

原则 2：确保企业没有共谋侵犯人权。

2. 劳动力。

原则 3：企业应维护结社自由和有效，承认集体谈判权。

原则 4：消除一切形式的强迫和强制劳动。

原则 5：有效废除童工。

原则 6：消除就业和职业方面的歧视。

3. 环境。

原则 7：企业应支持针对环境挑战而采取的预防措施。

原则 8：采取措施，提升对环境的责任。

原则 9：鼓励发展和推广对环境无害的技术。

4. 反腐败。

原则 10：企业应打击各种形式的腐败，包括勒索和贿赂。

（四）UNGP

UNGP 还为全球政府和企业在防止和处理与工商业有关的侵犯人权行为方面提供指导。有关 UNGP 的公司披露资料会被收集，并可在公共网站上查看：https：//www. ungpreporting. org/databaseanalysis/explore-disclosures/。报告可以按行业、位置、突出问题、公司或审查年度进行筛选，还可以根据信息的类型进行筛选，类型包括治理或尊重人权，报告的重点，管理突出的人权问题。

三、ESG 报告中的质量问题

虽然有一些报告框架，但报告的质量还是会存在问题。主要是数据存在问题，表现在以下方面（Esty 和 Cort，2017）。

- 重要性：被衡量或报告的对公司工作重要或基本的因素。
- 统一报告与行业细节：强调所有行业的统一报告可能忽略了这样一个事实，即不同因素对于不同的行业来说其重要性不同。
- 要求的数据与自我披露的数据：政府机构的规章要求报告有用的数据，这些数据可以提供合理比较的基础。相比之下，其他许多数据都是自愿进行披露的，其中可能存在差距，很难在不同公司之间进行比较。
- 指导结果和利益冲突：许多评级公司也出售基准和咨询服务，这增加了利益冲突的可能性。
- 监测与估计数据：有一些数据可以从污染监测设备中获得，但更多的是使用价值可疑的不透明方法来估计“数据”。
- 核实：大部分数据是公司自己报告的。这些公司中大约有一半都有某种形式的第三方验证，但使用的方法往往是不透明的。
- 覆盖范围：世界上只有不到 5% 的上市公司报告了碳排放量，报告其他问题的比例甚至更低。
- 空白填充：数据质量进一步受到观测缺失和缺少透明度的影响。
- 报告的一致性和方法的严密性：没有系统的报告标准，可以覆盖所有的因素和公司。
- 规范化：很少或根本没有努力去认识公司的规模或范围。
- 结果与投入：在没有产出的衡量标准（如实际排放量）的情况下，通常会采取措施衡量预算或人员等投入，这些投入可以确定为解决排放问题。但投入的效果可能有很大的差异：一家投入大量资金解决污染问题的公司，其排放量可能会高于投入一半资金的公司。

- 分析：考虑到数据中所有的不确定性，评价数据的分析方法是否具有透明度是很重要的。
- 汇总和加权：一个公司的得分可能基于 10 个因素，这些因素的权重选择会包含一定程度的主观性。

四、企业 ESG 报告：发现

前面列出了关于企业 ESG 报告的几个不同的框架来源，以及这些框架的缺点。但有多少公司会报告 ESG 业绩，基于什么？2017 年，一项调查对全球 4 900 家公司的企业责任和可持续发展报告进行了详细分析（毕马威，2017）。它的一些重要发现是：

- 在 49 个国家的 100 家最大的公司中，所有行业的大多数公司（60% 或更多）都报告了企业责任和可持续性。
- 大多数大型公司在年报中都整合了财务和非财务数据。
- 尽管大多数报告公司披露了减少碳排放的目标，但只有少数公司承认气候风险，很少有公司试图量化或模拟气候风险。

需要注意的是，这些都是“自我报告”的结果。这些公司提供了自己的评估，这就引发了数据的真实性和一致性的问题。为了评估数据质量和结果报告的准确性，一些公司使用了外部核实或“评估”服务。2/3 的被调查公司使用了这些外部服务，但只有 45% 的大型公司使用了这些服务。

五、为企业提供 ESG 评估的服务

迄今为止的讨论都是为企业和政府自我报告 ESG 绩效提供指导的服务。但也有一些为企业提供 ESG 评估的服务。

（一）Sustainalytics

Sustainalytics 提供 70 多项指标，对各指标在 42 个产业群体中的相对重要性进行加权评估，这些指标被分为“E”、“S”和“G”3 个“支柱”。每一家被评估的公司根据其准备情况、披露情况和与该因素相关的表现在每个因素上打分。得出的分数在 1 到 100 之间，然后每个公司在其行业组内被分配一个百分位排名。这个过程每年更新一次。虽然这个排名关注到了很多的细节，也采取了很多努力，但显然有大量的判断是定性评估出来的。然而，人们还是期望这些评估会比那些来自组织的自我报告更客观。除了这些 ESG 评级，Sustainalytics 还监测每日新闻提要，以发现任何可能产生负面影响的事件。该服务使 Sustainalytics 能够为大众汽车柴油排放测试造假丑闻提供预警。

（二）MSCI

MSCI 也提供 ESG 评级。它为 7 500 家公司（包括子公司在内共 1.35 万家发行人）以及超过 65 万股股票和固定收益证券提供 ESG 评级。图 8－3 说明了 MSCI 的评级方法。

值得注意的一点是，MSCI 和 Sustainalytics 的治理得分之间的相关性一直低于其他支柱指标。最有可能的解释是，MSCI 的 G 评分衡量公司治理质量，关注董事会组成和高管薪酬等问题，而 Sustainalytics 的可比指标只包括这些问题中的一部分，但也对公司的环境和社会治理问题给予了很大权重。

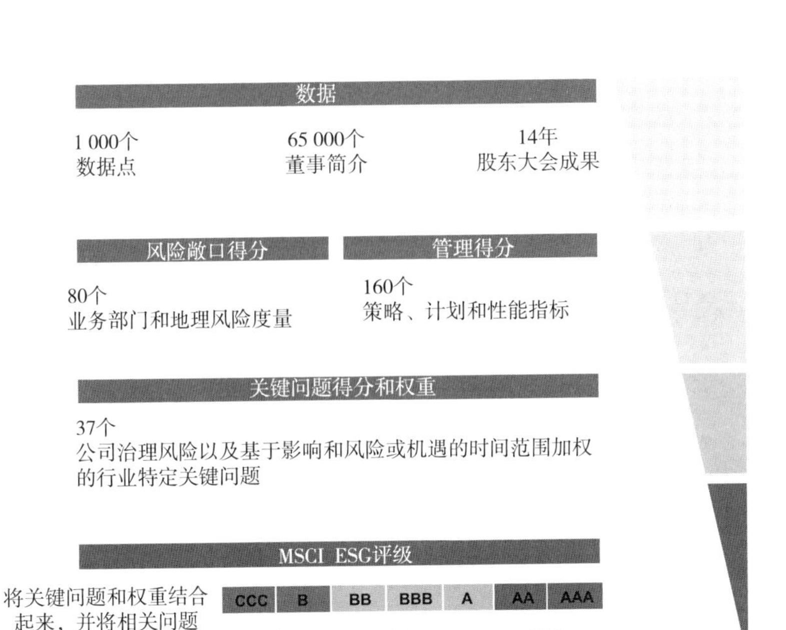

图 8-3 MSCI ESG 评级的形成

（三）RepRisk ESG Business Intelligence

RepRisk 也是一家全球研究公司，提供 ESG 风险数据。RepRisk 监督挪威养老基金投资组合中的公司是否明确存在道德问题，如严重侵犯人权，特别是在童工、强迫劳动、侵犯个人权利以及环境和腐败方面。

（四）CERES

CERES 是一家总部位于波士顿的非营利性机构，它制定了一套核心原则，形成了企业环境行为准则的基础。CERES 的 10 条原则是：

- 生物圈的保护。

- 自然资源的可持续利用。
- 减少和处置废物。
- 节能。
- 减少风险。
- 安全产品和服务。
- 环境恢复。
- 告知公众。
- 管理层承诺。
- 审核及报告。

CERES 创立并领导了气候风险投资者网络，其中包括 100 多家机构投资者。它也是上述提到的 GRI 的创始人之一。在其他资源中，它的农业供应链风险投资者指南，称为“参与链”，为投资者和公司提供了涉及几种常见农产品生产的环境和社会问题的概览（CERES，2017）。它识别声誉、市场、运营、诉讼和监管风险。CERES 的美国证券交易委员会可持续性披露搜索工具用于搜索报告公司的年度文件。

值得注意的一点是，基于历史数据的评级——尤其是公司自己报告的数据——是向后看的。它们反映了过去的行为，可能与未来的事件有关，也可能不相关。此外，可持续性评级涵盖了广泛的问题，理解如何在投资过程中最好地应用它们可能是具有挑战性的。

（五）JUST Capital

JUST 成立于 2013 年，其使命是“建立一个更公平的市场，更好地反映美国人民真正的优先事项”（JUST，2018）。JUST 的方法理论包括 3 个步骤。

- 调查以确定最重要的因素或问题。
- 基于这些问题对公司进行评估。
- 根据这些评估对美国最大的上市公司进行排名。

该公司定义了7组主要问题，以及一组由39个因素组成的基础问题。每一组都根据对个体的全面调查得到一个权重。然后，数据库中的每个公司都根据这些问题加权进行评级，用排名创建一个可投资指数——“美国大型股多元化指数”。

六、共同基金和ETF如何评价投资组合公司的ESG表现

晨星是最好的基金评级公司之一。晨星分析了基金绩效，其建议对投资者买入和卖出基金有重要影响。在对ESG基金进行评级时，它在很大程度上依赖于Sustainalytics评级以及对ESG相关争议问题的评估。晨星为投资者提供约20 000只共同基金和ETF的可持续发展评级，评级从1到5，对应于投资行业组内的相对排名。评级为1表示该投资在ESG领域的底端，3表示平均评级，5表示在顶端。一些投资者发现，在决定投资目标板块基金时，这些权重很有用。他们可能更喜欢传统基金而不是SRI（或ESG）投资，因为这些投资可能有行业权重或其他特征，与投资者的委托不一致，或投资者认为它可能会导致业绩不佳。但通过使用晨星可持续发展评级，投资者可以在保持特定投资风格的同时获得ESG价值。例如，如果投资者想加入一只大盘股成长型基金，他可以选择ESG评级为5的大盘股成长型基金，而不是评级只有1的基金。

（一）ESG投资是否要求较低的回报

让我们直接跳到这位作者的结论：ESG投资不一定需要接受较

低的回报。但这个问题有很多细微差别，几乎没有达成共识。在《巴伦周刊》最近的一篇文章中（Serafeim 和 Seessel，2018），介绍了财经媒体的典型做法：双方立场平等，各自肯定和否定 ESG 投资的正回报。但是，在回顾许多不同的实证研究和一些荟萃分析的基础上，我们相信可以使用 ESG 标准构建一个投资组合，该投资组合的前景与合适的基准投资组合的财务业绩相当。如果考虑长期运行的风险，结果更倾向于正的 ESG 投资组合。有两点需要注意：第一，必须仔细选择 ESG 标准；第二，必须清楚了解衡量被投资公司业绩的指标。

（二）ESG 投资的概念批判

首先，重要的是要意识到，通过简单而消极的筛选方法做出的投资决策不太可能提供与中性方法相等的财务业绩。一些关于 ESG 投资成功与否的意见分歧在于投资风格的混乱：ESG 投资不仅仅是一个消极的监控，负面筛选通常被用来建立道德投资组合，一些人认为，如果有足够多的投资者避开这些“罪恶股票”，它们的价格就会下跌，管理层就会被迫改变做法。然而，也有一些人认为，股价下跌可能会导致公司的市盈率降低，使该股看起来到了买入的良机，寻找廉价或定价过低股票的“价值”投资者会蜂拥而入。此外，在某种程度上，道德投资者不拥有股票，也就没有投票权，无法参与任何与公司治理相关问题的讨论。负面筛选排除了烟草公司，反而导致投资组合业绩不佳，因为烟草公司在特定时期表现良好。

一个更深入的问题是排斥效应，如果一个人观察 1 000 只股票，在不考虑财务表现的情况下排除 10%，那么至少有一些股票的表现会超过平均水平。由于限制了可投资的股票范围，投资者选择的投资组合可能会低于平均水平，这是有风险的。但是，一些 ESG 投资者使用了一种更复杂的因素分析法，而不是简单而消极的筛选方法，比如考虑公司正在采取积极的 ESG 行动，并进行财务分析。这通常是与同行公司相比的结果，更负责任的公司更受投资者青睐。这种类型的因素分析法不仅适用于更具争议性的“罪恶股票”，也适用于主流的财务（或治理）问题，比如排除那些使用异常乐观会计方法和增长预测的公司。

（三）实证研究

数据可以提供给我们什么？虽然有许多单独的研究得出了相互矛盾的结果，但一些荟萃分析支持这样的结论：ESG 表现出色的公司在传统财务指标上也得分很高。这里我们总结了其中的一些结论。一篇论文（Clark 等，2014）调查了 200 多个证据，得出如下结论。

- 90% 的研究表明，健全的可持续性标准降低了资金成本。
- 88% 的研究发现，在可持续发展方面有良好实践的公司表现出更好的经营业绩，这最终将转化为现金流。
- 80% 的研究都支持一个结论，即 ESG 表现出色的公司在传统财务指标上也得分很高。

一篇论文（Fulton 等，2012）回顾了 100 多篇学术研究、56 篇研究论文、2 篇文献综述和 4 篇荟萃分析。论文的关键发现是，“可持续投资对投资者和公司来说都是有利的，并且证据很有说服力。然而，从历史上看，许多倾向于使用负面筛选的 SRI 基金经理一直难以捕捉到这一点。我们认为，ESG 分析应该被纳入每一个认真的投资者的投资过程，以及每一个关心股东价值的公司战略。ESG 如果执行得当，专注于该领域的最佳基金应该能够获得更高的风险调整后回报”。

这篇论文的一些结果如下。

- 所有的学术研究都认为，ESG 评级高的公司在债务和股权方面的资本成本较低。
- 89% 的研究表明，ESG 评级高的公司表现出基于市场的优异表现，而 85% 的研究表明，这些公司表现出基于会计的优异表现。
- 最重要的因素是治理。
- 88% 的实际基金回报的研究显示出中性或不确定的结果，这些基金大多使用负面筛选。基金经理们一直尝试在广泛的 SRI 类别的策略中获得更好的表现，但“他们至少没有在尝试中赔钱”。

然而，一篇论文（Mudaliar 和 Bass，2017）针对数十项影响投资财务绩效的研究进行分析，得出寻求影响力投资的市场回报与传统投资组合相似的结论。

2015 年的一篇论文（Friede 等，2015）审查了大约 2 200 项学术研究，这些研究着眼于 ESG 和财务绩效之间的关系，该论文似乎是迄今为止关于该主题的最完整的研究。研究结果支持了 ESG 投资的商业案例，90% 的研究发现 ESG 和财务绩效之间存在非负相关关系，绝大多数研究发现二者之间存在正相关关系。在 ESG 的 3 类因素中，治理与正向财务绩效的相关性最强。此外，ESG 除了对基金业绩产生积极影响，还可以发现非财务风险，这些风险在未来可能会让公司付出高昂的代价。

贝莱德比较了 2012—2018 年传统的和关注 ESG 的股票基准。如表 8 - 1 所示，可以得出结论，ESG 投资组合对 ESG 相关风险提供了一定的保护，历史表现也可以与传统投资组合相媲美。

表8－1　2012—2018传统的和关注ESG的美国股票基准比较

	传统	关注ESG
年收益率（%）	15.8	15.8
波动率（%）	9.5	9.6
夏普比率	1.62	1.60
市盈率（%）	19.4	19.5
股息率（%）	2.1	2.1

资料来源：作者从已发表的资料中整理构建。

值得注意的是，所有这些研究都基于历史数据，并不能保证未来的投资业绩会跟随这些历史模式。但是，ESG投资具有可比性财务业绩的结论是有充分经验依据的。

第九章

机构投资者基金中的 ESG 实践

人们对ESG投资兴趣的急剧增加，导致了ESG产品在各大投资公司的创建和普及。ESG投资方案正在吸引全球各类投资者，包括个人投资者、财务顾问、资产管理公司和大型机构投资者。本章着眼于一些大型金融机构促进ESG投资的做法。2012年，美国ESG资产总额为3.7万亿美元，之后4年的年均增长率为135%。可持续和负责任投资论坛（US SIF，2018）的一项研究估计，采用SRI策略的美国AUM从2016年年初的8.7万亿美元增长到2018年年初的12.0万亿美元（见图9-1）。

2018年，机构投资者和资金管理者最关注的ESG问题是，气候变化、冲突风险、烟草、枪支管制、人权、董事会问题和高管薪酬。为了解决这些问题，投资选择已经远远超出了简单的撤资策略。有一些股票指数的构建可以反映传统指数的风险和收益状况，但也可以用来支持具有积极ESG特征的公司。对于青睐绿色能源的投资者来说，现在还有一些基准指数，例如标准普尔全球清洁能源指数（S&P Global Clean Energy Index），纳斯达克清洁绿色能源指数（NASDAQ Clean Edge Green Energy Index）和世界替代能源指数（World Alternative Energy Index）。另一个有趣的指数是MSCI ACWI可持续影响指数，为

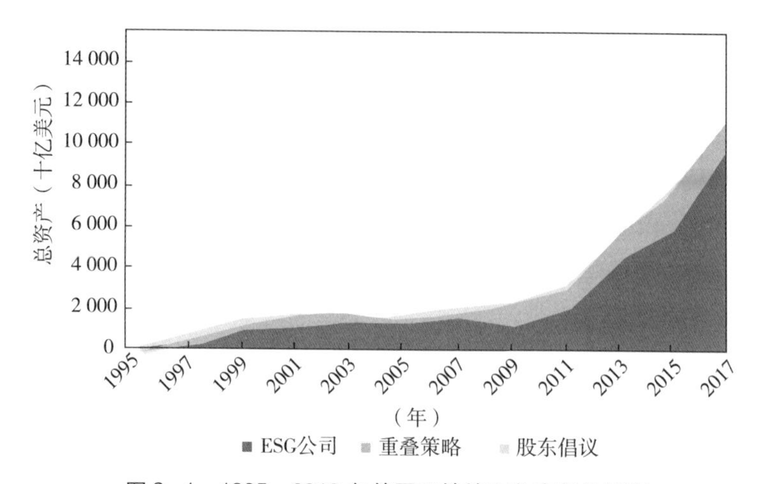

图 9-1　1995—2018 年美国可持续和负责任的投资

资料来源：可持续和负责任投资论坛，《美国可持续、负责任和影响力投资趋势报告》（2018 年），可在 https：//www. ussif. org/trends 查阅。

了有资格被列入该指数，公司必须维持最基本的 ESG 标准，并且至少 50% 的收益来自以下一种或多种“可持续影响”类别，包含营养产品、重大疾病的治疗、卫生用品、教育、经济适用房、中小型企业贷款、替代能源、能源效率、绿色建筑、可持续水资源以及污染预防。图 9-2 显示了 MSCI ACWI 可持续影响指数的业绩表现与传统 MSCI ACWI 指数的接近程度。

2016 年，传统 MSCI ACWI 指数的表现优于 MSCI ACWI 可持续影响指数（7. 86% 对 4. 64%），但 MSCI ACWI 可持续影响指数在 2017 年（27. 45% 对 23. 97%）和 2018 年比传统 MSCI ACWI 指数（-7. 41% 对 -9. 41%）均表现更好。图 9-3 给出了截至 2019 年 4 月这两个指数的风险和收益特征的更多细节。

正如这些指标所指出的，现在有一些 ESG 指数具有与传统指数非常相似的历史风险和收益特征。投资者有一个合理的预期，即他们可以在获得基准收益的同时支持 ESG 问题。

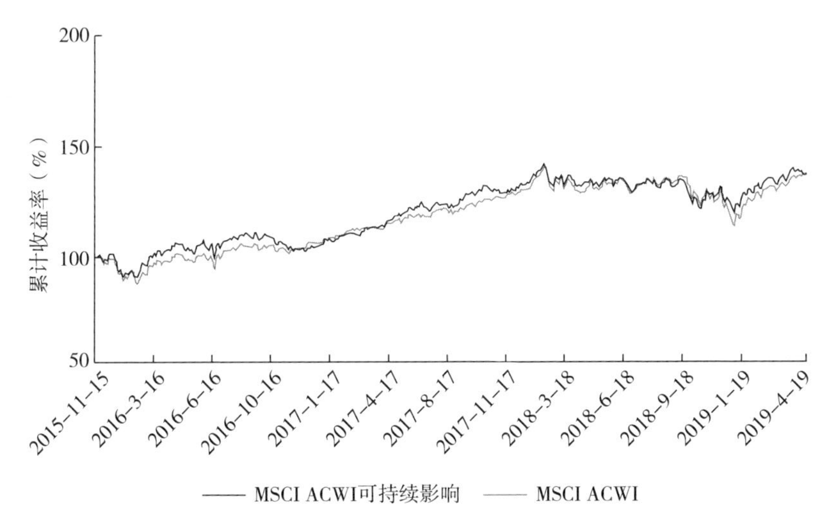

图 9-2　MSCI ACWI 可持续影响指数与传统 MSCI ACWI 指数的表现对比

由于大型资本所有者对 ESG 投资表现出越来越大的兴趣，大型金融机构现在提供合适的投资产品也就不足为奇了，这不仅反映了它们自己新发现的 ESG 敏感性，而且反映了它们对大客户需求的敏锐意识。投资产品范围从不太关注市场收益率的影响力投资到复杂的量化策略，这些策略采用投资组合方法进行 ESG 敏感性投资，同时保持与传统基准类似的风险和收益率。后者的策略包括面向 ESG 的共同基金和 ETF 以及投资者驱动的定制解决方案。以下是一些投资产品示例。

- 安硕全球清洁能源指数 ETF（iShares Global Clean Energy ETF）。
- 安硕 MSCI 美国 ESG 精选 ETF（iShares MSCI USA ESG Select ETF）。
- 安硕 MSCI KLD 400 社会责任 ETF（iShares MSCI KLD 400 Social Index Fund ETF）。
- 安硕 MSCI ACWI 低碳目标 ETF（iShares MSCI ACWI Low Carbon Target ETF）。

指数表现——净收益（%）（2019年4月30日）

	1个月	3个月	1年	年初至今	年收益率			
					3年	5年	10年	从2015年11月30日开始
MSCI ACWI 可持续影响指数	0.62	4.59	3.20	11.30	9.53	—	—	9.87
MSCI ACWI	3.38	7.48	5.06	15.96	11.36	—	—	9.87

基准（2019年4月30日）

	股息率（%）	市盈率	市盈率预测	市净率
MSCI ACWI 可持续影响指数	2.55	18.93	16.41	2.29
MSCI ACWI	2.47	17.63	15.24	2.33

指数风险和收益特征（2015年11月30日至2019年4月30日）

	贝塔	跟踪误差（%）	周转率（%）①	年标准差②			夏普比率②③				最大回撤率	
				3年	5年	10年	3年	5年	10年	从2015年11月30日开始	百分比	时间范围
MSCI ACWI 可持续影响指数	0.92	5.28	37.68	10.07	—	—	0.82	—	—	0.77	15.88	2018-01-26至2018-12-25
MSCI ACWI	1.00	0.00	2.56	10.11	—	—	0.98	—	—	0.80	19.30	2018-01-26至2018-12-25

图 9-3　MSCI ACWI 可持续影响指数与传统 MSCI ACWI 指数的详细对比

注：①过去的 12 个月；②基于月度净收益数据；③基于 1 个月的伦敦银行间同业拆借利率。

- 景顺太阳能ETF（Invesco Solar ETF）。
- 景顺Wilderhill清洁能源ETF（Invesco Wilderhill Clean Energy ETF）。
- 第一信托纳斯达克清洁绿色能源指数基金（First Trust Nasdaq Clean Edge Green Energy Index Fund）。
- 帕斯全球环境市场基金（Pax Global Environmental Markets Fund）。
- 绿色世纪平衡型基金（Green Century Balanced Fund）。
- 新替代能源基金（New Alternatives Fund）。
- SPDR SSGA性别多元化指数ETF（SPDR SSGA Gender Diversity Index ETF）。
- Parnassus核心股票基金（Parnassus Core Equity Fund）。
- Parnassus奋进基金（Parnassus Endeavor Fund）。
- 先锋富时社会指数基金（Vanguard FTSE Social Index Fund）。
- 美国教师退休基金会社会责任基金（TIAA-CREF Social Choice Fund）。
- Ariel股票基金（Ariel Fund Equity Fund）。

赞助这些资金的一些金融机构是PRI的早期签署方，但其他机构最近也加入了这个行列。现在有340多个美国投资管理公司是PRI的签署方，2018年又增加了72个。全球大约有1 700个投资管理公司签署方。在以下内容中，我们将研究ESG的投资产品，从美国最大的金融机构的产品到Fintech的“智能投顾”产品，以及基于非营利组织JUST Capital Foundation的替代指数和基金。

一、贝莱德集团

贝莱德集团是全球最大的资产管理公司，管理资产超过6万亿美元。该公司及其首席执行官拉里·芬克积极支持可持续发展。2018 年 1 月，芬克给各公司的首席执行官们写了一封著名的信，他在信中告诉这些公司高管，他们不仅要为企业利润负责，还要为社会做出积极贡献。芬克呼吁在员工发展、创新和长期发展等具体问题上采取行动，也敦促这些公司高管在让世界变得更美好的过程中发挥领导作用。如果这封信来自金融界以外的活动人士，首席执行官们最多可能会给出礼貌的回应，大意是“无论社会问题有多重要，投资者都想要利润”。但这封信来自最大资产管理公司的首席执行官，这是一个大胆的举动，激起了各公司董事会的讨论。尽管这封信受到普遍好评，但双方的激进支持者都对芬克持强烈异议。一些传统主义者质疑他是否有指导被投资公司的权力，而社会活动人士则抨击他做得还不够多。

因此，在首席执行官的领导下，贝莱德完全致力于可持续发展。贝莱德认为，纳入与业务相关的可持续性问题可以促进被投资公司的长期业绩发展，并且是贝莱德投资研究、投资组合构建和管理流程的重要考虑因素。贝莱德还考虑了 ESG 因素在其自身运营中的重要性。

（一）可持续投资选择

作为最大的资产管理公司，贝莱德为客户提供了众多的 ESG 选择，包括绿色债券，可再生基础设施投资，与 SDGs 相一致的主题战略，可持续 ETF（包括业内最大的低碳 ETF 和最大的可再生能源基金）。它将可持续投资和 ESG 因素纳入其实物资产、全球房地产和基础设施投资。该公司还设计和构建了定制的阿尔法搜索和指数策略，涵盖上市公司股权和债务、私人可再生能源、大宗商品和实物资产。贝莱德认为，没有必要为了社会问题而牺牲财务收益，应该设计可扩展的投资解决方案来提高长期收益，改善财务结果，并有助于采用全球可持续的商业实践。正如之前所述，贝莱德提供的指标显示，许多可持续投资的财务表现与可比的传统投资相似。例如，对于关注向低碳经济过渡的潜在风险的投资者，有 MSCI ACWI 低碳目标指数。它以传统的 MSCI ACWI 指数为基础，包括从 23 个发达市场和 24 个新兴市场中选出的大型和中型股票。该指数增加了碳排放相对较低的公司权重，导致两个指数之间的碳强度差异为 58%。图 9－4 显示了 MSCI ACWI 低碳目标指数对传统 MSCI ACWI 指数的密切跟踪。

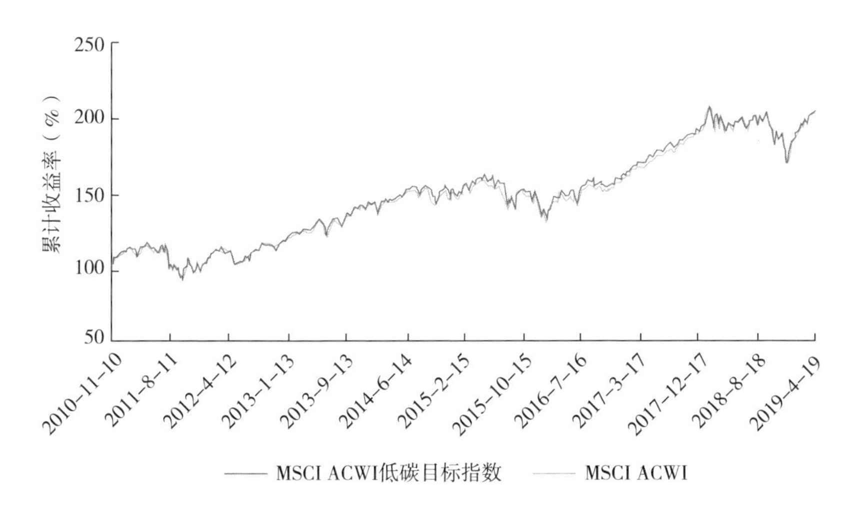

图 9－4　MSCI ACWI 低碳目标指数的表现与传统 MSCI ACWI 指数的业绩对比

2011—2015 年，MSCI ACWI 低碳目标指数的表现优于传统 MSCI ACWI 指数。在最近一段时间，传统指数表现稍好，2016 年为 7.86% 对 7.27%，2017 年为 23.97% 对 23.59%，2018 年为 －9.41% 对 －9.78%。尽管存在这些差异，但这两个指数的风险和收益特征非常相似，贝塔系数都为 1.00，低碳指数在 2010 年 11 月 30 日至 2019 年 4 月 30 日的表现略好于传统指数（8.87% 对 8.75%）。图 9－5 对这两个指标的风险和回报有更详细的比较。

指数表现——净收益（%）（2019年4月30日）；基准（2019年4月30日）

	1个月	3个月	1年	年初至今	年收益率				股息率（%）	市盈率	市盈率预测	市净率
					3年	5年	10年	从2010年11月30日开始				
MSCI ACWI 低碳目标指数	3.48	7.61	4.96	16.23	11.13	6.94	—	8.87	2.44	17.83	15.34	2.37
MSCI ACWI	3.38	7.48	5.06	15.96	11.36	6.96	—	8.75	2.47	17.63	15.24	2.33

指数风险和收益特征（2010年11月30日至2019年4月30日）

	贝塔	跟踪误差（%）	周转率（%）[1]	年标准差[2]			夏普比率[2][3]				最大回撤率	
				3年	5年	10年	3年	5年	10年	从2015年11月30日开始	百分比	时间范围
MSCI ACWI 低碳目标指数	1.00	0.42	14.68	10.16	11.18	—	0.95	0.57	—	0.70	19.57	2018-01-26至2018-12-25
MSCI ACWI	1.00	0.00	2.56	10.11	11.13	—	0.98	0.58	—	0.69	19.30	2018-01-26至2018-12-25

图 9-5　MSCI ACWI 低碳目标指数与传统 MSCI ACWI 指数的详细对比

注：①过去的 12 个月；②基于月度净收益数据；③基于 1 个月的伦敦银行间同业拆借利率。

贝莱德的投资产品包括共同基金、ETF［品牌为安硕（iShares）］、封闭式基金、其他股票、固定收益投资以及结合不同类型资产（股票、债券、房地产）的多资产策略。贝莱德分3个步骤介绍了投资流程。

- 首先，知道自己拥有什么。从传统的投资组合分析开始，了解当前投资的ESG特征。
- 其次，转化为有效的行动。根据当前投资，设定目标以改善投资组合的ESG特征。
- 最后，衡量绩效，跟踪可持续和传统投资组合的绩效。

贝莱德继续提供3个投资理念来推动投资者的目标。

- 主题：致力于减少投资组合的碳足迹。
- ESG：将ESG纳入投资组合的核心。
- 影响力：投资组合可衡量的影响力和持续的收益。

为了实现这些投资理念，公司提供了几种不同的投资选择。

1. 主题。

（1）安硕MSCI ACWI低碳目标ETF（iShares MSCI ACWI Low Carbon Target ETF）：该ETF跟踪MSCI ACWI低碳目标指数，在寻求全球股权敞口的同时减少投资组合的碳足迹；通过增加配置权重来支持对化石燃料依赖较少的公司；提供低成本、对社会负责的投资解决方案。

（2）安硕全球清洁能源指数ETF（iShares Global Clean Energy ETF）：该ETF跟踪由清洁能源领域的全球股票组成的指数，并且为使用太阳能、风能和其他可再生能源的公司提供风险敞口；有针对性地获取全球清洁能源股票并表达全球行业观点。

2. ESG。

（1）安硕ESG美元企业债券ETF（iShares ESG USD Corporate Bond ETF）：该ETF跟踪由美元债券组成的指数的投资结果，这些债券具有正ESG特征同时又表现出与同类债券相似的风险和收益特征。其目的是投资于具有较高ESG评级公司发行的以美元计价的公司债券；在具有类似风险的可持续投资组合中寻求稳定性和收益，跟踪彭博巴克莱美国公司指数的收益率；为核心投资组合提供低成本、可持续的构建模块。

（2）安硕ESG 1至5年期美元公司债券ETF（iShares ESG 1-5 Year USD Corporate Bond ETF）：该ETF与安硕ESG美元企业债券ETF相似，但重点关注以美元计价的投资级公司债券，这些债券的到期日为1～5年，并且发行债券的公司具有积极的ESG特征。该ETF追求表现出与该指数的母指数相似的风险和收益特征。

（3）安硕ESG MSCI美国ETF（iShares ESG MSCI USA ETF）：该ETF跟踪具有积极ESG特征的美国公司的指数。指数是由MSCI对超过6 000只证券分析确定的，同时分析了37种行业特定问题，根据行业影响力以及风险与机遇的时间进行加权。该ETF允许投资者在持有美国大型和中型股票的同时，实现对ESG评级更高公司的投资；寻找类似的风险并对比传统指数；将低成本、可持续的构建模块作为投资组合的核心。

（4）安硕ESG MSCI欧澳远东ETF（iShares ESG MSCI EAFE ETF）：该ETF跟踪具有良好ESG特征的大型和中型发达市场股票指数（不包括美国和加拿大）。它同时投资欧洲、亚洲以及澳大利亚的大中型股票，提供了高评级ESG股票的敞口。

（5）安硕ESG MSCI新兴市场ETF（iShares ESG MSCI EM ETF）：该ETF跟踪具有积极ESG特征的大型和中型新兴市场股票指数。它提供具有较高ESG评级的新兴市场股票敞口，同时寻求与传统可比指数相似的风险和收益。

（6）安硕 ESG MSCI 小盘股 ETF（iShares ESG MSCI Small-Cap ETF）：该 ETF 跟踪具有正 ESG 特征的美国小盘股加权指数。它为具有较高 ESG 评级的公司提供敞口，同时寻求与传统的可比较指数（MSCI 美国小盘股指数）相似的风险和收益。

（7）安硕 ESG 美国综合债券 ETF（iShares ESG US Aggregate Bond ETF）：该 ETF 跟踪由 ESG 评级良好的发行人发行的以美元计价的投资级债券组成的指数，同时表现出与以美元计价的投资产品类似的风险和收益特征，如彭博巴克莱美国综合债券指数所代表的投资级债券市场。

（8）安硕 MSCI 美国 ESG 精选 ETF（iShares MSCI USA ESG Select ETF）：该 ETF 跟踪由美国公司组成的指数的投资结果，并向 ESG 评级为正的公司提供风险敞口（不包括烟草公司）；包含 1 001 只 ESG 评级为正的大中型股；反映了投资者的价值观。

（9）安硕 MSCI KLD 400 社会责任 ETF（iShares MSCI KLD 400 Social Index ETF）：该 ETF 跟踪一个由 400 只美国股票组成的市值加权指数，为那些具有出色 ESG 评级的公司提供风险敞口。它不包括从事核电、烟草、酒精、赌博、军事武器、民用枪支、转基因生物和成人娱乐的公司。该指数旨在维持与 MSCI 美国指数相似的行业权重，选择范围是在 MSCI 美国可投资市场指数（MSCI USA IMI）中的大型、中型和小型公司，该指数跟踪美国市场中大盘、中盘和小盘股的表现，覆盖了美国市场 99% 的股票，经浮动调整后进行市值加权。不属于 MSCI KLD 400 社会责任 ETF 成分股的公司必须具有高于“BB”的 MSCI ESG 等级，并且 MSCI ESG 争议得分大于 2 才有资格纳入。在每个季度的指数审核中，如果股票被 MSCI 美国可投资市场指数剔除，又未通过排除筛选，或者其 ESG 评级或得分低于最低标准，则将被该 ETF 删除。之后进行补充以将成分股的数量恢复到 400 只，由于每个发行人的所有合格股票都包括在指数中，因此该指数可能包含400多只股票。

3. 影响力。

（1）贝莱德影响力美国股票基金（BlackRock Impact US Equity Fund）：贝莱德挑选的对社会产生积极影响的公司的股票投资组合。它根据罗素3000而调整。该基金采用贝莱德专有的“系统性主动股权影响方法”进行主动管理，目前考虑的主要社会影响力是，企业归属感（员工满意度）、绿色创新、碳强度、伦理争议、重大疾病研究、诉讼。

（2）安硕MSCI全球影响力ETF（iShares MSCI Global Impact ETF）：跟踪MSCI ACWI可持续影响指数的投资结果。这个指数由满足以下条件的公司组成：公司的大部分收入来自解决SDGs确定的至少一个世界主要社会和环境挑战的产品和服务。该ETF旨在推进教育或气候变化等目标的同时，获得全球股票敞口。目标公司采用具有社会意识的做法，并着眼于推动积极变化来发展业务。

（3）贝莱德影响力债券基金（BlackRock Impact Bond Fund）：通过债券投资，提供收入和资本增长的结合。该基金采用贝莱德专有的“系统性主动股权影响方法”进行主动管理。目前考虑的主要社会影响力是，企业归属感（员工满意度）、重大疾病研究、温室气体排放、伦理争议、诉讼。

二、富达投资集团

富达投资集团是一家总部位于波士顿的公司，拥有超过3 000万名个人客户，客户资产总额为6.7万亿美元，AUM达2.5万亿美元。对可持续投资感兴趣的客户可以使用富达股票、ETF和共同基金筛选工具，根据ESG特征确定所需的投资。其他投资者可能更喜欢投资旨在实现ESG目标，并且风险和收益特征与传统投资一致的基金。富达为这些客户提供了几种 ESG 基金选择。

- 富达美国可持续发展指数基金（Fidelity US Sustainability Index Fund）：这是一只美国股票基金，跟踪 ESG 评级最高的一些公司，是为寻求在可持续发展方面表现出色的美国本土公司的投资者而设计的。其目的是提供与 MSCI 美国 ESG 指数类似的投资结果，投资策略要求将至少 80% 的资产投资于 MSCI 美国 ESG 指数所包含的成分股，该指数代表了 ESG 评级相对较高的大中型美国本土公司的股票表现，由 MSCI ESG Research 进行评级。统计抽样技术也用于尝试复制基准指数的表现，分析的因素包括资本总额、行业风险、股息收益率、市盈率、市净率、收益增长、国家权重和税收影响。
- 富达国际可持续发展指数基金（Fidelity International Sustainability Index Fund）：该基金将 80% 的资产投资于 MSCI ACWI 中美国 ESG 领导者指数成分股之外的公司。该指数是 MSCI ESG Research 对 ESG 评级较高的国际公司的市值加权指数。统计抽样技术还用于尝试复制基准指数的表现，分析的因素包括资本总额、行业风险、股息收益率、市盈率、市净率、收益增长、国家权重和税收影响。
- 富达精选环境与替代能源投资组合（Fidelity Select Environment & Alternative Energy Portfolio）：该基金是一种行业基金，投资于专注于替代和可再生能源以及其他环境支持服务的公司。
- 富达可持续发展债券指数基金（Fidelity Sustainability Bond Index Fund）：该基金是一种债券指数基金，跟踪由政府、公司和资产支持证券组成的基准，是为寻求在可持续发展方面表现出色的公司的投资者而设计的。
- 富达女性领导基金（Fidelity Women's Leadership Fund）：该基金

投资于女性在高管团队中占有一席之地的公司股票，董事会至少1/3由女性组成，或有吸引、留用和提升女性的政策，其目标是长期资本增长。

三、太平洋投资管理公司

太平洋投资管理公司（PIMCO）管理着1.7万亿美元的资产，专注于固定收益产品。它是安联保险集团的独立子公司。直到2014年，它一直由联合创始人兼前首席投资官比尔·格罗斯领导，他也被业界称为“债券之王”。太平洋投资管理公司为全球数百万投资者提供共同基金及其他投资组合管理和资产配置服务。其投资产品包括核心债券和信贷、结构化信贷、衍生品、不动产、私人信贷和货币资产。太平洋投资管理公司的客户包括退休储蓄者、公共和私人养老金计划、教育机构、中央银行、政府机构、主权财富基金、基金会、捐赠基金和金融中介机构。

太平洋投资管理公司认为可以同时实现有吸引力的财务回报和ESG积极的变化。它管理以ESG为重点的共同基金和独立账户。2017年，它推出了一系列固定收益的ESG战略将投资组合构建、积极参与和透明报告结合起来。投资过程包括以下3个方面。

- 排除：限制对被认为不符合可持续发展的发行人的投资，包括涉及武器、烟草、色情和煤炭的公司。
- 评估：强调对具有最佳ESG实践（如良好的环境做法、强有力的公司治理和社会政策）的发行人的投资。
- 参与：与发行人协作互动，以改进与ESG相关的实践。参与的问题包括气候风险报告、育儿假政策、文化和行为委员会。2018年，太平洋投资管理公司接触了147家公司发行人，其中

56%在北美，36%在欧洲，8%在亚太地区。

为了支持ESG投资，太平洋投资管理公司建立了一个由7名ESG开发人员组成的专门团队，与投资组合经理一起分析ESG数据和企业信贷资本结构。其ESG技术流程如图9-6所示。

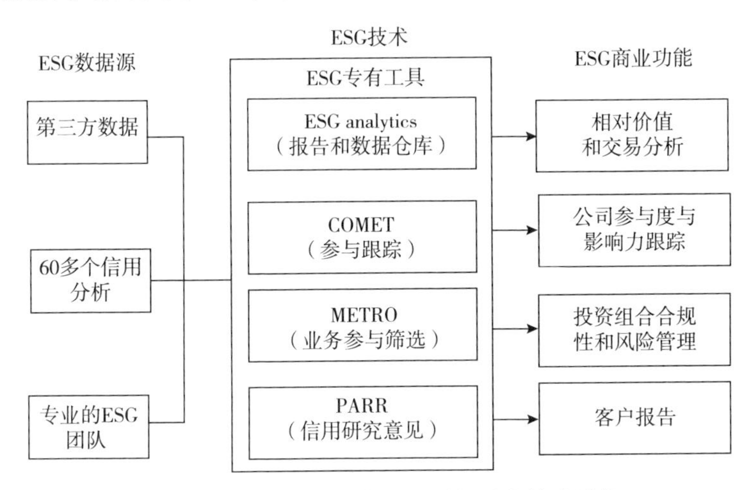

图9-6　太平洋投资管理公司的ESG技术过程

资料来源：太平洋投资管理公司。

- ESG analytics（报告和数据仓库）：集中内部和外部ESG数据，并允许投资组合经理和分析师对单个债券和投资组合进行分析。它还推动了可定制的报告、数据传播以及将ESG作为投资流程的核心部分。
- ESG COMET（参与跟踪）：获取有关ESG活动和影响因素的发行人信息。它还提供有关ESG项目优先级的报告，并支持跟踪ESG参与工作的进度和后续行动。
- ESG METRO（业务参与筛选）：跟踪发行人参与煤炭、枪支等活动的情况。与第三方数据供应商提供的视图相比，它提供了更为细化的视图。

- PARR（信用研究意见）：跟踪太平洋投资管理公司信用团队的信用观点，包括专有信用评分。

债券产品分为4类，包括公司债券、主权债券、抵押贷款和美国市政债券。在公司债券领域，太平洋投资管理公司将其ESG过程应用于关注SDGs的绿色、社会和可持续发展债券。它分析了发行人的ESG战略与债券目标和收益用途的一致性。它通过评估重大积极结果的证据，与“一切照旧”的结果进行比较来评估债券的影响力。最后，它筛选可能威胁预期积极影响的“危险信号”和争议。

在评估主权债券市场时，太平洋投资管理公司进行了深入的自下而上的风险分析，分析了金融、宏观经济和ESG变量，包括在多个单独的ESG因素上进行评分。评分的ESG因素如下。

1. 环境。

（1）人均温室气体排放量。

（2）化石燃料使用量。

（3）可再生能源。

（4）圣母大学国家指数（Notre Dame Country Index）。

2. 社会。

（1）预期寿命。

（2）死亡率。

（3）性别平等。

（4）基尼系数。

（5）健康评分。

（6）受教育年限。

（7）高等教育和培训年限。

（8）劳动力市场指标。

（9）对腐败的看法。

3. 治理。

（1）政治稳定。

（2）发言权和问责制。

（3）法治。

（4）控制腐败。

（5）政府效率。

（6）监管质量。

以下是一些更细致的评估环境风险的因素。

- 气候变化风险衡量：包括化石燃料、可再生能源和二氧化碳排放量。高度依赖化石燃料的国家可能会遇到预算限制和其他压力。
- 气候物理指标：包括评估脆弱国家政府对资本成本的影响。
- 环境和健康指标：包括对空气污染的度量。
- 自然资源评估指标：考虑了长期的环境风险，包括森林砍伐、生物多样性下降、过度捕捞和海洋环境恶化。

评估抵押贷款市场时，太平洋投资管理公司开发了一个专有的负责任投资评分模型，它在抵押贷款方面有4个目标。

- 支持房屋所有权。
- 增加得不到充分服务的社区获得服务的机会。
- 促进负责任的贷款。
- 阻止掠夺性贷款。

第4类债券投资是美国市政债券。大多数免税市政债券都有一些社会或公共目的，但有些与SDGs的相关性更大。太平洋投资管理公司的专有分析将每家发行商按照一系列ESG因素进行排名。

1. 环境。

（1）废物处理。

（2）饮用水处理和回收。

（3）能源效率和碳排放。

（4）监管工作和应对措施。

2. 社会。

（1）财富分配与贫困。

（2）毕业率。

（3）就业状况。

（4）经济适用房。

3. 治理。

（1）认证问题。

（2）管理多元化。

（3）会计与报告理念和养老金纪律。

（4）政治协调和预算协议。

对于3个ESG因素，每个发行人都相对于同行进行评分。这些单独的分数将根据行业相关性获得权重，从而为每个信贷创建总的ESG分数（管理机构投资者资金时，来自同一发行人的不同信贷可以得到不同的ESG评级），这是一个重要的区别。太平洋投资管理公司可以利用这些特定问题的指标，结合独立的第三方ESG专家的见解，并考虑发行人本身和发行债券的预期用途，来评估各个问题的ESG重点。凭借其在市政债券市场的主要参与者地位，太平洋投资管理公司还能够对发行人进行定性评估。

四、高盛资产管理

高盛资产管理（Goldman Sachs Asset Management，简写为GSAM）

为希望将 ESG 因素纳入其投资决策的客户提供产品和服务。高盛资产管理认为，在某些情况下，ESG 因素可能是长期风险调整回报后的重要驱动因素，并且某些客户在 ESG 问题上有更具针对性的投资目标或优先次序。高盛资产管理本身在 2011 年成为 PRI 的签署方，也是碳披露项目（CDP）的签署方，还是《英国管理守则》、《日本管理守则》以及《绿色债券原则》的签署方。高盛资产管理还加入了投资者管理组织，这是一家总部位于美国的资产管理者组织，致力于促进美国公司的管理和治理。高盛资产管理还支持《新加坡管理守则》，员工曾担任许多 ESG 和影响力投资行业集团的顾问或董事会成员。在相关的 ESG 投资活动中，高盛集团已设定了到 2025 年实现 1 500 亿美元清洁能源融资和投资的目标。2001—2018 年，高盛集团的城市投资集团还向服务不足的美国社区投入超过 76 亿美元，并创新了许多公共服务和私营合伙制融资模式。

高盛资产管理将受监管资产（Assets Under Supervision，简写为 AUS）定义为 AUM 以及高盛资产管理没有完全决定权的其他客户资产。截至 2018 年年底，高盛资产管理监管着超过 170 亿美元的 ESG 和影响力导向的客户资产，另有 640 亿美元投资考虑了 ESG 因素。高盛资产管理认为，ESG 和影响力投资的基础是不断提高的社会效益，但可能会降低财务收益。在财务收益率较低或近似为零的情况下，客户可能希望进行影响力投资，力图产生积极影响，但可能导致低于市场的收益率，还有客户会选择进行慈善捐助。尽管这些不是高盛资产管理的重点，但是该公司可以为感兴趣的客户提供建议。ESG 和影响力投资范围的另一端包括定位、ESG 整合和影响力投资策略。这些策略如下。

1. 定位。

（1）在优化所需披露信息的同时避免不良披露。

（2）力求以最小的财务影响来提高 ESG 的质量。

2. ESG 整合。

（1）将 ESG 因素整合到活跃的投资分析中。

（2）通过整合财务上重大的 ESG 因素来寻求更好的绩效。

3. 影响力投资。

（1）投资以产生可衡量的社会或环境影响。

（2）希望在私人市场上产生切实的影响并得到阿尔法。

为了支持客户的 ESG 和影响力投资，高盛资产管理在 6 个不同的产品领域拥有投资团队以及专门的 ESG 和影响力产品。

1. 基本股票。

（1）美国股票 ESG。

（2）全球股票合作 ESG。

（3）国际股票 ESG。

（4）新兴市场 ESG。

2. 固定收益。ESG 增强的独立管理账户，包括公司信贷债务（投资级和高收益）、新兴市场信贷（公司和主权）、证券化信贷、市政信贷（传统和应税）、短期流动性信贷。

3. 量化投资策略。

（1）标普环境和社会责任策略。

（2）风险意识、低排放策略。

（3）税收意识和基于 ESG 要素的股票策略。

（4）以 ESG 为重点的产品，为客户提供了 ESG 评级良好的美国大型公司的风险敞口。

4. 私人房地产。整合、混合和定制 ESG 因素的房地产资产组合。

5. 信贷替代方案。例如可再生能源策略。

6. 另类投资选择。

（1）定制的公共和私人市场 ESG 和跨资产类别的影响力投资组合。

（2）混合的私人市场影响力投资工具。

在上述每一种策略中，高盛资产管理将 ESG 和影响力投资集中于两种方法中：第一，全面整合 ESG 问题与传统投资方式；第二，为更积极的客户定制 ESG 和影响力投资组合的专用平台。

五、摩根大通资产管理公司

2007 年以来，摩根大通资产管理公司（J. P. Morgan Asset Management，简写为 JPMAM）一直是联合国 PRI 的签署方，并致力于将 ESG 因素纳入相关的投资实践中。为此，摩根大通资产管理公司成立了可持续投资领导团队（Sustainable Investment Leadership Team，简写为 SILT），以实施全球可持续投资战略。该团队的任务包括：

- 促进内部最佳实践，包括识别和评估 ESG 问题。
- 领导思想创新。
- 加深和扩大目前的投资能力，包括投资组合分析、衡量和报告。
- 分享观点并帮助客户更好地了解摩根大通的功能。

为了实现客户在可持续投资方面的投资目标，摩根大通将其 ESG 能力定义为 ESG 整合、同类最佳、基于价值观/规范的筛选、基于主题/影响力的 4 个 ESG 投资类别。这些类别中的一些投资解决方案示例如下。

- ESG 整合：在投资决策过程中系统、明确地考虑 ESG 因素。例如：美国、全球、新兴市场的股票，全球房地产，基础设施。
- 同类最佳：基于企业社会责任相对于同行的积极表现进行投

资。例如：美国、欧洲、全球股票。

- 基于价值观/规范的筛选：避免对与投资者价值观不一致以及不符合其他规范或标准的某些公司或行业进行投资。例如：基于信仰的投资，烟草/枪支筛选。
- 基于主题/影响力投资：基于与可持续性相关的特定环境、社会主题、资产的投资。例如：市政、人口老龄化、减少碳排放。

投资组合经理通过研究分析师、公司治理专家和第三方数据来解决 ESG 问题。投资总监与首席投资官、投资组合经理、风险经理一起监控投资组合。摩根大通开发了一种被称为 ESGQ 的量化工具，旨在帮助投资者选择既考虑 ESG 因素，又优于更广泛指数的股票。该量化工具认识到 MSCI 和其他 ESG 评级和评分反应缓慢，通常仅每年发布一次。因此，ESGQ 利用长期的企业责任数据以及来自两个提供商（Arabesque 和 RepRisk）的数据，更快速地更新数据，并在算法中添加动量指标以捕获情绪和价格行为的变化。

对于关注 ESG 的客户，摩根大通资产管理公司提供以下资产类别的投资，并细化了 ESG 注意事项，以反映各种资产类别的相关性和特定影响。

- 股票。
- 全球固定收益产品（债券）、货币和商品。
- 私募股权。
- 全球对冲基金。
- 全球房地产。
- 基础设施。
- 贝塔策略。

六、Betterment

Betterment 是提供在线自动投资服务的公司，是智能投顾中比较成功的一种。它的客户群比上述成熟金融机构的客户群更年轻，并且可以预期为这些客户提供强大的 ESG 服务。对于喜欢根据自己的价值进行投资的客户，Betterment 提供了 SRI 选项。由于 SRI 是一个发展中的领域，因此 Betterment 认识到构建 SRI 投资组合所面临的挑战，并认为其 SRI 方法是有抱负的并且是不断发展的。Betterment 创建了一个投资组合策略，旨在随着时间的推移进行迭代，同时保持平衡成本和适当分散的核心原则。在为客户开发 SRI 组合时，Betterment 解决了 5 个问题。

- 如何定义 SRI？Betterment 使用 ESG 要素来定义和评价投资组合对社会负责的程度。它的方法有两个基本方面：一方面是，减少对参与非社会责任活动以及有环境、社会或政府争议的公司的风险敞口；另一方面是，增加对致力于以可衡量的方式解决核心环境和社会挑战的公司的投资。
- 今天实施 SRI 有哪些挑战？原则上，使用定量方法评估 ESG 绩效是一项适当的举措，但是需要考虑一些实际因素。首先，ESG 评分数据质量良莠不齐。有些公司披露了 ESG 数据，有些则没有，而且公开的数据可能不一致，Betterment 将 MSCI 数据用作当前的最佳来源。其次，市场上许多现有的 SRI 产品都有严重的缺陷。有些产品放弃了最佳多元化，而另一些产品则基于相互竞争，投资偏离了 ESG 主题。最后，面向 SRI 的 ETF 流动性不足。最活跃的传统 ETF 的日均交易量超过 4 亿美元。最大的 SRI 基金的日均交易量仅为 200 万～400 万美元。ETF 是低成本的集合投资，但是在流动性不足的情况下，进入和退出

ETF 头寸可能会导致不合理的交易成本。这可能会威胁到投资策略的可行性。因此，Betterment 已为其 SRI 组合选择了拥有最大 AUM 的 ETF。

- Betterment 的 SRI 组合是如何构建的？为了满足降低成本和提高流动性的要求，Betterment 的 SRI 组合专注于投资具有较高 ESG 评级的大型美国公司。但是仅此一项就会过于集中，为了适当地分散投资，Betterment 的 SRI 组合会分配给有额外价值的其他资金和没有 SRI 要求的小规模公司。与 Betterment 的传统核心组合相比，SRI 组合有两个主要变化：第一，美国大盘股风险敞口被安硕 MSCI KLD 400 社会责任 ETF 所取代（DSI），另一个基础广泛的 ETF 是安硕 MSCI 美国 ESG 精选 ETF（SUSA），作为 DSI 的替代。第二，传统的投资组合配置被基础广泛的新兴市场 ESG 基金安硕 ESG MSCI 新兴市场 ETF（ESGE）取代。DSI 过滤掉烟草、军事武器、民用枪支、转基因生物、核能、酒精和成人娱乐的公司。SUSA 过滤掉烟草和遇到争议的公司。ESGE 过滤掉烟草、某些武器公司以及存在严重商业争议的公司。Betterment 的 SRI 组合与传统的核心投资组合之间的主要区别在于，移除了对美国总股票市场和美国大盘股基金的风险敞口；引入 DSI 以取代美国的大盘股风险敞口，DSI 还完全吸收了 Betterment 核心投资组合对高资本价值的配置；增加中小盘成长股基金，以便在美国股票基金总额中考虑对中小盘成长股的配置；维持对中小盘价值型基金的配置，以解决在美国股票基金总额中对中小盘价值型的配置以及 Betterment 核心投资组合的价值倾向；以专注于 SRI 的新兴市场股票基金 ESGE 取代了以市值为基础的股票基金。Betterment 认识到其方法的局限性。例如，ESG 类别之间可能存在冲突。一些在环境方面得分较低的公司，可能仍被包括在内，因为它们在社会和治理方面得分较高。此外，由于分散化要求，SRI 组合仍然持有 ESG 得分较低的公司股票。认识到这些缺点，Betterment 认为它的 SRI 组合构建是一个持续的过程。

- SRI 组合的社会责任如何？许多具有负面社会影响的美国大型公司的股票已从 SRI 组合中剔除。使用投资组合中每个公司的 MSCI ESG 质量得分，可以计算出整个基金的 ESG 质量得分。该得分反映了由 ESG 因素决定的资产管理的中长期风险和收益能力。根据这些数据，Betterment 的 SRI 组合中美国大盘股和新兴市场股票的 MSCI ESG 质量得分比 Betterment 核心投资组合的 MSCI ESG 质量得分平均高出 40%。
- SRI 组合的业绩是否存在期望差异？根据历史数据，截至 2017 年 6 月 30 日，10 年中，SRI 组合的业绩与核心投资组合的业绩大致相同。当然，我们无法保证未来的业绩会遵循历史轨迹。

七、JUST Capital

前述机构根据公司的 ESG 评级提供各种 ESG 投资产品。这些评级是通过外部供应商（如 MSCI），内部研究人员或排除特定类别（如参与烟草、武器等）获得的。但是，有一家公司朝着不同的方向前进：它询问人们最想从美国最大的企业中看到什么，并根据哪些公司最擅长做正确的事情来对公司进行排名。JUST Capital 成立于 2013 年，其使命是“建立一个更公正的市场，更好地反映美国人民真正的优先事项”。JUST 的方法包括以下 3 个步骤。

- 根据民意测验确定哪些因素或问题最重要。首要的因素包括公平地支付工人薪水，良好地对待客户并保护他们的隐私，生产优质的产品，最小化对环境的负面影响，回馈社区，致力于管理层合理性与多元化，以及创造就业机会。

- 根据这些问题评估公司。
- 根据这些评估对最大的美国上市公司进行排名。

该公司定义了七大问题集，其中包含39个组成部分。根据对每个部分的定量调查，赋予每一部分权重。然后对数据库中的每个公司进行加权评级。这些排名已用于创建被称为“JUST美国大型股多元化指数”（JULCD）的可投资指数。在2018年，排名前10位的公司中有9家与技术相关，而宝洁（Proctor & Gamble）是唯一的例外。JULCD跟踪罗素1000指数中排名前50%的股票，该指数于2016年11月开始交易，表现一直优于传统基准指数。从成立到2019年第一季度，JULCD的年化收益率为14.9%，比罗素1000指数高出120个基点。2018年6月，高盛资产管理推出了旨在跟踪JULCD业绩的高盛JUST美国大盘股ETF。截至2019年第一季度，该ETF的投资总额约为1.22亿美元。

第十章

大学捐赠基金中的 ESG 实践

在许多问题上，大学机构一直走在社会变革行动的最前沿。因此，我们可以合理地假设，大学捐赠基金是将 ESG 问题纳入投资决策的行动先锋。但我们可能错了，如果说目前所有投资纳入 ESG 因素的占比约为 25%，那么大学机构就落后了。最近的一项研究表明，在 802 家报告的大学机构中，只有 18% 的机构在其证券投资决策中考虑了 ESG 因素。表 10 – 1 为 2018 年美国大学捐赠基金调查结果。

对于大学捐赠基金为何在 ESG 投资趋势上滞后，有几种解释，实施 ESG 投资计划的困难如下。

- 缺乏一致意见：在投资决策中是否纳入 ESG 因素的问题上，董事会成员缺乏一致意见，一些董事会成员可能对 ESG 投资持开放态度，但另一些成员与一般投资经理一样，在财政上持保守主义态度。这种普遍存在于整个投资界的保守主义概念已经产生了历史财务业绩，这种历史财务业绩至少对于大学捐赠基金来说是可以被接受的。
- 对于哪些是重要的 ESG 因素存在意见分歧：就像整个美国社会一样，在气候变化、持枪权、堕胎等问题上存在不同的观点；

在任何群体中，很难在所有这些问题上达成一致意见。

- 对于如何最好地影响特定ESG因素存在意见分歧：如果捐赠基金投资委员会在某种程度上认为气候变化确实是一个需要考虑的重要因素，也仍然可能会在“化石燃料撤资对气候变化产生影响的有效性，以及潜在的财务成本是否抵得上潜在的收益”

表10-1　大学捐赠基金在2018财年使用SRI战略的占比　　单位：%

	机构总数	超过10亿美元	5.01亿～10亿美元	2.51亿～5亿美元	1.01亿～2.5亿美元	5100万～1亿美元	2500万～5000万美元	低于2500万美元
寻求纳入ESG标准中排名靠前的投资								
是	18	19	20	24	17	12	23	8
否	66	51	62	60	73	75	60	71
无回应	16	30	18	16	10	13	17	21
排除或筛选不符合机构使命的投资								
是	21	21	20	24	20	21	26	14
否	62	47	64	62	68	67	52	68
无回应	17	32	16	14	12	12	22	18
纳入促进机构使命的影响力投资								
是	10	15	14	10	12	18	6	8
否	67	50	59	71	71	72	68	74
无回应	23	35	37	19	17	20	26	21
机构总数（家）	802	104	85	88	195	154	103	73

资料来源：美国全国学院和大学商务官员协会（NACUBO）。

等问题上存在分歧。

- 可投资性：投资经理可以使用的投资工具是否包含特定的 ESG 问题？有时包含，有时并不包含。另一个独立但相关的问题是，典型的捐赠基金将拥有外部管理人员，并可能与其他投资者一起投资于混合基金。捐赠基金投资委员会可以表达其 ESG 目标，但完美执行这些目标的能力可能有限。那些内部管理捐赠基金的大学可能拥有更多的控制权，但仍可能难以找到合适的投资。
- 董事会必须平衡大学社区中不同利益相关者的利益：教师和/或学生可能会聚集在一起支持特定的 ESG 问题，但管理人员、校友、政府人物和新生可能会有相互矛盾的想法，ESG 目标本身可能会产生相互矛盾的投资影响。例如，科技公司可能在环境问题上得分很高，但在聘用、晋升女性和少数族裔方面的记录很糟糕。
- 对受托责任的关注：有些捐赠是有限制的。这种“捐赠意向”可能会限制 ESG 投资。一般来说，正如第三章所讨论的，信托责任有几项义务。美国劳工部的最新指引可能为考虑 ESG 因素提供了回旋的余地，尤其是在考虑长期风险的情况下，但许多董事会成员和经理仍不愿大胆解释他们是否有能力脱离传统的投资组合方法。
- 对传统投资和 ESG 投资回报的困惑或怀疑：对于受托人来说，财务回报显然是重要的，正如我们所指出的，简单的负面筛选策略往往会带来糟糕的财务业绩。而且，捐赠基金受托人和管理人员面临的大部分压力都来自简单的策略，即剥离涉及化石燃料、枪支或其他“罪恶”行业的公司。事实上，可以说，激进的撤资要求可能会导致捐赠基金经理拒绝任何 ESG 提议，即使是那些有可能实现 ESG 目标并产生市场回报率的提议。

- 惯性：在任何组织中，总有一种惯性。“我们一直都是这样做的，而且很成功。”责任就会落在那些希望变革的人身上，他们要证明新方法会产生更好的结果。一些董事会更不愿意接受变革，并要求对 ESG 的承诺目标做出更大保证。
- 就业风险：即使是成功的捐赠基金的经理也面临着来自大学社区的尖锐批评。采用一种新的投资理念，常常伴随着财务表现不佳的风险，减少利益相关者的支持，必然会带来就业甚至职业风险。如果投资组合中有很大一部分分配给 ESG 投资，而投资组合表现不佳，基金经理们就会受到批评，甚至可能被“炒鱿鱼”。此外，如果投资组合反映传统基准，其结果可能与其他捐赠基金的结果一致，基金经理就更容易为自己的结果辩护。

“捐赠基金模式”指的是一种投资风格，投资期限较长，在承担风险时持有相对主动的头寸。这种投资风格与大卫·斯文森及其在耶鲁大学的团队有关，但已被捐赠基金广泛采用。这种投资风格将大量资本配置到流动性不强的私募股权中，但在捐赠基金中应用良好。2018 年，众多高校的捐赠基金投资回报率中值为 8.3%。常春藤盟校的回报率从最低的 9%（哥伦比亚大学）到 15.7%（布朗大学）不等。查看 8 所常春藤盟校截至 2018 财年的 20 年投资业绩，表现超过了“60/40”（股票/固定收益）投资组合。鉴于这些投资组合的风险较高，它们在全球金融危机中遭受了重大损失，但在随后的反弹中表现出色。

值得注意的是：

- 虽然 2017 年和 2018 年涨幅强劲，但对 10 年滚动平均线的分析首次显示，2018 年常春藤投资业绩落后于“60/40”投资组合。在截至 2018 财年的 20 年里，常春藤投资业绩的表现超过了

"60/40"投资组合。如果用15年或20年的平均值而不是10年的，常春藤盟校似乎仍有优势。

- 哥伦比亚大学是回报率低于10%的唯一学校。
- 哈佛仍然是回报率表现较差的学校之一。
- 常春藤盟校的投资组合的估计风险仍然显著高于"60/40"投资组合，它们长期在私募股权、风险投资和房地产方面拥有较多风险敞口。
- 常春藤盟校的夏普比率表明，它们的投资组合风险程度更高，表明它们的效率低于"60/40"投资组合（夏普比率等于平均回报率减去无风险回报率再除以标准差）。
- 捐赠收入对捐赠者来说是免税的，传统上对教育机构来说也是免税的。但是，2018年通过的税收改革法案要求，对学生人数在500人以上，每名学生净资产超过50万美元的院校的净投资收入征收1.4%的消费税。至于捐赠或投资方面是否会发生变化，以规避这一税收，或者捐赠基金是否只是单纯地寻求最大化税前收入，还有待观察。

这些统计数据很有趣，但我们关心的不是捐赠基金回报的大小，也不是捐赠基金模式是否比更保守的风格，甚至被动投资于市场的指数更好或更成功。我们对ESG问题更感兴趣，而不管其风险偏好或投资标的是上市公司还是私募股权。我们需要明确的是，只有18%的大学捐赠基金的投资考虑了ESG因素，81%的投资考虑了更传统的因素。典型的大学投资办公室政策可能如下。

> 投资办公室的使命是为现在和未来的几代人提供审慎的捐赠资产管理。为此，投资的目标是在适度风险的情况下获得最高的回报。通过在许多不同的资产类别（包括公共资产和私人资产）

之间进行分配，可以降低风险，投资组合的一部分是内部管理的，由几个经过仔细审查的外部经理处理平衡。来自捐赠基金的收入用于支持学生的经济需求和社会服务，教师和研究人员的工资和福利，以及硬件设施的维护。捐赠基金的分配由大学委员会决定，平均占资产的5%。这个水平为当前的需要提供资金，也为后代维持捐赠基金的价值。

这个一般性的使命声明可能代表了许多大学的政策，但是没有明确提到ESG问题。然而，在一些养老基金投资机构中，ESG和可持续发展是进行投资的明显驱动因素。接下来，我们将讨论其中几所学校的ESG投资。

一、汉普郡学院

汉普郡学院是最早在其捐赠基金投资战略中解决ESG问题的高校之一。它是1976年第一家从南非撤资的公司；1982年，它放弃投资武器相关的行业；2011年，它放弃投资化石燃料行业；2015年，它放弃投资私营监狱行业。1977年，汉普郡学院制定了最初的投资政策；1982年，它采用了更全面的社会责任政策，并于1994年更新。学生和学院领导推动了这些发展和随后的修订工作。2011年以来，汉普郡学院的ESG政策已转向积极筛选策略，而不是简单的负面筛选策略。它寻找符合以下标准的公司。

- 提供有益物品和服务，如食物、衣服、住房、卫生、教育、交通和能源。
- 推进具有社会效益和就业前景的新产品研发项目。
- 维护公平的劳动条件，包括非歧视雇用、晋升、职业教育，以及影响员工工作生活质量的管理政策。

- 保持安全和健康的工作环境，包括向员工充分披露工作中的潜在危险。
- 有与环境保护相关的创新，特别是在政策、组织结构或产品开发方面的创新；在废物利用、污染控制和减轻气候变化风险方面提供卓越表现的证据。
- 着力提高社会中没有受到足够关注群体的生活质量，并鼓励地方社区的再投资。
- 有持续支持高等教育的记录。

上述标准都是汉普郡学院董事会认为符合该校更广泛使命的商业行为。此外，有些做法是董事会不支持的，这些行为被确定为以下方面。

- 在侵犯人权的国家开展重大活动。
- 从事不正当劳动行为。
- 针对某些种族、性别、身份、性取向或残疾实施压迫或歧视，或由此获利。
- 已证明对环境有害的做法。
- 向国外销售在美国被禁止的产品，这些产品对健康或环境会造成一定的影响。
- 在职业健康和安全记录方面表现较差。
- 生产或销售在正常使用中不安全的产品。
- 在合理要求下，拒绝提供有关上述方面的表现记录。

基于这些因素，汉普郡学院列出了一份不受欢迎的行业名单。这份名单旨在为该校的政策提供进一步的指导，并随着问题的出现而演变，同时避免对“校园里出现的最新问题”做出“临时”反应。“不受欢迎行业名单”包括：

- 化石燃料/碳生产商及相关企业。
- 武器和火器工业。
- 私营监狱及相关行业。

多年来，学院的委员们对学院的做法发表了几次评论：“汉普郡学院承认非营利组织有义务为公众服务——作为对其税收优惠地位的交换……，作为交换，委员会强烈建议，学院的所有行动都应与其使命一致。这包括它如何盈利、培养和录取学生，以及如何投资捐赠资金。”

并且，“该政策要求学院支持那些对环境、员工和供应链有利的投资，并以透明和公平的方式进行管理”。

还有一点是，“在拒绝撤资时，行政人员和受托人的第一反应常常是，投资决策必须完全基于财务考虑，而绝不受道德和政治问题的影响。盈利非常重要，不能让人们谈论道德、社会福利或学校为之服务的学生的未来，对于一所使命驱动型的学校来说，这种观点是与之不和的。组织的投资战略可以与其教育和社会使命相一致，而不会丧失经济回报”。该学院的捐赠基金投资已经变得完全公开和透明，每季度向校园报告其单独的证券投资。这种完全的透明状态，严格的审查，以及对社会使命的强调，而不是注重财务回报，会让人认为该捐赠基金的投资业绩可能落后于市场。它获得的 5 200 万美元的捐款并不算多，不足以进入私募股权市场，而哈佛等巨头在这些市场上取得了巨大的回报。然而，截至 2017 年 6 月 30 日，在之前的 5 年中，该投资组合的年回报率普遍超过其基准指数，以及全球“70/30”（股票/固定收益）投资组合。在这 5 年中，所有管理基金的年回报率为 8.0%，而基准指数的年回报率为6.8%，由70%的MSCI ACWI和30%的巴克莱全球总债券指数组成的投资组合年回报率为7.6%。

汉普郡学院认为它面临的挑战和关注如下。

- 虽然在跨资产类别中具有丰富的ESG经验，但优质投资工具有限。
- 捐赠基金的规模限制了投资某些私募股权和积极管理独立账户的能力。
- 需要更多的时间就不断演变的ESG问题对学院社区（如学生和董事会）进行讲解。
- 在个人持仓水平上的捐赠持仓透明度披露。
- 担心来自校友的阻力。

尽管未来仍有一些挑战，但汉普郡认为ESG政策和实践有以下积极作用。

- 调整投资组合后的强劲投资表现。
- 在监测投资及其在财务和ESG绩效方面的结果时考虑用持续的衡量方法。
- 鼓励更大的透明度，从而在管理捐赠基金方面加强管理实践。
- 促进主要利益相关方（包括学生、工作人员顾问和董事会）加强对话。

二、耶鲁大学

在具有传奇色彩的首席投资官大卫·斯文森的指导下，耶鲁大学也是ESG投资领域最早的先驱之一。它获得的捐赠金额为294亿美元，仅次于哈佛大学。它最近宣布，将把适用于上市公司投资的ESG投资标准应用于私募股权投资。

294亿美元的捐赠基金用于投资数千个不同用途和限制的基金。大约3/4是限制性捐赠，为特定目的提供长期资金。截至2018年6月30日，耶鲁大学捐赠基金的回报率为12.3%。在过去的20年里，耶鲁大学捐赠基金获得了11.8%的领先市场回报率。在过去30年里，它的年回报率为13%。它将其成功归功于“明智的长期投资政策，以对股票的承诺和对分散化的信念为基础”。这些结果再次为那些认为考虑ESG问题不一定会带来不利财务影响的人提供了弹药。

耶鲁大学的社会责任投资可以追溯到1969年一个名为“耶鲁投资”的研讨会，该研讨会探讨了机构投资在伦理、经济和法律方面的影响，为1972年出版的《道德投资者》（*The Ethical Investor*）一书奠定了基础。《道德投资者》确立了ESG投资的标准和程序，不仅为耶鲁大学的投资制定了指导方针，也为其他大学提供了借鉴。耶鲁大学还成立了投资者责任咨询委员会（ACIR），旨在解决投资于美国公司的社会责任问题，包括种族隔离时期的南非、国防合同、政治游说和环境安全等问题。ACIR现在为投资者责任委员会（CCIR）提供建议，并执行政策，CCIR向耶鲁大学捐赠基金全体成员提出政策建议，并负责执行政策。ACIR还向CCIR提供关于道德问题的代理投票建议，并直接与耶鲁社区成员的道德投资活动建立联系。

耶鲁大学捐赠基金在以下几个重大问题上采取了实质性行动。

- 南非：1978—1994年，耶鲁大学捐赠基金开始与南非活跃的公司进行对话，最终剥离了17家公司的股份，总市值约为2 300万美元。1994年2月，南非发生了积极的变化，耶鲁大学捐赠基金取消了投资限制。
- 烟草：1994年，耶鲁大学捐赠基金制定了烟草公司代理人投票的指导方针如下。呼吁烟草公司在所有广告中警示吸烟引起的上瘾、疾病和死亡的风险；在世界各地分发的烟草产品促销品上贴上警示信息；要求烟草公司停止向未成年人宣传烟草产品，包括在赞助时使用公司的品牌名称和相关符号；要求烟草公司支持各级政府的执法机制，防止向未成年人非法销售烟草产品；请烟草公司采取行动，减少对未成年人造成健康风险；呼吁烟草公司公开报告其产品成分中可能对健康产生不良影响的准确信息。

- 苏丹：由于达尔富尔危机，某些在该地区开展业务的石油和天然气公司被列入了限制名单。耶鲁大学捐赠基金从一家公司撤资。
- 气候变化：2014 年，耶鲁大学捐赠基金通过了以下代理投票准则。将普遍支持合理和完善的股东决议，要求公司披露温室气体排放量，分析气候变化对公司经营活动的影响，制定减少对全球气候产生不利影响的公司战略，支持健全和有效的应对气候变化的政府政策。首席投资官还致信所有活跃的捐赠基金经理，鼓励他们对温室气体排放的成本进行核算，并避开那些拒绝承认气候变化带来成本的公司。
- 私营监狱：2018 年，耶鲁大学捐赠基金通过了代理投票指导方针，以支持有关改善私营监狱企业社会责任的决议。
- 攻击性武器零售商：2018 年，耶鲁大学捐赠基金采取了一项政策，不投资任何向公众销售攻击性武器的零售网点。

并非所有维权人士的担忧都导致了投资政策的改变。比如，耶鲁大学捐赠基金对待上述问题的态度，与要求剥离或免除波多黎各债务的呼声形成了有趣的对比。一个由维权人士组成的联盟呼吁包括耶鲁大学捐赠基金在内的投资者披露对波多黎各的所有债务投资，取消所持有的债务，并解雇那些拒绝抛售或免除债务的投资经理。ACIR 在 2018 年 1 月得出结论，如果投资者在代表债务人利益的过程中遵守适用的法律框架，则无须撤资或免除波多黎各债务。

三、加州大学

加州大学捐赠基金总额为 123 亿美元。截至 2018 年 6 月，该捐赠基金总额增长了 8.9%，此前 20 年的平均增速为 6.7%。这些捐赠基金以及加州大学的其他资产（养老基金、营运资本、退休计划基金和专属保险资产）由加州大学首席投资官办公室（OCIO）管理。加州大学的投资决策将可持续发展视为一项基本投入，并将可持续发展定义为“既满足当前需求，又不损害后代满足自身需求能力的经济活动”。OCIO 表达了对保持财务回报的担忧，同时以以下方式进行可持续投资：“我们必须在不损害我们为未来学生、教职员工服务能力的前提下，满足我们当前运营的需要和退休人员当前的要求。”虽然许多利益相关者都从价值的角度关注可持续性，但 OCIO 在风险评估和尽职调查中考虑了可持续性。在避免撤资方面，OCIO 表示：“（我们）相信，完善的投资方案将比考虑如何以及何时退出某些市场或资产更有影响力。”

OCIO 确定了以下不固定的 ESG 核心风险问题清单。

- 气候变化。
- 食物和水资源短缺。
- 老龄化。
- 多元化。
- 人权。
- 循环经济。

- 道德与管治。

为了将可持续发展问题纳入投资决策，OCIO“断然拒绝……创建简单的负面筛选列表或应用软件程序，以确定科学基础不明确或不精确的‘指标’。相反，我们将可持续性作为我们高绩效文化的一个组成部分……通过在每一个决策中考虑可持续性，我们才能最好地履行我们的义务……”

OCIO 采取的一些明确行动如下。

- 与其他组织一道加强发言权：OCIO 是 PRI 的签署方，并参与了 CERES 的气候风险投资者网络。
- 投入资金推动解决世界上最紧迫的环境和社会挑战。OCIO 承诺在 5 年内为气候解决方案拨款 10 亿美元。
- 利用加州大学的生态系统获取和扩大可持续投资机会。OCIO 致力于与加州大学社区合作，以加深其对 ESG 问题的认识。

OCIO 还认为，作为股东，它有责任增加信息透明度、促进信息披露、提高企业的社会责任感和企业的可持续性，以帮助确保经济健康运行，保持实现可持续长期回报的能力。OCIO 计划制定指导方针，在投资组合中的公司受到媒体报道、股东决议和代理投票时，与可持续发展理念保持一致。它还旨在与外部基金经理、资产所有者和行业倡议合作。OCIO 还计划制定特定资产类别的基金经理遴选和监督准则，该准则将“ESG 标准纳入基金经理尽职调查和协议，并根据一组关键 ESG 绩效指标审查基金经理的业绩”。其他计划包括与加州大学社区的利益相关者进行接触和合作；与志同道合的同行投资者合作；围绕可持续投资扩大资源和能力；提高报告可持续投资活动和思想领导力的透明度，建立问责制。

四、布朗大学

布朗大学拥有 38 亿美元的捐赠基金。由布朗大学投资办公室（BIO）提供投资管理，该办公室受布朗大学公司投资委员会的监督。布朗大学捐赠基金的目的是为当前和未来参与布朗大学教育的几代人提供稳定的财政支持。BIO 管理捐赠的重点是"在长期内保存并谨慎地增加捐赠的价值"。在 20 年的时间里，该基金的年回报率为 8.3%。截至 2018 年 6 月 30 日，在一年时间里，布朗大学捐赠基金的回报率高达 13.2%。

布朗大学投资政策中的企业责任咨询委员会（ACCRIP）是一个由学生、教师、员工和校友组成的小组，他们讨论布朗大学投资政策中的伦理和道德责任问题。ACCRIP 建议的一些主要行动和撤资行动如下。

- 2010 年 12 月 6 日，ACCRIP 建议布朗大学不要再投资 HEI 酒店和度假村，因为考虑到劳资关系和 HEI 酒店的工作条件。
- 2006 年 2 月 25 日，在 ACCRIP 的建议下，布朗大学投票将那些支持苏丹政府继续进行种族灭绝行动的公司排除在直接投资之外。2012 年，该政策被修改，以批准使用冲突风险网络的定向撤资方法。任何被冲突风险网络定义为"审查过"的公司都在布朗大学的资产剥离名单上。
- 2003 年 5 月 7 日，ACCRIP 通过了一项决议，建议将烟草公司排除在布朗大学的直接投资，以及其独立账户投资经理的投资之外。
- 最近"正在推进的项目"涉及化石燃料、煤炭等。"有意思的是，有关这些问题的讨论反映出各方对这些问题和有效行动的

> 不同意见。例如，ACCRIP 投票否决了一项从煤炭公司撤资的提案，”布朗校长帕克森说，“支持撤资的观点包括，煤炭是一种严重的环境危害物，煤炭的开采和燃烧对气候变化和环境恶化问题有重大影响——其后果非常严重，所以不符合捐赠基金的目标和原则。反对撤资的观点包括，对监控哪些公司应该被排除在投资组合之外存在实际困难的担忧，以及在出现可行的化石燃料替代品之前，鼓励清洁煤技术可能是一个更好的方法。”

2017 年，BIO 合作成立了布朗大学可持续投资基金（BUSIF）。该基金为捐赠者提供了一种新的捐赠选择，并“在寻求卓越财务业绩的同时，考虑 ESG 因素，促进积极解决气候变化挑战以及其他环境和社会问题”。该基金的一些特点是，它将投资于具有强烈 ESG 特征的公司；它将接受任何规模的捐款，没有最低限额；该基金的支出将由 BIO 决定，偏向可持续发展项目；该基金不会投资于从事化石燃料的开采、勘探、生产、制造或精炼的公司。

布朗大学成立了一个关于气候变化、商业和投资实践的特别工作组，希望能：

- 就如何将布朗大学对环境可持续性和应对气候变化的承诺与大学的商业和投资实践以及对外关系联系起来，为校长提供建议。
- 评估布朗大学在选择外部供应商和承包商方面的政策和做法是不是环境可持续性的最佳做法。
- 为有关环境责任问题的代理决议提出建议，以协助 ACCRIP 履行其责任。
- 确定环境可持续投资问题的最佳方案，供 BIO 考虑。

- 协调布朗大学可持续发展战略和规划咨询委员会的工作。
- 考虑是否设立常设委员会，以持续和加强专责小组的工作。

五、哈佛大学

截至2018年年底，哈佛大学获得的捐赠基金总额超过380亿美元，是所有学校中最多的。它由超过13 000个独立基金组成，并广泛支持大学活动，最多的是对教师、本科生、研究生奖学金和学生活动的财政支持。捐赠基金中的大部分基金都有使用的特定限制，如专用奖学金、捐赠讲座或冠名教授职位。大约80%的资金都是由捐赠者专门捐赠给哈佛大学12所学院之一的。捐赠基金的任何增值超过为这些目的和其他目的分配的金额，均由捐赠基金保留。截至2018年6月30日，在过去1年里，捐赠基金一共有18亿美元，约占哈佛当年总营业收入的1/3。多年来，各种对此持批判态度的人士一直对分配于本科教育、支持教师和进行研究的资金比例提出质疑。支出决策必须寻求平衡这些相互冲突的利益，因为每一个利益都有助于大学的声誉和质量的提高。另一种经常听到的批判是，应该从捐赠基金中获得更高的回报。在过去10年里，回报常分布在5%到5.5%之间，范围从4.2%到6.1%。这个范围将提供一个稳定且可依赖的收入流，以支持当前的需要，同时为后代保留捐赠的价值和未来的收入流。加快支出速度虽然能够满足现在，但是以牺牲未来为代价。许多捐赠资金在分配上都有限制，但大多数捐赠资金不仅是为了惠及当前的学生和教师，更是为了造福后代。毫无疑问，无论以何种方式分割蛋糕，都会有一些反对者认为应该用不同的方式来做。

另一场关于哈佛大学捐赠基金的争议围绕其管理费展开。1974年，哈佛大学成立了非营利的哈佛管理公司，主要管理内部捐赠基金。由于1990年有50亿美元的资金，哈佛管理公司不仅需要聘用技术高超的管理人员，管理人员也要从其中提取报酬。1990 年，哈佛管理公司聘请杰克·迈耶管理捐赠基金。在 2005 年，迈耶团队的业绩超过了其他大多数捐赠基金，使得总资产增长到 230 亿美元。然而，他却成了自己成功的牺牲品，因为他 720 万美元的薪酬与教员的工资完全不相称。在越来越多的批判声中，迈耶和他的许多同事离开了哈佛，创立了自己的公司。哈佛管理公司现在更多地使用外部人员。尚不清楚大学现在付给基金经理的报酬是否真的比以前少，但这个问题已经不再受到公众的关注了。虽然有些共同基金和 ETF 收取的费用不超过 0.1%，但对冲基金、私募股权基金和风险投资基金通常收取的费用是所管理资产的 2% 和利润的 20%。据估计，捐赠基金最多的大学，如哈佛、耶鲁、普林斯顿、斯坦福和得克萨斯，付给外部管理人员的费用都比提供的学生补贴要多。在基金经理带来超高回报、资产规模如此庞大的情况下，这或许是合理的，但这种前景仍令许多大学业内人士感到不安。

哈佛大学捐赠基金是许多关心气候的投资者团体的活跃成员，是第一个签署 PRI 的美国捐赠基金。哈佛管理公司是 PRI 气候变化游说工作组的活跃成员；哈佛大学捐赠基金也是投资者对公司气候期望游说（Investor Expectations on Corporate Climate Lobbying）的签署方，还是 PRI 投资者义务和义务全球声明的签署方。哈佛管理公司的合规成员加入了 PRI 的对冲基金顾问委员会。哈佛大学捐赠基金也是 CDP 气候变化项目的签署方，该项目以前被称为碳披露项目。哈佛大学捐赠基金也加入了 CERES 和 SASB。

2016 年 11 月，哈佛管理公司更新了可持续投资政策。它指出，哈佛管理公司承诺在承保、分析和监控投资时考虑实质性的 ESG 因素。它将实质性的 ESG 因素定义为能够在所有资产类别、部门和市场上对公司资产价值产生直接侵蚀影响的因素。其中一些 ESG 因素包括能源消耗、温室气体排放、气候变化、资源稀缺、用水、废物管理、健康和安全、员工生产力、多元化和非歧视、供应链风险管理、人权（包括尊重员工权利）、董事会的有效监督。具体因素因行业的相关性和重要性而异。然而，考虑ESG因素的承诺也是出于对捐赠基金财务实力的担忧，捐赠资金被用于“推进学术目标，而不是用于其他目的，无论其价值有多大”。捐赠基金从根本上被认为是一种经济资源，“而不是一种推动政治立场或出于社会目的施加经济压力的杠杆，因为这可能会对学术事业的独立性和自由探究的理想带来严重的影响”。

在一些罕见的情况下，哈佛管理公司会考虑撤资。在这些案例中，被投资公司的活动非常令人反感，甚至被认为是不道德的，例如在南非延续种族隔离制度，制造烟草产品，以及达尔富尔危机。这些限制对投资组合内部基金经理的直接持仓有约束，也适用于单独管理的外部持仓。如果基金是由外部基金经理管理的，或者是与其他投资者的基金组合在一起的，这些限制不适用于这些实体。

哈佛管理公司还与哈佛大学的股东责任公司委员会（CCSR）和股东责任咨询委员会（ACSR）密切合作，解决与委托投票有关的问题。1972年以来，这两个委员会一直积极考虑哈佛大学的股东责任。ACSR由学生、教师和校友组成，考虑哈佛管理公司的股东决议。它向CCSR提出建议，CCSR将决定哈佛大学捐赠基金如何对这些社会责任进行代理投票。

哈佛管理公司有一个三管齐下的可持续投资方法。

- ESG整合：由于认识到不同的因素在某些行业可能是更为重要的，而在其他行业则不是，所以需要考虑的ESG因素是针对每个特定的资产类别量身定制的，并且贯穿整个投资周期。哈佛管理公司使用运营尽职调查框架，确保ESG问题在上市公司股权、私募股权、绝对回报、房地产和自然资源的预期投资分析中得到解决。投资完成后，哈佛管理公司将继续监控任何已识别的 ESG 风险，并与外部管理人员接触，以确保有效监督。对于自然资源的直接投资，哈佛管理公司酌情进行现场 ESG 尽职调查，以确定项目相关的 ESG 风险和影响。哈佛管理公司还致力于与第三方组织合作，如森林管理委员会（FSC），该委员会鼓励对全世界的森林进行负责任的管理。

- 积极的所有权：积极的所有权是支持良好公司治理的重要手段，一方面是与被投资公司接触，另一方面是行使股东决议的投票权。哈佛管理公司与 ACSR 和 CCSR 合作，确定在社会和环境问题上代理投票的立场。股东对治理问题的决议通常由哈佛管理公司处理。
- 协作：如上所述，哈佛大学捐赠基金是 PRI 和其他促进可持续投资倡议团体的早期签署方。这种与同伴的互动是这个过程的一个重要部分。

六、哥伦比亚大学

哥伦比亚投资管理公司（IMC）是哥伦比亚大学的全资子公司，负责管理大部分哥伦比亚大学捐赠基金，该捐赠基金由大约 5 500 个独立基金组成。截至 2018 财年末，哥伦比亚大学获得的捐赠总额为 109 亿美元。该大学去年的回报率为 9%，是所有常春藤盟校中表现最差的，也低于该大学的基准。2000 年 3 月，哥伦比亚大学成立了社会责任投资咨询委员会（ACSRI），其目的是针对捐赠基金相关的伦理和社会问题向大学受托人提供建议。捐赠基金投资管理的规范和受托责任取决于大学受托人。因此，ACSRI 提出的建议都仅供参考，股东责任小组委员会就 ACSRI 的建议进行审议并采取最后行动。在某些情况下，股东责任小组委员会可能会将 ACSRI 的建议提交全体董事会采取行动。ACSRI 由 12 名有投票权的成员和 2 名无投票权的大学官员组成，其中拥有投票权的成员由学生、教师和校友代表组成。ACSRI 就诸如代理权、股东倡议和投资筛选等问题进行投票，并向大学受托人提出建议。正式的建议及受托人最终采纳的建议或回应，均须呈报。在一个项目中，ACSRI 建议哥伦比亚大学应该建立一个单独的“无化石燃料”投资基金来接收校友的捐款，这些校友更愿意将自己的捐款用于这样的投资管理。ACSRI 还监测与私营监狱、苏丹和烟草业务相关的公司，以提出撤资或不投资的名单，并将名单提供给哥伦比亚投资管理公司。截至 2018 财年末，哥伦比亚投资管理公司的投资组合没有直接持有任何一家名单上的公司。

ACSRI 一直在一个热点问题上表现活跃，即从动力煤撤资。2017 年 3 月，该大学的受托人投票支持 ACSRI 的一项建议，该建议提出从 35% 以上的收入来自动力煤生产的公司撤资，并参与 CDP 气候变化项目。然而，2018 年 2 月，ACSRI 拒绝支持进一步的措施，即剥离来自动力煤的间接投资。这些间接投资来自外部经理管理的基金。

正如我们在本书中多次指出的，人们普遍认为，撤资是收效甚微的。ACSRI 在投票决定从动力煤撤资的案例就很好地反驳了这一点，该委员会认为这种象征意义（通过撤资进行象征性的语言表达）更重要。

> 委员会意识到，从动力煤生产商撤资将是一种象征性的言论。其他买家将会介入，股价不会直接受到影响，生产商也不会停止生产动力煤。然而，从化石燃料生产商手中脱手，已成为一场国际运动的主题，该运动旨在向大学捐赠基金等机构发出信号，表明气候变化威胁的严重性。它是一种自我约束机制，旨在赢得更广泛群众的支持。
>
> ACSRI（2017）

七、其他大学

我们在本章开始时注意到，只有18%的大学报告称，它们寻求将ESG标准排名靠前的公司纳入其投资组合。但许多学校筛选出那些与学校的使命、校风或投资理念不一致的公司或行业，最终排除或剥离。在前面几所大学的投资案例中描述了一些撤资活动，在此，我们将简要总结其他几所大学的行动。

- 2015年，马萨诸塞大学剥离了煤炭行业的资产，并于2016年成为第一所剥离化石燃料资产的公立大学。
- 2015年，雪城大学宣布，它“不会直接投资以化石燃料开采为主要业务的上市公司，并将指示其外部投资经理采取一切可能的措施，禁止投资这些上市公司”。
- 2019年，米德尔伯里学院宣布，将分阶段剥离其在化石燃料公司的持股，该计划将持续15年。

这些仅仅是一少部分放弃投资煤炭和化石燃料公司的大学。据估计，全球大约有150家教育机构已经采取了行动。

八、为捐赠基金管理提供分析、支持、咨询和投资服务的机构

一些机构为大学捐赠管理提供服务和支持，包括ESG投资。这些机构包括康桥汇世（Cambridge Associates）、凯门资本（Commonfund）、可持续和负责任投资论坛（US SIF）、契约捐赠网（The Intentional Endowments Network）、美国高校经营管理协会（National Association of College and University Business Officers）、负责任捐赠联盟（Responsible

Endowments Coalition)、第二自然（Second Nature)、可持续捐赠研究所（Sustainable Endowments Institute）和威尔希尔协会（Wilshire Associates)。以下是其中一些组织的活动摘要。

（一）凯门资本

凯门资本是一家领先的资产管理公司，拥有250亿美元的AUM。它成立于1972年，专注于非营利机构，目前拥有1 300家机构客户，包括教育捐赠基金、基金会、慈善组织、医院、医疗保健组织和养老金计划。它的共同基金协会为投资者提供研究、评论和一系列相关主题的建议。近年来发布的一些与ESG投资相关的帖子有：

- SRI和ESG有什么区别。
- ESG投资成为主流。
- 整合ESG因素的实操步骤。
- ESG是什么。
- ESG：是否更尖锐一点。
- 从SRI到ESG：负责任投资的变化。
- ESG和你的机构。
- 开始负责任投资。

（二）契约捐赠网

2016年3月，77家创始成员启动了契约捐赠网，这是一个同行网络，旨在支持养老基金投资实践，解决ESG和可持续发展因素，以提高财务回报，并与机构的使命和价值观保持一致。创始成员包括亚利桑那州立大学、亚利桑那州立大学基金会、贝克尔学院、加利福尼亚州立大学、卡尔弗特投资、卡尔顿学院、汉普郡学院、汉利基金会、利特曼家族基金会、明德学院、波特兰州立大学、旧金山州立大学基金会、华莱士全球基金、瑞银资产管理、缅因大学、马萨诸塞大学基金会。契约捐赠网的成立延续了早期的高等教育、基金会和非营利组织论坛，以解决诸如以下问题。

- 为什么我们要考虑将投资与ESG目标保持一致？这与我们作为教育和慈善机构的使命有什么关系？我们作为受托人的责任是什么？
- 这种调整带来的财务成本和收益是什么？通过这样的结盟，我们能得到好的投资回报率吗？
- 高等教育和基金会都发生了什么？我们如何向在这一领域取得进展的其他人学习？
- 我们如何发现和评估一系列战略和产品，使投资与ESG目标相一致？
- 我们如何才能有效促进所有利益相关者之间的建设性对话和决策过程？
- 在未来解决这些问题时，我们应该如何互相了解和支持？

今天，契约捐赠网是一个由150多名高等教育领导者、利益相关者、金融从业人员和学者组成的领先网络。成员之间分享知识和资源，以帮助捐赠基金发展最佳实践，并促进专家和同行之间的联系，支持行政人员和受托人加强可行的投资方法并解决利益相关者关注的问题。契约捐赠网的一些策略活动如下。

- 召集主要利益相关者：召集高层决策者和主要利益相关者，向同行和专家学习。
- 知识交流：创造教育、知识交流和建设性对话的场所。
- 创造资源和思想领导：开发白皮书、文章、案例研究和其他资源。

- 能力建设：通过各种媒体（网络研讨会、出版物、会议介绍等），为广泛的SRI或ESG投资和组织变革领导能力建设提供机会。
- 对等网络和伙伴关系：与许多在相关领域活跃的组织合作，以促进协作和利用协同效应。

（三）美国高校经营管理协会

美国高校经营管理协会是来自1 900多所大学的首席商务和财务官员组成的会员组织。它通过倡导努力、社区服务和专业发展活动来支持其成员。美国高校经营管理协会的使命是促进经济可行性、商业实践，并支持高等教育机构充分履行其使命。它提供了下列广泛的资源。

- 会议、研讨会、继续职业教育、领导力项目和网络学习。
- 研究。
- 出版物。
- 宣传。
- 领导力计划。
- 内容侧重于具体课题的研究：会计、财务、学生金融服务、数据分析、领导力、税务、捐款管理、风险管理和校园安全、津贴管理、设施及环保规定、规划及预算、隐私和数据安全。

（四）可持续和负责任投资论坛

可持续和负责任投资论坛的使命是，迅速将投资实践转向可持续发展，注重长期投资和产生积极的社会和环境影响。可持续和负责任投资论坛拥有300多个成员，AUM超过3万亿美元。其成员包括投资管理和咨询公司、共同基金公司、资产所有者、研究公司、财务规划师和顾问、经纪自营商、社区投资机构和非营利组织。自成立以来，它的目标一直是影响投资者，在追求社会和环境效益的同时创造具有竞争力的回报。可持续和负责任投资论坛为成员提供的服务及促进其使命的活动如下。

- 可持续投资的前沿研究。
- 教育资源，如实时和在线课程、事实清单和指南书。
- 向联邦立法者和监管机构推广政策倡议。
- 媒体及公众参与。
- 通过全国性会议和其他活动建立成员间联系。

在进行这些活动时，可持续和负责任投资论坛有6个核心价值观，即承诺、知识、协作、包容、责任、乐观。

本章总结了一些大学捐赠基金及其配套服务机构有关ESG和可持续投资的实践。作为一个整体，大学捐赠基金不像其他资产池那样关心ESG投资，但鉴于全球趋势以及大学社区的ESG意识，大学捐赠基金管理中对ESG的考虑很可能会大幅增加。

第十一章

主权财富基金的 ESG 实践

就个人而言，凭借技术和努力工作，再加上一些运气，你的收入将超过支出，你会把剩余的钱存起来，如果这笔钱足够多，你就会为将来的需要而投资。政府也是如此，有时政府会发现自己的盈余不断增加，并寻求为未来需求或后代进行投资。通常由于大宗商品价格突然上涨等原因，这些盈余会出人意料地出现。“主权财富基金”（Sovereign Wealth Fund，简写为 SWF）是用于这些基金的术语，这些基金对来源国有重要意义，对其投资的公司以及这些公司的母国也可能具有重要意义。这些资金不同于中央银行为稳定货币或流动资金管理而持有的资金。SWF 的一些显著特点是，它们通常着眼于投资长期、广泛的全球资产，目标是国家利益，直接或间接地由政府管理。这些基金在 ESG 方面的投资因为多种因素变得复杂，包括获得财务收益的压力以及在其他机构投资者中也很常见的投资保守主义，在某些情况下考虑更进步的社会和治理问题时，需要尊重当地的习俗和传统。也就是说，SWF 正以 ESG 为重点进行大量投资，尤其是在可再生能源领域。

SWF 已经存在了很长一段时间，但在 20 世纪末和 21 世纪初变得越来越重要。部分原因是碳氢化合物价格上涨，事实上，石油财富约占 SWF 所有资产的一半。其他财富来源包括铜、钻石、磷酸盐、外汇储备增加、政府预算盈余和养老基金缴款。表 11－1 列出了一些世界上最大的 SWF。

表 11–1　最大的主权财富基金

排名	名称	总资产（美元）	地区
1	挪威全球养老基金	989 934 000 000	欧洲
2	中国投资有限责任公司	941 417 000 000	亚洲
3	阿布扎比基金	696 660 000 000	亚洲
4	科威特投资局	592 000 000 000	亚洲
5	中国香港金融管理局	509 353 000 000	亚洲
6	中国华安投资有限公司	439 836 526 800	亚洲
7	新加坡政府投资有限公司	390 000 000 000	亚洲
8	淡马锡控股公司	374 896 000 000	亚洲
9	全国社会保障基金理事会	341 354 000 000	亚洲
10	卡塔尔投资局	320 000 000 000	亚洲

规模最大的 SWF 是规模近 1 万亿美元的挪威全球养老基金，该基金成立于 1990 年，来自挪威北海石油公司积累的可观收入。前十大 SWF 的 AUM 超过 5 万亿美元，约占所有 SWF 资产的 3/4。所有 SWF 的 AUM 超过了全球私募股权和对冲基金行业的总和。

SWF 可分为以下几类（IMF，2008）。

- 稳定基金：主要目标是使预算和经济免受石油等商品价格不稳定波动的影响。
- 储蓄基金：今天的预算盈余可能是基于不可再生资源，当来自该资源的收入耗尽时，后代将从这种类型的基金收入受益。
- 储备投资基金：这些基金的资产被归类为储备资产，设立基金是为了获得这些资产的收益。

- 发展基金：这些基金支持提高一个国家未来潜在产出的产业政策或社会经济项目。
- 应急养老金储备基金：这些基金为政府未来的养老金负债做准备。

一、透明度问题和疑虑

在21世纪初期，一些资产和储备在以商品为基础的国家和其他出口经济增长的国家中迅速积累。人们对一些不透明的SWF的重要性日益提高感到担忧。这些基金成为越来越重要的投资者，并且有人质疑这些资金是否被用来获取敏感的战略或经济资产以促进国家的政治目标。在美国，围绕着几宗重要的SWF的交易，人们提出了国家安全问题，例如迪拜世界港口公司（Dubai Ports World）收购美国（和欧洲）的远洋港口资产。随着这些基金规模的不断增长以及其政策和意图的透明度有限，贸易保护主义情绪逐渐扩散，限制了保障全球金融市场运转并使所有国家受益的资本流动。人们还对金融力量的不稳定性以及政府和中央银行监督的减弱给予了更多关注。在这种背景下，主权财富国际工作组（IWG）于2008年成立［后更名为主权财富基金国际论坛（IFSWF）］，以制定SWF的行为准则。该组织的指导目标如下。

- 帮助维持稳定的全球金融体系以及资本和投资的自由流动。
- 遵守投资所在国所有适用的监管和披露要求。
- 基于经济和金融风险以及与收益相关的考虑进行投资。
- 建立透明、健全的治理结构，提供充分的运营控制、风险管理和问责制。

IWG 成员根据本国法律自愿实施或打算实施的原则、惯例、法规、要求和义务，制定了如下的圣地亚哥原则。

1. 原则 1：SWF 的法律框架应健全，能够支持其有效运作并实现既定目标。

（1）子原则 1.1：SWF 的法律框架应确保 SWF 及其交易的合法性。

（2）子原则 1.2：SWF 的法律基础和结构的主要特征，以及 SWF 与其他国家机构之间的法律关系应公开披露。

2. 原则 2：SWF 的政策目的应明确定义并公开披露。

3. 原则 3：如果 SWF 的活动直接影响国内宏观经济，则应与国内财政和货币当局密切协调这些活动，以确保与总体宏观经济政策保持一致。

4. 原则 4：对于 SWF 的融资、提款和支出操作的一般方法，应该有明确且公开披露的政策、规则、程序或安排。

（1）子原则 4.1：SWF 的资金来源应该公开披露。

（2）子原则 4.2：从 SWF 提款和代表政府支出的一般方法应该公开披露。

5. 原则 5：与 SWF 有关的统计数据应及时报告给所有者，或按其他要求酌情纳入宏观经济数据集。

6. 原则 6：SWF 的治理框架应该健全，并建立明确有效的责任分工，以促进 SWF 管理实现目标的问责制和业务独立性。

7. 原则 7：所有者应制定 SWF 的目标，按照明确规定的程序任命其理事机构的成员，并对 SWF 的运营进行监督。

8. 原则 8：理事机构应按 SWF 的最大利益行事，并具有明确的任务授权和足够的权限和能力来执行其职能。

9. 原则 9：SWF 的运营管理应以独立的方式并根据明确界定的职责来实施 SWF 的战略。

10. 原则10：SWF运营的问责框架应在相关法律、章程、组织文件或管理协议中明确规定。

11. 原则11：应当一致地按照公认的国际或国家会计准则，及时编写有关SWF运营和绩效的年度报告和随附的财务报表。

12. 原则12：SWF的运营和财务报表应按照公认的国际或国家审核标准以一致的方式进行年度审计。

13. 原则13：应明确定义专业和道德标准，并通知SWF理事机构、管理层和员工。

14. 原则14：就SWF的运营管理而言，与第三方交流应基于经济和财务目的，并遵循明确的规则和程序。

15. 原则15：SWF在东道国的运营和活动应遵守其所在国家和地区的所有适用法规和披露要求。

16. 原则16：应当公开披露治理框架和目标，以及SWF的管理层在经营上独立于所有者的方式。

17. 原则17：应公开披露SWF的相关财务信息，以明确其经济和财务导向，促进国际金融市场的稳定并增强所投资国家的信任。

18. 原则18：SWF的投资政策应清晰明确，与所有者或理事机构制定的目标、风险承受能力和投资策略保持一致，并以合理的投资组合管理原则为基础。

（1）子原则18.1：投资政策应指导SWF的财务风险敞口以及杠杆的使用。

（2）子原则18.2：投资政策应说明内部和外部投资的活动和权限范围，选择过程以及绩效监控。

（3）子原则18.3：SWF的投资政策应公开披露。

19. 原则19：SWF的投资决策应符合其投资政策并基于经济和财务绩效，使经风险调整后的财务回报最大化。

（1）子原则19.1：如果投资决策受经济和财务考虑之外的其他因

素影响，这些因素应在投资政策中明确规定并公开披露。

（2）子原则 19.2：SWF 的资产管理应与公认的资产管理原则保持一致。

20. 原则 20：SWF 在与私人实体竞争时，不应寻求利用特权信息或政府的影响。

21. 原则 21：SWF 将股东所有权视为其股权投资价值的基本要素。SWF 选择行使其所有权时，应符合其投资政策，并保护投资的财务价值。SWF 应公开披露其对上市证券投票的一般方法，包括行使所有权的关键因素。

22. 原则 22：SWF 应该有一个识别、评估和管理其运营风险的框架。

（1）子原则 22.1：风险管理框架应包括可靠的信息来源和及时的报告系统，应在可接受的参数水平、控制和激励机制、行为准则、业务连续性计划以及独立的审计职能范围内对相关风险进行充分的监督和管理。

（2）子原则 22.2：风险管理框架的一般方法应公开披露。

23. 原则 23：SWF 的资产和投资业绩（绝对和相对基准）应根据明确规定的原则或标准进行衡量并向所有者报告。

24. 原则 24：SWF 或其代表应定期审查本原则的执行情况。

二、林纳堡 - 迈达艾尔透明度指数

为了评估 SWF 的透明度，主权财富基金研究所的卡尔·林纳堡和迈克尔·迈达艾尔制定了全球基准，即林纳堡 - 迈达艾尔透明度指数（Linaburg-Maduell Transparency Index）。该指数（见表 11 - 2）总结了 SWF 在 10 条原则上的得分：得分为 1 ~ 10，其中 10 代表最高透明度，8 代表最低可接受水平。在 10 只最大的 SWF 中，只有 3 只具有 8 或以

上的评级：挪威全球养老基金，淡马锡控股公司和中国香港金融管理局；中国投资有限责任公司和新加坡政府投资有限公司的评级为 7；其他 SWF 的评级为 6 或更低。显然，除了采用最佳实践的方法，SWF 还需要继续努力提高透明度。

表 11-2　林纳堡 - 迈达艾尔透明度指数

得分点	林纳堡 - 迈达艾尔透明度指数
+1	基金提供了历史记录，包括创立原因、资金来源和政府所有权结构
+1	基金提供最新的独立审计年度报告
+1	基金提供公司持股比例和持股的地理位置
+1	基金提供投资组合的总市值、回报和管理
+1	基金提供有关道德标准、投资政策和执行准则的指导方针
+1	基金提供明确的战略和目标
+1	在可行的情况下，基金清楚列出附属公司及联络方式
+1	在可行的情况下，基金确定外部管理人
+1	基金拥有自己的网站
+1	基金提供主要办事处地址和联系方式，如电话和传真

注：由卡尔 · 林纳堡和迈克尔 · 迈达艾尔制定。

三、SWF 的 ESG 投资

从 ESG 投资的角度来看，有趣的是很多基金来自在多项 ESG 指标中得分较低的国家。许多基金来自中东，那里的 ESG 投资以及公司对 ESG 问题的披露落后于其他地区，尤其是欧洲。许多中东国家是碳氢化合物的生产国和出口国，社会和文化因素尚未达到对妇女和少数民族的最高待遇标准。但是至少对于石油出口国而言，如果石油销售收入下降，那么在碳排放量日益降低的世界中进行投资，可以对冲未来收入下降的风险。这些基金的长期目标使其更看重某些 ESG 投资的长期价值和降低风险的潜力。考虑到这一点，为了应对气候变化并为长期价值创造做出贡献，2017 年来自阿布扎比、科威特、新西兰、挪威、沙特阿拉伯和卡塔尔的 SWF 集体宣布成立一个名为“One Planet”的 SWF 工作组。该工作组致力于开发一个 ESG 框架来解决气候变化问题，包括制定方法和指标，以告知投资者作为股东和金融市场参与者的优先事项。

该 ESG 框架旨在加快将气候变化分析纳入这些大型、长期和分散化资产池的管理。为提高这些资金池的弹性和可持续增长能力，该 ESG 框架旨在帮助 SWF：

- 促进达成与气候变化相关的关键原则、方法和指标的共识。
- 确定其投资中与气候相关的风险和机会。
- 完善投资决策框架，以更好地告知投资者作为股东和金融市场参与者的优先事项。

该框架具有 3 项原则（一致性、所有权和一体化）以及几个子原则：

1. 原则 1：一致性，SWF 将决策过程中与 SWF 投资前景相一致的气候变化因素纳入考虑范围。

（1）子原则 1.1：SWF 认识到气候变化将对金融市场产生影响。

（2）子原则 1.2：由于其长期的投资前景和分散化的投资组合，SWF 认识到气候变化带来了财务风险和机遇，应将其纳入投资框架。

（3）子原则 1.3：SWF 应根据各自的任务规定，报告其应对气候变化的方法。

2. 原则 2：所有权，SWF 激励公司在治理、业务战略和计划、风险管理和公共报告中解决重大的气候变化问题，以促进价值创造。

（1）子原则 2.1：SWF 希望公司董事会了解其业务实践对气候的

影响，并为公司解决相关的气候变化问题设定明确的优先事项。

（2）子原则 2.2：SWF 希望公司针对相关的气候情景进行规划，并将重大的气候风险纳入其战略规划、风险管理和报告中。

（3）子原则 2.3：SWF 鼓励公司进行公开披露，说明气候变化如何影响其未来表现以及正在采取什么行动。

（4）子原则 2.4：SWF 鼓励公司制定和采用商定的标准和方法，以促进与气候相关的重大数据的披露。

3. 原则 3：一体化，SWF 应考虑气候变化的相关风险和机遇，并纳入投资管理，以提高长期投资组合的弹性。

（1）子原则 3.1：SWF 应识别、评估和管理因向低排放的转型以及气候变化的潜在自然影响产生的投资组合风险。

（2）子原则 3.2：SWF 可以利用和开发分析工具，为投资组合配置和投资决策提供依据。

（3）子原则 3.3：SWF 应考虑全球应对气候变化的努力所带来的投资机会。

（4）子原则 3.4：SWF 应考虑减少投资组合面临气候相关风险的方法。

（5）子原则 3.5：SWF 可以促进气候变化的金融影响等相关问题的研究。

四、部分 SWF 的 ESG 投资政策

与其他类型的投资者一样，SWF 在将 ESG 问题纳入其投资决策中的承诺程度和动机也不同。一些人担心对在环境和治理问题上表现不佳的公司进行投资会带来财务风险；一些人是出于该基金的使命或更大的目标，而不仅仅只是为该国获取经济利益；一些人更关心 ESG 因素对子孙后代的长远影响。现在，让我们看看几只 SWF 在 ESG 投资方

面的表现。

（一）挪威全球养老基金

挪威全球养老基金成立于1990年，负责管理挪威北海石油销售的收入。2019年，其AUM约为1万亿美元，是全球最大的SWF（尽管沙特阿拉伯已宣布计划在未来几年将其公共投资基金增加至2万亿美元）。挪威全球养老基金有时也被称为“石油基金”，以区别于另一只政府养老基金。挪威全球养老基金由挪威银行投资管理公司（NBIM）代表财政部管理，财政部拥有该基金，以造福挪威人民。大约有65%的资金投资于上市公司股票，其余的投资于债券和房地产。该基金在73个国家和地区的9 000多家公司中拥有约1.4%的全球流通股票。该基金的设立是为了使挪威政府有足够的收入来应对世界油价下跌并度过经济衰退的时期，还可以缓解人口老龄化带来的影响。该基金有两个目的：为子孙后代提供石油收入，并增强政府提供财政政策方面的灵活性。如果一个相对较小的区域经济的收入大幅增加，可能会产生通胀。该基金提供了一个缓冲，因此可以减轻这些影响，相反，该基金可以在经济疲软时期支持财政刺激政策。该基金进行长期投资，目标是实现超过世界经济增长率的长期实际收益率。它是一个全球分散化的长期投资者，为可持续经济和稳定的商业环境做出贡献。同时它鼓励企业提高社会和环境标准。

该基金在考虑风险的背景下进行ESG投资，它寻求在承受中等风险的同时获得尽可能高的收益，并认识到被投资公司对社会和环境的影响会作用于公司的盈利能力和该基金的投资收益。作为长期投资者，该基金依赖于可持续增长、运转良好的市场和良好的公司治理。该基金是PRI的签署方，并对这些原则和其他国际标准的进一步发展做出了贡献。该基金定期与国际组织、监管机构和标准制定者、行业伙伴和学者进行合作。该基金为公司设定自己的优先事项和期望，视良好的公司治理为负责任的商业行为前提。为被投资公司制定了全面的预期定位，包括儿童权利、气候变化、水资源管理、人权、税收及透明度、反腐败、海洋可持续发展。例如，对海洋可持续性的期望主要分为以下几类。

- 将海洋可持续性纳入战略。
- 将重大海洋相关风险纳入风险管理。
- 披露重大优先事项并报告相关指标和目标。
- 负责任和透明地进行海洋相关治理。

尽管收益可能较低，有效性也值得怀疑，但该基金已经撤资或选择不在几个领域投资。该基金为不投资的特定行业或某些国家的公司制定了相关标准，观察或排除的指导方针如下。

1. 生产正常使用时违反基本人道主义原则的武器。

2. 生产烟草。

3. 向某些被排除的国家出售武器或军用物资。

4. 采矿公司和电力生产商从动力煤中获得30%以上的收入，或30%以上的收入建立在动力煤业务上。

5. 如果公司有不可接受的风险导致以下事项，则可以决定是否进行观察或排除。

（1）严重或蓄意侵犯人权，例如谋杀、酷刑、剥夺自由、强迫劳动和使用童工。

（2）在战争或冲突情况下严重侵犯个人权利。

（3）对环境的损害。

（4）公司整体的行动或不作为导致不可接受的温室气体排放。

（5）严重腐败。

（6）其他严重违反基本道德标准的行为。

通过 NBIM 的管理，该基金对石油和天然气投资采取了复杂而微妙的方法。该基金的财富来源是挪威从北海出售石油的收入，收入来自那里正在勘探和生产的公司的成功运营以及下游运输、精炼和分销系统。投资与石油和天然气的相关性较小的资产将有助于使该基金分散化。但值得注意的是，从历史上看，石油价格变化仅占能源股票价格风险的一小部分，支持剥离化石燃料也有环境方面的考虑。

挪威财政部评估，该基金投资组合中的能源股受到以下因素的影响（Meld，2019）。

- 挪威经济易受油价风险的影响。
- 随着时间的推移，石油价格风险已大大降低，现在有较高的风险承受能力。
- 将该基金中的能源股排除在外将有助于进一步降低油价风险，但效果似乎有限。
- 公司的行业分类对于降低油价风险是不准确的。
- 将勘探和生产公司排除在该基金之外似乎是降低石油价格风险更准确的方法。
- 气候风险是该基金的重要财务风险因素（财政部继续指出，气候风险必须在公司级别进行评估和管理。NBIM 当前拥有一系列用于管理气候风险的工具，包括公司治理计划和基于风险的撤资，并且基于行为的气候标准也已被制定）。
- 对该基金财务目标的广泛支持很重要，但不能认为是理所当然的。如果以促进气候目标为理由将能源部门从该基金中剔除，则可能会损害基金的财务目标，并损害其对未来福利的贡献。

人们还认识到，一些最大的综合石油公司也是可再生能源的最大投资者，对这些公司的持续投资可能对可再生能源的未来很重要。为了减少在石油价格方面的集中度和风险敞口，该基金于2019年3月宣布，计划逐步出售其在石油和天然气勘探和生产公司的大部分持股。这是包含134家公司的一长串名单，这些公司占该基金1万亿美元资产的1%以上。但该基金宣布将保留投资可再生燃料的公司的股票，包括英国石油公司、埃克森美孚公司和壳牌公司等。尽管此举显然是为了保护该国财富免受碳氢化合物价格大幅下跌的影响，但其中也包含着强烈的环保动机。应当指出，许多新闻报道均错误地指出该基金将剥离其化石燃料公司的股份，但NBIM和财政部的声明表明事实并非如此。

（二）法国养老储备基金

法国养老储备基金（FRR）的使命是“投资并优化公共机构代表社区委托给它的资金的收益，目的是为养老金筹集资金”。2003年以来，该基金被要求在负责任投资领域做出坚定承诺。该基金认为需要在决策中纳入ESG因素，因为这些因素可能会对公司估值和基金收益产生重大影响，并且这些因素可能会给整个行业或经济带来外部性。该基金最初使用“同类最佳”法进行ESG投资，在欧洲大型上市公司中推广了社会和环境责任的最佳实践。最近，该基金确定了4个优先事项。

- 优先事项1：将ESG因素整合到资产管理中。目的是通过定义有限数量的客观且可衡量的ESG标准来传播FRR的价值观。
- 优先事项2：履行社会责任。FRR将其监控活动范围从大型公司的股票和债券扩展到新兴市场和中小型公司。它还将限制对避税天堂的投资。
- 优先事项3：行使FRR的投票权。FRR对社会负责的投资策略要求采取积极的代理投票政策。

- 优先事项4：对负责任投资的研究做出贡献并支持国际倡议。FRR是PRI、CDP、采掘业透明度倡议（EITI）和国际公司治理网络（ICGN）的积极参与者。

FRR还继续落实排除某些行业公司的政策。FRR认识到烟草对健康的不利影响，并认为对话是无效的，因此将烟草业从其投资组合中排除。它还实施了一个雄心勃勃的项目，通过排除20%以上的收入来自动力煤的公司，或者20%以上的电力或热能来自煤炭的公司，来限制其投资组合的温室气体排放。

（三）淡马锡控股公司

淡马锡（Temasek）成立于1974年，其唯一股东是新加坡政府财政部，它的总部在新加坡，并在全球设有办事处。新加坡于1965年成为独立国家，新加坡政府成为几家重要公司的所有者，例如新加坡航空、新加坡电信公司等。淡马锡的创立是为了在商业上持有和管理这些资产，并为新加坡的经济发展、工业化和金融多元化做出贡献。淡马锡的特色是由一名女性何晶（Ho Ching）担任首席执行官（她与新加坡总理结婚使她具有更大的影响力）。淡马锡在2019年的AUM约为3 750亿美元。现在，它是重要的全球投资者，其投资策略有4个主题。

- 经济转型：通过金融投资服务、基础设施和物流等领域，挖掘中国、印度、东南亚、拉丁美洲和非洲等转型经济的潜力。
- 中等收入人口的增长：通过对电信、媒体和技术以及消费和房地产等领域的投资来迎合不断增长的消费者需求。
- 深挖比较优势：寻求具有独特知识产权和其他竞争优势的经济体、行业和公司。

- 新兴冠军公司：投资于拥有强大本土基础的公司，以及处于拐点、有潜力成为区域或全球冠军的公司。

淡马锡的 ESG 战略始于董事长林文兴的以下声明：“作为投资者取得成功本身并不是目的。最终这种成功必须转化为一个更美好、更可持续的世界，为人们和社会带来更多机遇和更美好的环境。”淡马锡是 SDGs 的签署方，并致力于打造一个由以下内容组成的“ABC”世界。

- 积极的经济（active economy）：生产性工作、可持续发展的城市、充实的生活。
- 美丽的社会（beautiful society）：乐观的人、包容性社区、公正的社会。
- 清洁的地球（clean earth）：空气清新、清洁的水、凉爽的世界。

淡马锡认为，有效管理 ESG 因素将带来卓越的长期效果。它在分析投资时考虑了可持续性将如何影响公司的绩效，与被投资公司进行可持续性讨论，并参与有关 ESG 投资最佳实践的国际讨论。以下是一些与 ESG 相关的具体操作。

- 第五届生态城市会议于 2018 年 6 月 5 日举行，探讨了食品、教育和医疗保健等主题。
- 淡马锡与包含 1 000 名年轻人的创新实验室“Unleach”合作，共同为 SDGs 创造解决方案。
- 与新加坡电信合作，提高对电子废物的认识。
- 支持生态银行为慈善机构收集二手玩具、服装、书籍和家居用品。

- 淡马锡还通过投资新加坡胜科工业集团和全资拥有的新加坡能源集团，参与太阳能的实质性开发。
- 淡马锡是蔚来汽车的投资者，蔚来是一家活跃在中国新能源汽车市场的中国初创企业。
- 淡马锡有6个支持各种社会事业和需求的基金会。

（四）中国投资有限责任公司

2007年，中国投资有限责任公司（China Investment Corporation，简称“中投公司”）成立，旨在实现中国外汇资金多元化投资。中投公司下设3个子公司：中投国际有限责任公司（简称“中投国际”）、中投海外直接投资有限责任公司（简称“中投海外”）和中央汇金投资有限责任公司（简称“中央汇金”）。为了履行其职责，中投公司的投资目标是在可接受风险范围内实现股东权益最大化。中投公司非常重视资产配置，始终将构建简单、透明、有韧性的组合作为境外投资工作的重中之重，不断优化资产配置和组合管理。成立至今，始终坚持责任投资者定位。在总结自身实践和全球同业经验的基础上，形成了可持续投资政策。

ESG在中国以及整个亚洲的投资一直在增长，但仍落后于一些市场，如欧洲。投资者依然将重点放在更传统的短期财务收益上。中投公司的ESG报告有所增加，主要是对环境问题的考量。2016年，全球碳项目（Global Carbon Project）将中国列为全球最大的二氧化碳排放国。认识到问题的严重性，中国投入大量资金，以减少污染并大力增加可再生能源。扩大绿色金融、新能源汽车和可持续农业实践，有望促进环境改善，并吸引投资兴趣。

中投公司有几个正在推进的ESG目标项目。中投公司表示将致力于改善治理和提高透明度，中投公司的一项重要工作是国内的扶贫工作。该方法涉及4个步骤：第一，根据当地资源的可用性选择项目。

当能够给一个地区带来优势的当地资源被用来发展独特的产业，进而转化为经济优势时，扶贫就产生了最大的效果。第二，一支专职的项目管理专业团队进行现场检查和监督。第三，严格监督资金配置，以确保资金用于其预定目的。第四，遵循严格的工程项目招标程序，并建立检查制度，确保工程质量。随着人们越来越认识到 ESG 因素对长期投资的重要性，中投公司的投资政策可能会更全面地纳入 ESG 分析，并且中投公司将成为支持 ESG 资产的重要投资者。

（五）新西兰退休基金

新西兰退休基金成立于 2001 年，旨在管理 65 岁及以上人口的退休金。这是管理主权财富的、长期的、以增长为导向的全球投资基金。其任务是按照以下方式管理该基金。

- 最佳实践投资组合管理。
- 在对整个基金没有超额风险的情况下使收益最大化。
- 避免损害新西兰作为国际社会负责任成员的声誉。

该基金认为，ESG 因素对长期投资回报和新西兰在国际社会的声誉至关重要。因此，ESG 因素已整合到该基金的投资决策和外部经理的监控中。其投资政策与 PRI 密切相关。该基金于 2016 年启动了一项全面的气候变化战略，该战略包括 4 个部分。

- 减少基金对化石燃料储备和碳排放的敞口。
- 分析气候变化对投资研究和分配的影响。
- 与公司和投资经理一起参与相关的代理投票。
- 寻找替代能源、能源增效和基础设施转型方面的新投资机会。

尽管该基金更倾向参与，但与以下活动有关的公司则被排除在该基金之外。

- 制造集束弹药。
- 制造或测试核爆炸装置。
- 制造用于伤人的地雷。
- 制造烟草。
- 加工鲸鱼肉。
- 制造大麻。
- 制造民用自动和半自动枪支，弹夹或零件。

（六）未来基金（澳大利亚 SWF）

未来基金成立于2006年，目的是为澳大利亚子孙后代造福，目前管理着6只公共资产基金。该基金认为，对ESG风险和机会的有效管理可以支持其实现最大回报的要求。报告指出，ESG的相关因素因行业和资产类别而异，但可能包括以下任何一项：职业安全、人权和劳工权利、气候变化、可持续供应链、腐败和贿赂。它在研究投资和任命投资经理中整合了ESG因素，在其代理投票决定中考虑ESG问题，并与被投资公司或投资经理直接合作。它排除了生产烟草产品或军用武器的公司。

（七）中东 SWF

80只最大的SWF中有20只位于中东的石油生产国。其中最大的是：

- 阿布扎比投资局（Abu Dhabi Investment Authority）。
- 沙特阿拉伯金融管理局（SAMA）。
- 科威特投资局（Kuwait Investment Authority）。

- 卡塔尔投资局（Qatar Investment Authority）。
- 迪拜投资公司（Investment Corporation of Dubai）。
- 沙特阿拉伯公共投资基金［Public Investment Fund（Saudi Arabia）］。
- 阿布扎比投资委员会（Abu Dhabi Investment Council）。
- 阿布扎比国际石油投资公司［International Petroleum Investment Company（Abu Dhabi）］。
- 阿布扎比穆巴达拉投资公司［Mubadala Investment Company（Abu Dhabi）］。
- 伊朗国家发展基金会（National Development Fund of Iran）。

这些基金既有相似之处，也有不同之处。这些基金的资金来源是石油价格的上涨和石油出口收入的增长。这些基金的目的包括将石油收入再投入世界经济的循环中，为子孙后代提供资金，并试图摆脱东道国对碳氢化合物的过分依赖以实现分散化。但是，根据这些经济体的不同规模、人口需求以及随之而来的预算要求，各基金的侧重点和需求也有所不同。

如前所述，其中4只基金（阿布扎比投资局、科威特投资局、沙特阿拉伯公共投资基金和卡塔尔投资局）已经与新西兰退休基金和挪威银行投资管理公司合作成立了“One Planet”工作组。此外，来自中东的其他SWF也有大量ESG投资。接下来，我们将研究其中一些基金的具体情况。

1. 阿布扎比穆巴达拉投资公司。阿布扎比穆巴达拉投资公司于2017年1月成立，由穆巴达拉发展公司和国际石油投资公司合并而成。该投资公司由阿布扎比政府全资拥有，任务是促进阿布扎比经济的多元化，管理长期的资本密集型投资，为公民带来金融和社会利益。该投资公司是可再生能源的最大投资者之一，比如它全资投入了可再生能源和可持续城市发展领域的全球领导者——马斯达尔（Masdar）。通过马斯达尔，该投资公司拥有伦敦阵列（London Array）20%的股份，伦敦阵列使用175台涡轮风电机，可以产生630兆瓦的清洁能源，位于英国泰晤士河口外肯特海岸的20公里处，是全球第二大的海上风电场。其他项目包括“马斯达尔城市”，这是一个计划社区，旨在成为清洁技术公司和国际可再生能源机构的所在地。马斯达尔又在阿联酋、约旦、毛里塔尼亚、埃及、摩洛哥、英国、塞尔维亚和西班牙等地的可再生能源项目中投资了超过27亿美元。

以下是马斯达尔的其他一些投资。

- Shams 1发电厂：马斯达尔在Shams 1拥有80%的股份，Shams 1是全球最大的聚光太阳能发电厂之一，也是中东和北非地区的第一座聚光太阳能发电厂。
- 阿布扎比CCUS项目：碳捕获、利用和储存（CCUS）项目每年可从当前排放中捕获多达80万吨的二氧化碳。二氧化碳通过管道网络运输并注入石油储层，以提高采油率。注入的二氧化碳将在地质上保留在储层中。
- 迪拜穆罕默德·本·拉希德·阿勒马克图姆太阳能公园（正在开发中）：2016年6月，马斯达尔旗下企业中标开发迪拜穆罕默德·本·拉希德·阿勒马克图姆太阳能公园的800兆瓦第三期工程。

2. 沙特阿拉伯公共投资基金。沙特阿拉伯公共投资基金成立于1971年，旨在为对国民经济具有战略意义的项目提供资金支持。沙特阿拉伯国家石油公司的所有权预计将转让给该基金。尽管其公开募股在2018年被推迟，但转让的沙特阿拉伯国家石油公司股份将使该基金成为全球最大的SWF，其AUM超过20亿美元。该基金有如下

4 个目标。

- 增加基金资产。
- 开发新部门。
- 建立战略经济合作伙伴关系。
- 尖端技术和知识本地化。

该基金为沙特内的产业提供了大量资金，最近，该基金直接或通过参与其他基金成为全球的积极投资者。一些备受瞩目的重要投资如下。

- 投资优步、特斯拉、Magic Leap 公司、Noon 平台。
- 投资通用电气、洛克希德集团和黑石集团。
- 投资韩国浦项建设公司 38% 的股份。
- 收购 AccorInves 的股份。
- 计划向专注于科技的软银愿景基金投资 450 亿美元。
- 计划向美国的基础设施投资 400 亿美元。
- 投资俄罗斯直接投资基金。
- 投资沙特 - 约旦投资基金。
- 投资法国私募股权基金。
- 投资 NEOM，这是一个计划投资 5 000 亿美元的城市，将在沙特阿拉伯的西北部发展可再生能源。
- 投资红海旅游开发项目。
- 投资建立沙特回收公司。
- 投资沙特的国家节能服务公司，促进高效能源利用。

该基金是“One Planet”的创始成员之一，并已启动了许多支持长期投资以应对气候变化的倡议。这包括为沙特启动 200 千兆瓦的太阳能计划，以及对可再生能源、公用事业、资源回收利用和能效服务公司的投资。该基金 2018—2020 年的计划目标如下。

- 在资产组合层面实现卓越运营，从而提高燃油消耗效率并降低资本成本。
- 投资太阳能和可再生能源，使该行业在价值链上本地化，并引领沙特成为该行业的全球参与者。
- 投资于现代化能源，包括使用智能系统和双向基础设施。以整合可再生能源。

在粮食和农业领域，除了计划促进在农业地区更有效地利用天然和可再生水资源，该基金还计划为工厂、牲畜养殖场和渔业实施高效的可持续生产技术。

（八）其他 SWF 的活动

除了上文强调的 SWF，其他许多 SWF 也将 ESG 因素纳入投资决策，并具有不同的承诺水平。例如，PGGM 是荷兰第二大养老基金的管理人，管理着 2 200 亿欧元的资产。PGGM 认为负责任投资是其投资方法不可或缺的一部分。它在投资过程中有意识地纳入 ESG 因素，认为可以在 7 个重点领域产生影响。

- 气候变化、污染和排放。
- 水资源短缺。
- 食品安全。
- 医疗保健。
- 人权。

- 稳定的金融体系。
- 公司治理。

PGGM 已从排除性投资转向所谓的“解决方案投资”，作为长期投资者寻求创造可持续金融价值，同时利用资本为解决气候变化等重大社会问题做出贡献。

尼日利亚主权投资管理局（NSIA）成立于2011年，它有3项独立的任务。

- 稳定基金（占20%）：在经济困难时期向政府提供财政支持。
- 未来后代基金（占40%）：投资于分散化的增长投资组合，以在碳氢化合物储量耗尽时向尼日利亚的后代提供资金。
- 基础设施基金（占40%）：通过对尼日利亚国内项目的投资来促进基础设施的发展。因此，NSIA 具有三重使命，即发展国内基础设施，稳定政府预算，为子孙后代储蓄。

2019年年初，NSIA 支持发行15年期绿色债券，这是尼日利亚市场上的第一只绿色债券。NSIA 也已开始关注尼日利亚的可持续农业，它支持了为期10年的尼日利亚农业投资基金（FAFIN）的融资，该基金致力于可持续发展。NSIA 还与英国耆卫保险公司成立了一家合资企业，专门设立了2亿美元的基金，专注于尼日利亚的综合商业农业和农业食品加工项目。预计这些项目将具有商业竞争力，而且会带来更多好处，例如粮食安全和进口替代。

还有摩洛哥政府机构拥有的基金 Ithmar Capital。2019年，Obaid Amrane 被任命为 Ithmar Capital 的首席执行官。重要的是，除了其他重要的职务，Obaid Amrane 自2010年成立以来，还是摩洛哥可持续能源署（MASEN）执行董事会成员。Ithmar Capital 承担了几个有趣的 ESG

项目。它与世界银行共同创立了绿色增长基础设施基金，这是第一个专门针对非洲大陆的绿色基础设施基金。该基金的主要目标是引导私人资本流向与清洁能源和水项目相关的负责任的基础设施投资领域。它还与加纳和塞内加尔建立了伙伴关系，以探索共同投资的机会，包括发展大型太阳能项目和分享可再生能源的专业知识。

第十二章

家族基金会和家族办公室的 ESG 实践

弗朗西斯·斯科特·基·菲茨杰拉德说："富有的人与我们普通人不一样。"海明威回答说："是的，他们有更多的钱！"我们可以补充的是，非常富有的人也是不同的，因为他们有时会把大量的钱投入不同的金融工具中。特别值得关注的是，他们的投资实践对ESG问题产生影响的能力也存在差别。养老基金、大学捐赠基金和主权财富基金等机构投资者也可能产生重大影响，但它们通常拥有不同的利益相关者，这使得很难就ESG投资达成共识。机构投资者还有更详尽的报告要求，而且往往有财务回报的要求，这可能使其ESG投资选择受限。然而，通过创建家族基金会，私人投资者可以在很大程度上摆脱这些限制。一些大型的家族基金会可能利用家族办公室形式进行行政管理。我们在本章中将交替使用家族基金会和家族办公室这两个术语，虽然这两个词并不完全等同。

与分散化的投资组合相比，个人或家族基金会的一个关键优势是，它通常不必满足许多不同的意见。此外，虽然有一些信息披露方面的要求，但远远低于对机构投资者的要求。家族基金会可以决定接受低于市场水平的财务回报，甚至是零回报。那么，什么是家族基金会呢？它是由个人或相关人员出资设立的一种私人基金会（其他私人基金会，比如那些由公司建立的基金会也是如此)。基金会的成立是为了追求慈善目标，并享有一定的税收优惠。与所有的私人基金会一样，家族基金会每年必须花费5%的总资产用于捐赠，并且必须公示其赠款用途，其投资收入要按1%或2%的税率纳税。捐赠给基金会的资产可以包括现金、人寿保险、年金、上市或非上市股票、房地产、个人退休账户（IRA）资产以及其他持有的资产。有吸引力的是，这些捐款可以从税前收入中提取，然后从捐赠者调整后的总收入中扣除，但不得超过某些限额。基金会可以是直接参与慈善项目运作的经营性基金会，也可以是主要向慈善机构提供资金支持的非经营性基金会。它们可能由创始家族管理，也可能由独立的职业经理人管理。基金会可以无限期地运作，在创始人去世后仍然存在，也可以解散或转变，或者买入捐助者建议的基金。一个有趣的发展趋势是，一些极其富有的现代人希望在有生之年将自己的财富用于慈善目的，而不是在死后将自己的财富遗赠给慈善机构，他们希望解决这一代人的问题，并且认为没有必要推迟。一些著名的慈善家有洛克菲勒、卡内基、弗里克、范德比尔特、斯坦福和杜克。这些名字现在因他们的慈善活动而出名，而不是那些为他们的捐赠提供资源的公司。下一代人了解盖茨、巴菲特、彭博和扎克伯格，可能不是因为他们的商业成功，而是因为他们的慈善事业。

一、家族办公室

随着超高净值个人财富的激增，他们对于资金管理的要求已经超出了一般的会计师、经纪人或房地产律师所能提供的范围。这些私人投资者的需求与大型机构投资者的需求相似，因此有时所需要的服务甚至超过了银行和经纪公司的私人客户/财富管理部门。他们还希望在自己的事务中拥有更高程度的隐私性和保密性，可以通过将投资流程

“内化”，组建家族办公室来实现。除了对负责人与创始者的关系有适度的限制，家族办公室没有其他具体的注册要求。家族办公室为一个客户或者家族提供一整套的服务，尽管该客户可能是由几个相关的个人组成的。一般来说，家族办公室管理1亿美元资产是合适的，管理2.5亿美元及以上资产可能也是正常的。

家族办公室一般有3种类型：单一家族办公室（SFO）是最初形式，也是最常见的类型。随着一个家族的成长并传递到后代，SFO可能会扩展为一个联合家族办公室（MFO），容纳最初家族的几个不同分支。如果家族企业的资产紧密相连，那么可能会演变成嵌入式家族办公室（EFO）。一些员工，比如首席财务官，可能在监督企业财务事务的同时，也在家族办公室中扮演着关键角色。

家族办公室提供的服务包括管理家族财务、提供法律服务以及社会服务等，具体如下。

- 投资管理。
- 地产及财富转移策划。
- 公益活动。
- 房地产交易。
- 保险。
- 风险管理。
- 其他法律服务。
- 社会和个人协助。
- 安全。
- 账单支付。

图12－1详细展示了这些服务。

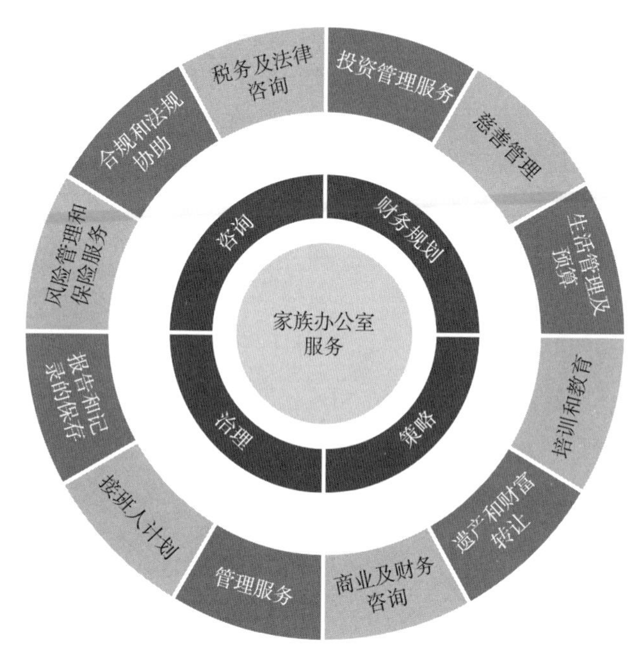

图 12-1　家族办公室服务

资料来源：EYGM 有限公司。

无论是家族办公室，还是家族基金会，这种形式的慈善组织已经发展到一个巨大的比例。2017 年，来自个人、基金会和企业的私人捐赠总额超过 4 000 亿美元。一些捐赠规模领先的美国基金会如表 12-1 所示。

这些家族基金会关注的重点非常广泛，包括改善人类生存条件和解决世界贫困等问题。但其他基金会，尤其是新成立的基金会，其进行慈善投资的范围往往很窄，有时只针对某一项事业。相比于将资金分散到许多的项目中，通过这种方式投资可以产生更大的影响。毕竟，基金会可能没有足够的资源、财务或行政管理力量来了解和影响更多领域。表 12-2 列出了一些较大的家族基金会及其关注的领域。

表 12-1　美国捐赠规模较大的基金会　　单位：百万美元

排名	基金	投资资产	资产分配			
			公司股票	美国和州政府的义务	公司债券	其他投资
1	比尔及梅琳达·盖茨基金会	39 910.8	27 647.4	5 325.0	712.5	6 225.9
2	礼来基金会	10 241.1	9 236.1	0	0	1 005.0
3	罗伯特·伍德·约翰逊基金会	9 644.5	1 741.0	267.1	0	7 636.4
4	威廉和弗洛拉·休利特基金	8 857.1	2 916.9	475.5	413.9	5 050.8
5	彭博家族基金会	7 817.7	0	0	0	7 817.7
6	凯洛格基金会	7 663.2	4 844.1	170.6	0.9	2 647.6
7	保罗·盖蒂信托基金	6 812.7	349.2	0.2	16.6	6 446.7
8	大卫和露西尔·帕卡德基金会	6 678.1	0	533.8	0	6 144.3
9	安德鲁·W. 梅隆基金会	6 081.4	332.8	258.3	135.4	5 354.9
10	戈登和贝蒂·摩尔基金会	6 055.6	237.1	729.9	0	5 088.6
11	利昂娜和哈里·赫尔姆斯利慈善信托	5 379.8	469.1	0	0	4 910.7
12	约翰和凯瑟琳·麦克阿瑟基金会	5 259.9	2 980.5	105.1	33.4	2 140.9
13	洛克菲勒基金会	3 856.3	361.1	25.9	0	3 469.2
14	沃尔顿家族基金会	3 651.9	0	0	0	3 651.9
15	克莱斯格基金会	3 524.2	1 174.3	37.4	166.0	2 146.5
16	加州捐赠基金会	3 465.0	1 287.1	48.0	203.7	1 926.2
17	JPB 基金会	3 393.2	1 982.1	467.3	0	943.8

资料来源：美国国家税务局纳税申报文件中的养老金与投资项目（Pensions & Investments），截至 2016 年 12 月 31 日。

表 12-2　较大的家族基金会关注的 ESG 焦点

名称	关注点
比尔及梅琳达・盖茨基金会	贫困、健康、教育
霍华德・G. 巴菲特基金会	粮食安全、缓解冲突、公共安全
礼来基金会	社区发展、教育和青年、宗教
罗伯特・伍德・约翰逊基金会	健康
威廉和弗洛拉・休利特基金	教育、环境、全球发展和人口、表演艺术、网络
彭博家族基金会	环境、公共卫生、艺术、政府创新、教育、妇女经济发展、科学
凯洛格基金会	儿童、家庭、社区
保罗・盖蒂信托基金	艺术
安德鲁・W. 梅隆基金会	人文、艺术、高等教育

它们的规模、独立性以及低透明度和低解释性招致了人们对这些基金会的批评，认为它们有时更喜欢直接行动，而不是与政府机构和其他非营利组织合作。这使得一些基金会有时会制定自己的全球卫生议程，而这些议程可能并不总是与其他机构同步，甚至不与发展中国家所认为的最优先事项同步。一些基金会也被认为在追求政治议程，那些反对歧视，重视贫困群体的组织，往往与它们所在国家的政府意见相左。尽管有这些批评，家族基金会还是投入了大量的资金和极具天赋的个人努力来解决社会上最紧迫的问题。

接下来，我们将详细介绍一些最大的基金会。

（一）陈－扎克伯格倡议

打破联邦免税非营利慈善基金会的传统模式，马克・扎克伯格和他的妻子普莉希拉・陈创建了他们自己的慈善公司——陈－扎克伯格倡议。该公司成立于 2015 年，是一家由扎克伯格和陈共同拥有的有限责任公司。与慈善信托或私人基金会不同，该公司可以投资营利性企业，可以自己赚钱（虽然这不是目的），可以进行游说活动，也可以进行政治捐款。创始人相信，从事这些活动的能力让他们有更多的选择，在他们关注的慈善领域产生有意义的影响。扎克伯格夫妇的捐款由3家基金机构提供：陈－扎克伯格基金会、陈－扎克伯格倡议捐赠顾问基金和陈－扎克伯格倡议。陈－扎克伯格倡议最初几年的资金来源是每年大约10亿美元的脸书股票。但随后，两位创始人承诺，最终将捐出自己99%的脸书股份。当时，脸书的市值约为450亿美元（下文将详细介绍裸捐誓言）。陈－扎克伯格倡议认为自己的使命是在科学、教育、公正和机遇等领域寻找新途径，将技术与社区驱动的解决方案以及合作结合起来。截至2019年年中，陈－扎克伯格倡议已向超过88个教育实体、123个科学实体、86个公正和机会实体、128个社区实体和3个其他类别实体提供了资助。陈－扎克伯格倡议有远大的目标，比如在医疗保健方面，它希望“治愈孩子们一生中的所有疾病”，为此，它宣布将从2016年开始，在10年内投资30亿美元。虽然这是一笔可观的资金，但在全球医疗研究总支出中只是很小一部分。

（二）裸捐誓言

“裸捐誓言”是一项鼓励富人将大部分财富捐给慈善事业的行动。比尔·盖茨和沃伦·巴菲特于2010年发起了这一行动，当时有40名美国富人承诺捐出至少一半的财富。截至2019年年初，有超过200名签名者，几乎都是亿万富翁，累积财富超过1万亿美元。这些人现在来自23个不同的国家。最著名的签名者是沃伦·巴菲特，他承诺在他生前或死后将99%的财富捐给慈善事业。这种承诺与其说是一种有约束力的法律合同，不如说是一种道义上的承诺。除了要求富人捐出至少50%的财富用于慈善事业，该行动没有具体规定捐出财富的数额或比例，没有具体说明捐赠的时间，也没有具体说明哪些慈善机构或事业将成为受益人。发起行动的组织者们希望，自己能够明确表示出该行动鼓励捐出大部分财富的意图，这将有助于鼓励人们就捐多少、出于什么理由、为了什么目的进行交流、讨论，并采取行动。组织者们也希望这项行动能把那些致力于这类捐赠的人聚集在一起，交换如何以最好的方式进行捐赠的理念。

（三）比尔及梅琳达・盖茨基金会

比尔及梅琳达・盖茨基金会前身是1994年成立的威廉・H. 盖茨基金会。它的创始人是微软公司的前董事长，他常被评为世界上最富有的人，关于他的更多信息将在之后介绍。该基金会专注于几大目标，并与合作伙伴在创新解决方案上合作。2018年，该基金会的资产总额超过500亿美元。自成立以来，赠款金额为455亿美元，2016年和2017年的年度直接赠款金额分别为46亿美元和47亿美元。为了进行更好的运营和捐赠，它有超过1 500名雇员。该基金会支持了49个州、哥伦比亚特区和130多个国家的受助人。因为盖茨本人为该基金会捐款超过358亿美元，该基金会的高质量工作得到了广泛认可，2006—2018年，沃伦・巴菲特又向该基金会捐款约245亿美元。

该基金会关注的领域是发展中国家的极端贫困和糟糕的健康状况，以及美国教育系统的不足。它确定了几个资助领域。

- 全球发展方案：关于发展中国家的家庭保健、疫苗供应、紧急救济以及使用电脑和互联网的项目。包括应急响应，计划生育，全球图书馆，集成交付，孕产妇、新生儿和儿童健康，营养，小儿麻痹症，疫苗交付。
- 全球增长与机会计划：在不平等和市场失灵的情况下开展可持续变革项目，以实现未开发市场的潜力，提高经济和社会效益的包容性。包括农业发展，为穷人提供金融服务，性别平等，水、环境卫生和个人卫生。

- 全球卫生方案：寻求创新、有志向和可扩展的解决方案，以解决对发展中国家具有重大影响的卫生问题。包括发现与转化科学，肠道和腹泻疾病，艾滋病，疟疾，孕产妇、新生儿、儿童健康筛查与技术，被忽视的热带病，肺炎，肺结核，疫苗开发和监测。
- 全球政策与倡导：寻求与政府、私人慈善家、媒体机构、公共政策专家和其他对基金会使命成功至关重要的合作伙伴建立战略关系。包括烟草控制、发展政策和金融、全球教育计划。
- 美国的项目：教育、图书馆和互联网接入，美国的紧急救援，以及太平洋西北地区的社区拨款和地方努力。包括基础教育、经济流动性和机会、高等教育成功、华盛顿州项目。
- 慈善部门支持：为慈善机构提供帮助和支持的资源。

该基金会认为，气候变化是一个重大问题，但没有特别资助减少碳排放的项目。相反，该基金会的许多全球健康和发展捐款直接解决了造成气候变化或加剧其发展的问题。

我们可以更详细地看一个该基金会在农业发展方面的活动案例，其目标是支持撒哈拉以南非洲和南亚的国家的农业转型。这项活动有4个战略目标：提高农民的农业生产率；增加农民家庭收入；增加安全且负担得起、营养丰富的饮食公平；提升妇女在农业领域的地位。该基金会认为，这些挑战是由以下因素共同造成的：低生产力、低盈利能力，不能满足小农经济需求的制度和政策，妇女缺乏机会和资源以及没有能提供足够营养的粮食产业。该基金会的战略是在3个主要方面进行投资：以新产品、新工具、新技术、新系统和新方法的形式推进全面农业转型的全球公共产品；国家系统支持国家农业战略，通过国家、私营部门和其他国家内部伙伴关系推动系统创新，提供更有效的产品、工具、技术和服务；在公共或私营部门平台上为农民提供多种服务。

该基金会采用双轨方法来援助撒哈拉以南非洲和南亚的国家。它支持区域和国内的努力，与公共和私营部门以及捐助者和其他发展伙伴合作，支持政府的国家农业战略。它在埃塞俄比亚、尼日利亚、坦桑尼亚和印度有重大项目正在进行。

该基金会的农业发展战略是围绕以下几个方案组织的。

- 扶持国家系统：非洲。
- 种子系统和品种改良。
- 作物发现和转化科学。
- 牲畜。
- 食品营养系统。
- 全球政策和倡导。
- 政策和数据。
- 数字农民服务。
- 妇女权益。

该基金会的另一个优先事项是抗击疟疾。据估计，2017 年有 2.19 亿人患有这种疾病，约 43.5 万人死亡。90% 以上的死亡病例发生在非洲，60% 以上是 5 岁以下儿童。该基金会承诺为抗击疟疾提供 29 亿美元的赠款，为抗击艾滋病、结核病和疟疾的全球基金提供 20 亿美元。关于抗击疟疾的战略于 2018 年更新，重点可以总结为以下一系列的问题。

- 在世卫组织和消灭疟疾组织的伙伴关系下，2018 年 11 月共同启动了“高负担产生高影响”倡议。它侧重于在高负担国家开展迅速减少死亡的工作。
- 深化与其他主要捐助者和机构的伙伴与协作关系，为服务受影响国家政府提供更协调的支持。

- 建立支持下一代监控和数据使用的平台，重点是扩大遗传流行病学研究范围，为各级决策提供信息，并确定如何从工具和有限资源中获得更多信息。
- 通过现有渠道优化化学预防的覆盖面，立即拯救生命。
- 在公共和私营部门中测试模型，以便医疗和药品的获取，提高质量。
- 加快转型终局工具的研发数量和速度。

该基金会的3个战略目标如下。

- 减轻负担：抗击疟疾所需的许多技术已经存在，但许多高负担国家的病例仍然继续上升。找到利用现有技术解决更多问题的方法，可以挽救生命，让我们离终结疟疾更近一步。
- 缩短终局时间：通过投资于下一代监控系统，在出现耐药性疟疾的地区消除疟疾，并加快目前的终局研究和开发工作。
- 领先于耐药性：通过在大湄公河次区域消除恶性疟疾、开发一条生物检测渠道以及分析昆虫学和遗传流行病学数据，以快速应对威胁，缓解药物和杀虫剂耐药性的出现。

21世纪初以来，诊断、治疗和预防帮助全世界减少了40%以上的疟疾病例和60%以上的死亡病例。但其贡献已趋于平稳，在全球伙伴和受影响国家的承诺和合作下，根除寄生虫是可行的，也是解决疟疾问题的唯一可持续办法。

（四）礼来基金会

礼来基金会由礼来家族于1937年创立，最初是由美国礼来公司的股份投资的。截至2017年，在80年的时间里，该基金会向大约1万个慈善组织发放了近100亿美元的赠款。该基金会的使命是“促进和支持宗教、教育或慈善目的”，重点关注的3个领域是社区发展、教育与青年、宗教。

该基金会的方法是寻找在有关领域活跃且有经验的组织，然后提供资金、咨询、技术援助、研究、评估支持，并同其他有类似兴趣的组织建立联系。这一方法与其他一些基金会的做法相反，其他基金会寻求新的途径来提高效率，而不是通过现有的实体进行工作。以下是该基金会支持的一些项目的例子。

- 拉丁裔奖学金或教育补助金：2018年，该基金会提供了3 070万美元用于资助拉丁裔大学生。
- 宗教：2012年和2013年，该基金会向67所神学院提供资助，以消除或减少学生债务。2016年，它向匹兹堡神学院协会提供了120万美元的赠款，以协调各方努力，应对未来牧师们面临的经济挑战。
- 社区发展补助金：该基金会一直是印第安纳州，特别是印第安纳波利斯的长期支持者。例如，2017年，它向印第安纳波利斯艺术委员会提供了30万美元的社区发展赠款，作为一般运营支持。

（五）初心基金

2018年，杰夫·贝索斯成立了“初心基金”（Day One Fund），这是一个管理20亿美元的基金，专注于贝索斯的慈善活动。贝索斯凭借亚马逊股票成为世界上最富有的人，他向推特上的粉丝询问了他们对于其应该支持哪些慈善机构的看法。最终，他决定资助现有的帮助无家可归者的非营利组织，并在低收入社区建立一个新的非营利的基层幼儿园网络。2018 年年底，该基金的“Day 1”家族基金向 24 个现有的帮助无家可归者的组织提供了 9 750 万美元的赠款。每个组织都收到了 250 万美元或 500 万美元。该基金的“Day 1”学院基金计划在服务不足的社区建立和运营高质量、全额奖学金的蒙台梭利教学的幼儿园。

（六）罗伯特·伍德·约翰逊基金会

罗伯特·伍德·约翰逊基金会由罗伯特·伍德·约翰逊二世创立，他是健康产品制造商强生公司的创始人，于 1968 年去世。作为美国最大的专注于公共卫生的慈善机构，它每年向处理卫生问题的组织提供约 5 亿美元的赠款，这些组织分为以下类别。

1. 健康系统。

（1）医疗保健的覆盖范围和获得机会。

（2）医疗保健的质量和价值。

（3）公共和社区卫生。

2. 健康社区。

（1）建筑环境与健康。

（2）疾病预防和健康促进。

（3）健康差异。

（4）健康的社会决定因素。

3. 健康的儿童和家庭。

（1）儿童和家庭福祉。

（2）儿童肥胖。

（3）幼儿期。

4. 领导改善健康。

（1）健康领导能力的发展。

（2）护士和护理。

该基金会在开展工作时，遵循以下原则。

- 寻求大胆而持续的改变，其根源在于现有的最佳证据、分析和公开辩论的科学。
- 公平和尊重地对待每个人。
- 做好私人资源的管理工作，利用这些资源促进公众利益，重点帮助弱势群体。
- 培养多样性、包容性和协作。
- 作为领导者发声。

（七）洛克菲勒基金会

洛克菲勒基金会是由标准石油公司的继承人约翰·D. 洛克菲勒于1913年创立的。据估计，其捐款总额超过140亿美元。该基金会的使命是“促进全人类的福祉”。该基金会在与合作伙伴和受资助者建立合作关系的同时，推动科学、数据、政策和创新的新前沿。它关注的重点领域如下。

- 健康：洛克菲勒基金会过去的一些项目包括在美国南部根除钩虫，启动公共卫生领域，以及接种拯救生命的黄热病疫苗。它相信，通过数据可以为社区提供可操作的科学见解，它将贯彻下去以促进人人享有公平和高质量的健康。
- 食品：目前在食品方面的工作是通过2016年启动的“Yield Wise Food Loss”来实施的，其目标是将粮食损失和浪费减半。在粮食产量方面，重点关注美国的粮食浪费问题，并通过2006年成立的非洲绿色革命联盟关注非洲农民的粮食产量和收入，目标是翻一番。
- 电力：洛克菲勒基金会正在与政府、私营部门、技术人员和其他倡导者合作，以环境和经济可持续的方式加速电气化。它的“智慧电力促进农村发展”计划旨在促进长期经济增长，并为那些生活贫困和电力供应有限的人提供电力服务。

- 工作：通过影响力招聘，基金会帮助年轻人获得稳定的就业并提供职业生涯规划，帮助雇主解决关键人才的挑战。它还通过“100×25”运动推进职场中的性别包容，目标是到2025年让更多女性进入高管阶层。
- 弹性城市：大西洋理事会的阿德里安娜·阿什特-洛克菲勒基金会复原力中心是致力于提高全球社区对气候变化、经济变化、移民流动或安全挑战的应对能力的领先机构。
- 创新：洛克菲勒基金会的早期创新包括资助研制黄热病疫苗的科学家，以及促进影响力投资领域的发展。目前的创新计划包括创新融资、影响投资管理、数据科学的社会影响、数据和技术。
- 共同影响：洛克菲勒基金会认为，解决重大问题需要大规模的合作。为了在卫生、教育和经济机会等关键领域向发展中国家服务不足的人口提供大规模、可持续的变革，该基金会与其他主要慈善家一道，加入了名为“共同影响”的组织，创建了一种新型的协作慈善事业和大规模社会变革模式。

（八）彭博家族基金会（彭博慈善事业）

彭博家族基金会由全球数据、软件和媒体公司彭博的创始人迈克尔·彭博于2006年创建。他签署了“裸捐誓言”，承诺将把大部分财富捐给慈善事业。彭博慈善事业包括彭博家族基金会、企业和个人慈善事业，以及与世界各地市长合作的公益性咨询公司彭博协会（Bloomberg Associates）。截至2018年，彭博慈善事业向慈善机构捐款超过80亿美元，2018年彭博慈善事业在129个国家的510个城市投资了7.67亿美元。它关注的重点领域如下。

1. 环境。

（1）超越碳能源：推动美国迈向100%清洁能源经济。

（2）美国的承诺：将私营和公共部门的领导人聚集在一起，确保美国在减少排放和实现《巴黎协定》中有志向的气候目标方面保持全球领先地位。

（3）美国城市气候挑战：这是20个有志向的城市为大幅深化和加快应对气候变化所做的努力，促进其居民的可持续未来。

（4）全球煤炭与空气污染计划：支持国际社会为迅速超越煤炭发电而做出的努力。

（5）可持续城市："C40城市气候领导小组"由全球90多个大城市组成，共同采取行动应对气候变化。

（6）活力海洋计划：在世界各地的关键地区开展工作，以恢复鱼类数量。

2. 公共健康。

（1）溺水：这是世界第三大意外死亡原因。彭博慈善事业正在投资一个试点项目，以提出减少溺水的解决方案，并支持高风险地区的溺水预防干预措施。

（2）孕产妇和生殖健康：2006年以来，彭博慈善事业已向非洲、亚洲和南美洲的生殖健康项目承诺捐赠6 200万美元。

（3）彭博慈善事业在过去12年（2007—2019年）中承诺了2.5亿多美元，用于道路交通事故死亡率很高的中低收入国家或大城市。彭博慈善全球道路安全倡议侧重于实施经证明可减少道路交通伤亡的关键干预措施，并倡导加强道路安全法规。

（4）2016年以来，迈克尔·彭博一直担任世界卫生组织非传染性疾病和伤害问题全球大使。他的职责是提高全球对非传染性疾病和伤害的认识，并通过健康城市伙伴关系和卫生财政政策工作队，动员政治、经济和卫生领导人应对这些挑战。

（5）肥胖预防计划：通过提高公众对这一问题的认识和支持墨西哥、哥伦比亚、巴西、南非和美国的预防肥胖政策，解决全球肥胖这一流行问题。

（6）烟草控制：减少烟草使用，努力在世界各地实施经过验证的烟草控制政策。

（7）控制阿片类药物：通过支持其他州和地方可以复制的具有高影响力、以州为基础的干预措施来应对阿片类药物产生的公共卫生问题并挽救生命。

（8）卫生数据倡议：这是与澳大利亚外交贸易部共同资助的一项为期4年、价值1亿美元的工作，将直接与20个发展中国家合作，加强出生和死亡记录，并改善收集风险因素数据的机制。

（9）拯救生命的心血管健康倡议：旨在减少中低收入国家死于心脏病和脑卒中的人数。

3. 政府创新。

（1）有效的城市计划：帮助城市改善它们的工作方式，利用数据来识别和有效地回应居民的需求。

（2）市长挑战赛：一场城市领导人的竞赛，旨在寻找提升下一代人的解决方案，这些解决方案有可能改变市政厅的工作方式，改善市民的生活。

（3）城市中的自动驾驶汽车：彭博慈善事业和阿斯彭研究所进行了为期一年的合作。在许多人所称的“第二次汽车革命”来临之际，确保人们的需求得到优先考虑。

（4）创新团队：帮助市长们提出并实施更大胆的想法。

（5）彭博哈佛城市领导计划：为市长和高级职员免费培训，该计划融合了哈佛肯尼迪学院的公共管理专业知识和哈佛商学院的管理专业知识。

（6）城市实验室：彭博慈善事业、阿斯彭研究所和《大西洋月刊》合作举办的年度全球会议，包括市长、城市创新者、艺术家、资助者、学者和城市规划专家在内的500多名参与者聚集在一起，探讨如何改善城市和推广有效的城市战略。

（7）城市服务联盟：一个利用公民志愿服务发挥影响力的市政府网络。

（8）金融授权中心模式：为市长和地方政府提供了一种新的方式，以提高地方金融服务的质量和一致性。

4. 艺术。

（1）彭博互联：彭博慈善事业正在资助世界各地领先文化机构的数字项目开发，以增加访问和游客参与。

（2）公共艺术挑战赛：2014年举办了基金会首届公共艺术挑战赛，支持了4个城市的创意项目，为当地经济带来了1 300万美元的资金、1 000万人次的浏览量、245个合作伙伴关系和490个公共项目。2018年，5个城市被选中接受最高100万美元的捐赠，用于解决重要公民问题的临时公共艺术项目。

（3）艺术创新和管理项目：在两年内向美国6个城市的260多个中小型非营利艺术组织提供3 000万美元的不受限制的一般运营支持。

（4）ArtPlace：一个通过把艺术置于社区发展的中心来推动城市振兴的公私合营企业。

（5）彭博艺术实习：支持巴尔的摩、纽约市和费城的暑期实习项目，为年轻人提供他们在高中、大学和其他地方取得优异成绩所需的工具。

5. 教育。

（1）政策：彭博慈善事业正在通过支持旨在改善学生成绩的有效政策来加强美国的教育体系。

（2）大学入学和成功计划：旨在通过提供支持和指导，帮助学生申请大学和从顶级学府毕业。

（3）职业和技术教育：创新的学徒试点项目，帮助学生在高中期间获得证书和工作经验。

6. 创始人项目。

（1）美国城市倡议：帮助城市领导人应对气候变化，对抗肥胖和枪支暴力，并为艺术家和志愿者创造新的机会。

（2）约翰斯·霍普金斯大学：彭博慈善事业为该大学捐赠了15亿美元，这是美国大学收到的最大一笔捐赠。

（3）美属维尔京群岛飓风救援。

（4）妇女经济发展倡议：在撒哈拉以南非洲，已经招收了超过19.55万名妇女接受培训，超过10.5万名儿童上学。

（九）纽约卡内基基金会

纽约卡内基基金会是由安德鲁·卡内基于1911年成立的一个慈善机构。该基金会是现存最大的单一慈善信托，并且只是之前建立的几个卡内基慈善组织之一，原赠予契据指明该基金会应永久执行其工作。为了维持其支出能力，它的目标是每年5.5%的支出率。截至2014年，在10年时间里，该基金会共发放了5 012笔赠款，总计11.88亿美元。2017年，该基金会的赠款为1.57亿美元。赠款最初主要用于建设公共图书馆、教会机构、大学、学校和普通教育机构。然而，值得注意的是，在最初的捐赠信中，卡内基认识到随着时代的变化，赠款的优先次序也应该改变，并让受托人在他们认为有必要或需要时改变政策。以下是该公司目前的项目和重点领域。

1. 教育。

（1）教学相长：建立教师和教育领导者的培训、招聘和培养体系。

（2）改进学习环境：设计整个学校的新模式，为不同的学习者提供更有效的学习环境。

（3）公众理解：支持能够促使父母和家庭参与教育的研究。

（4）高等教育的成功途径：改善基础教育和高等教育的学习预期。

（5）整合、学习和创新：推进将协作能力、一致性和活力整合到一起的方法。

2. 民主。

（1）领域建设：支持州和地方团体援助移民社区。

（2）战略沟通：为移民改革辩论提供信息，并为社区提供信息。

（3）政策发展：改善联邦和州关于移民和公民融合的政策。

（4）无党派公民参与：鼓励合法居民成为美国公民和知情选民。

3. 国际和平与安全。

（1）核安全：减少因地缘政治和技术变革、核治理差距等引发的地区挑战而产生的核风险。

（2）全球动态：通过加深与欧洲－大西洋和亚洲地区的外交关系及其对美国与世界安全的理解，降低全球不稳定的风险。

（3）跨国运动和阿拉伯地区：通过增强阿拉伯社会科学家的能力，解决冲突背后的政治、经济和社会驱动因素，并为包括政治暴力在内的跨国趋势提出新方法，改善阿拉伯地区的状况。

（4）非洲建设和平：加强非洲大陆的和平建设，在非洲推广学术研究，将非洲专家与国际和平组织联系起来，并从世界其他地区学习适用的经验教训。

（5）跨领域挑战和特殊倡议：通过加强独立学术，弥合学术与政策之间的鸿沟，加深美国国会对国际事务的认识，加强应对国际安全特殊挑战的能力，将非政府专业知识引入国际安全问题。

4. 非洲的高等教育和研究。

（1）博士后支持：通过为博士后提供机会，包括非洲教育家设计的新模式，增加非洲先进学者的队伍。

（2）侨民联系：通过将非洲侨民学术机构与非洲大学联系起来，

加强在非洲大陆的培训和研究。

（3）高等教育政策和研究：通过生产和传播关于非洲高等教育部门的统计研究和出版物，建设研究管理能力，推进高等教育政策的实践。

5. 特别项目。

（1）学术领导奖：在本科教育中表现出远见卓识，以及对卓越和公平有杰出贡献者。

（2）安德鲁·卡内基研究员：一个有竞争力的社会学科和人文学科的研究员项目。

（3）卡内基慈善奖：表彰有杰出和持续慈善捐赠记录的个人和家庭。

（4）纳恩－卢格促进核安全奖：表彰有助于防止核武器扩散和减少核武器使用风险的个人和机构。

二、为家族基金会提供服务的组织

最大的银行和经纪公司，以及专门的利基公司，都为家族基金会提供投资或其他服务。此外，基金会理事会和基金会中心等组织还为家族基金会提供以下这些服务。

（一）基金会理事会

基金会理事会认为，它的使命是提供“慈善组织所需的机会、领导和工具，以扩大、提高和维持其促进共同利益的能力”。它的一些活动和服务如下。

1. 慈善交换是一个私人的社会网络，允许理事会成员讨论感兴趣的共同话题，分享资源，使其有机会与世界各地参与类似问题的同行建立联系；搭建搜索最佳实践、资源和事件的在线图书馆；在私人社区的同龄人中寻求并给出坦诚的建议。

2. 理事会促进公共政策，使慈善活动保持活力、包容、创新和有效。这方面的工作有以下几种方式。

（1）与成员、政策制定者及其工作人员接触。

（2）教育：理事会运作依照《社区基金会美国标准计划》，拥有全职法律工作人员，分析和沟通拟议政策的影响，并致力于教育自身成员政策和法规的潜在影响。

（3）促进：委员会维持与政府行政部门的关系，并促进有关问题的讨论。

（4）理事会活动：理事会赞助网络研讨会、学习论坛、峰会、会议、在线讨论，以及在华盛顿、其他地点和在线的专业活动。

3. 计划和倡议。

（1）弥合分歧：促进对话，鼓励不太可能实现的合作，制定共同的政策议程，解决将不同观点和立场的人们聚集在一起的困难。

（2）美国住房和城市发展部部长公益慈善合作伙伴：由美国住房和城市发展部与理事会合作颁发。

（3）包容性经济繁荣。

（4）机会区域。

（5）支持退伍军人和军人家属。

（6）全球慈善事业。

（7）领导企业慈善事业。

（8）可持续目标和慈善事业：理事会与其他组织合作，帮助基金会参与 SDGs。理事会主办有关主题的会议和网络研讨会，并组织深度知识资源交换。

（9）影响力投资：理事会提供影响力投资方面的教育资源，并采取行动促进基金会、投资者和决策者之间的对话。例如，与政策制定者合作，促进支持性的监管环境，包括美国国税局为私人基金会的与任务相关的投资提供指导；在基金会和其他合作伙伴（如社区发展、金融机构和投资公司）之间组织具有建设性的对话；聚集资源，揭开影响投资过程的神秘面纱；与思想领袖和中间人建立关系。

（二）基金会中心

基金会中心的历史可以追溯到20世纪50年代中期，其使命是“通过在美国和全世界推广慈善知识来加强社会部门”。它认为基金会活动的问责制和透明度是最好的政策，基金会应该有“玻璃口袋”[①]。除了在线服务，它还有4个区域性中心和一个由400个融资活动信息中心组成的广泛网络。它是全球领先的慈善活动信息来源，并提供数据、分析和培训。它为募资者和资助者提供知识、透明度和指导。一个有趣的分析工具是它的“视图”，这个分析工具结合了多种资源，包括数据可视化工具和原始资源，为单个问题提供焦点和视角。例如，“资助海洋”视图作为一个知识中心，为慈善团体提供与海洋保护相关的数据、资源和工具的集中访问。

① 指基金会的透明度和问责制。——编者注

第十三章

具有直接影响的 ESG 投资机构

前几章考察了 ESG 投资的几种不同来源。在这一章中，我们考察一些慈善机构的例子，这些机构是那些投资的接受者，是“改变世界”的“矛”。这些机构产生了直接的社会或环境效益，对 ESG 问题的影响最为集中。对这些组织的捐款或其他捐赠的目的是产生积极的、可衡量的社会和环境影响，而产生财务回报（如果有的话）充其量也只是次要目标。这些机构经常与其他非营利组织竞争资金，比如学术机构、宗教慈善机构、捐助者建议基金和私人基金会。这些机构也是公共和私人捐助资金的接受者，这些资金支撑它们实现各种目标，主要是在可持续农业、可再生能源、节能、小额信贷和一些基本服务方面，包括清洁水、住房、营养、保健和教育等领域。其中一些组织相对年轻并且有名人帮助宣传活动。例如，Water. org 是联合创始人之一——演员马特·达蒙（Matt Damon）所青睐的项目。有些被称为非政府组织，这一术语涵盖的组织范围很广，它们通常像政府机构一样运作，拥有一些政府的资助，但独立于政府。其他的像各地的红十字会等有很长的服务历史，仅在美国就有数千个注册的慈善机构，在全球有数万个。在本章中，我们将详细介绍其中几个慈善机构，但首先要做一些一般性的观察。

我们关注的重点主要是美国，美国的慈善捐赠一直令人印象深刻，却没有得到广泛的宣传。2017 年，美国个人、基金会和企业对慈善机构的慈善捐赠总额估计为 4 100 亿美元，比 2016 年增长 5.2%。表 13-1 根据《福布斯》汇编的数据，列出了捐赠金额最大的 20 家慈善机构。

表 13-1　美国最大的慈善机构

名称	私人捐助（十亿美元）	总收入（十亿美元）
国际联合劝募协会（United Way Worldwide）	3.47	3.92
赈济美国（Feeding America）	2.65	2.72
美国关怀基金（Americares Foundation）	2.38	2.38
环球健康行动小组（Task Force for Global Health）	2.16	2.20
基督教救世军（Salvation Army）	2.03	4.30
圣犹大儿童研究医院（St. Jude Children's Research Hospital）	1.51	2.09
国际直接救援组织（Direct Relief）	1.22	1.24
人类家园国际机构（Habitat for Humanity International）	1.10	1.99
美国男孩女孩俱乐部（Boys & Girls Clubs of America）	0.99	2.04
美国基督教青年会（YMCA of the USA）	0.97	7.40
粮食济贫组织（Food for the Poor）	0.94	0.95
怜悯国际（Compassion International）	0.89	0.89
美国天主教慈善会（Catholic Charities USA）	0.86	3.74
国际友好实业（Goodwill Industries International）	0.80	5.87
撒玛利亚人的钱包（Samaritan's Purse）	0.76	0.80
美国路德教服务会（Lutheran Services in America）	0.73	22.06
美国癌症协会（American Cancer Society）	0.73	0.86
世界宣明会（World Vision）	0.73	1.04
加强学生服务组织（Step Up for Students）	0.71	0.71
大自然保护协会（Nature Conservancy）	0.69	1.14

资料来源：《福布斯》。

捐赠者经常关心的一个问题是，扣除管理费或筹款费用，捐款中实际用于慈善目的的比例是多少。对于表 13 - 1 中的慈善机构，《福布斯》计算了以下 3 个财务效率指标。

- 慈善承诺率（有时被称为项目支持或项目费用）：这是在总支出中排除了租金、工资、筹款等用途之后，用于慈善目的的百分比。这个比例的平均范围为 86% ~ 87%。启动成本高的新慈善机构可能会有较低的比例，而接受食品、药品或其他实物捐赠的慈善机构可能会有较高比例。所列的这些组织中，有一些承诺达到 99% ~ 100% 的比例，例如赈济美国、美国关怀基金、环球健康行动小组、国际直接救援组织和加强学生服务组织。在这一比例较低的一些机构中，大自然保护协会为 67%，圣犹大儿童研究医院为 71%，美国癌症协会为 79%。
- 捐赠依赖率：这是费用与收入的比例，超过 100% 意味着慈善机构的支出大于收入，因此更依赖于持续的捐赠者支持。一个比例为 80% 的慈善机构只会花掉当年筹得资金的 80%。在金融市场表现良好的年份，随着收入相对于支出的增加，这一比例往往较低；在经济不景气的年份，这一比例往往较高。表 13 - 1 中大部分的慈善机构的捐赠依赖率为 90% ~ 100%，一些公司根据收费服务和其他收入来源，每年都有盈余。
- 筹款效率：慈善机构依靠捐赠来开展活动，找到捐赠者并处理他们的捐款是要花钱的，如果一个慈善机构很少有大型捐赠者，或者只接受实物捐赠，它的筹款成本可能非常低。大型慈善机构的平均筹款效率为 91%，也就是说筹款成本为 9%。这一比例低于 70% 就会被认为是非常低效的，前 20 名慈善基金中绝大多数的筹款效率为 90% ~ 100%。美国基督教青年会、圣犹大儿童研究医院、美国癌症协会和大自然保护协会的筹款效率为80%～85%。

有几家服务机构对慈善机构在筹款费用问题和其他经营问题上的表现进行了评估。例如，慈善导航（Charity Navigator）是最大的一个对慈善机构的财务健康、问责机制和透明度做出独立评估的机构，评估了超过9 000个美国慈善机构，它是一个非营利性组织，不接受来自被评估机构的广告或者捐赠。仅参考这类机构的评估结果的缺点是，它只关注慈善机构的结构，而没有观察慈善机构的效率。然而，效率评级似乎也很有用，特别是在关注极端值的时候。慈善导航列出了十大慈善机构，这些机构将50%以上的预算用于筹款费用，仅4.7%用于项目活动（慈善导航，2019）。表13－2列出了这些效率最低的筹资机构。

表13－2　10个筹款效率较低的慈善机构

名称	项目费用（%）	筹款费用（%）
受伤警察和治安官基金会（Disabled Police and Sheriff's Foundation）	4.7	90.3
癌症幸存者基金（Cancer Survivors' Fund）	8.3	88.6
失踪儿童委员会（The Committee for Missing Children）	6.4	87.9
自闭症谱系障碍基金会（Autism Spectrum Disorder Foundation）	18.1	76.5
荣誉基金会（Honor Bound Foundation）	20.3	67.0
儿童心愿网（Kids Wish Network）	19.7	61.0
儿童白血病研究协会（Children's Leukemia Research Association）	23.8	60.4
加州警察活动联盟（California Police Activities League）	32.2	56.6
寻找孩子们（Find the Children）	27.6	52.6
执法教育计划（Law Enforcement Education Program）	8.2	51.9

资料来源：慈善导航数据。

虽然有许多已成立的慈善机构在做重要的工作时没有与媒体或名人建立联系，但名人正越来越多地支持和影响着自己喜欢的事业。表 13－3 列出了几个这样的慈善机构。

表 13-3　部分与名人相关的慈善机构

名称	名人
儿童保健基金（The Children's Health Fund）	保罗·西蒙（Paul Simon）
克里斯托弗和达纳·里夫基金会（Christopher & Dana Reeve Foundation）	克里斯托弗·里夫（Christopher Reeve）
艾尔顿·约翰艾滋病基金会（Elton John AIDS Foundation）	艾尔顿·约翰（Elton John）
迈克尔·J. 福克斯帕金森病研究基金会（Michael J. Fox Foundation for Parkinson's Research）	迈克尔·J. 福克斯（Michael J. Fox）
美国宪法中心（National Constitution Center）	乔治·赫伯特·沃克·布什（George H. W. Bush），比尔·克林顿（Bill Clinton），斯莱德·戈顿（Slade Gorton），迪肯贝·穆托姆博（Dikembe Mutombo），桑德拉·戴·奥康纳（Sandra Day O'Connor），马克·普拉特（Marc Platt），爱德华·伦德尔（Edward Rendell），本·舍伍德（Ben Sherwood），约瑟夫·托塞拉（Joseph Torsella）
纽约重建计划（New York Restoration Project）	迈克尔·科尔斯（Michael Kors），贝特·迈德尔（Bette Midler）
人道对待动物协会（People for the Ethical Treatment of Animals）	品克（Pink），帕米拉·安德森（Pamela Anderson），亚历克·鲍德温（Alec Baldwin），伍迪·哈勒森（Woody Harrelson），艾丽西亚·西尔维斯通（Alicia Silverstone）
托尼·拉·鲁萨的动物救援基金会（Tony La Russa's Animal Rescue Foundation）	托尼·拉·鲁萨（Tony La Russa）

（续表）

名称	名人
美国的联合国难民事务高级专员办事处（USA for UNHCR）	安吉丽娜·朱莉（Angelina Jolie）
妇女运动基金会（Women's Sports Foundation）	克里斯·埃弗特（Chris Evert），米娅·哈姆（Mia Hamm），霍利·亨特（Holly Hunter），比利·简·金（Billie Jean King），玛蒂娜·纳芙拉蒂洛娃（Martina Navratilova）

资料来源：慈善导航数据。

让我们一起来看看这些与名人相关的慈善机构的细节。

一、妇女运动基金会

妇女运动基金会由网球传奇人物比利·简·金于1974年创立。它致力于确保女孩参与体育运动的权利，并通过参与来培养体育领袖。该基金被认为是体育届代表女性的声音，它的项目服务包括参与、教育、倡导、研究和领导。它的一些活动包括：

- 基金会每周会分配超过1万美元，为社会经济地位低下和不活跃的女孩提供参加体育运动的机会。
- 它的倡导工作直接影响了支持美国女学生运动员受教育机会的奖学金数量。
- 它提倡职业运动员和奥林匹克运动员平等竞争。
- 在过去的41年里，该基金会已经为促进女童和妇女在体育活动的参与、研究和领导能力方面提供了超过8 000万美元的规划。
- 重大奖助金计划：让100多万女孩积极参加体育运动

（GoGirlGo）；为 6 000 多名 11～18 岁的有色人种女孩提供基层体育机会（Sports 4 Life）；向有抱负的冠军运动员和团队提供 1 300 多笔赠款，以帮助她们支付实现冠军潜能所需的昂贵旅行、培训和设备费用（Travel & Training）。

- 在过去的 30 年里，该基金会提出了 40 多项全美的实证研究，为实现性别平等提供了基于数据分析的方法。
- 该基金会通过与美国全国大学体育协会的领导层、民权办公室、指导组织、学生家长和媒体合作，倡导《1972 年教育法修正案》第九条，为女孩提供体育运动的教育和指导，使之具有法律依据。
- 该基金会支持禁止性别歧视的国家法律，这一举措使得参加运动会的女高中生代表队比例从 1972 年的 1/27 上升到 2016 年的 2/5。
- 该基金会与美国奥委会合作，为它们新的独立机构制定了一个全面的计划，该机构将监督俱乐部和奥林匹克运动中的性虐待调查。
- 2014 年索契冬季奥运会，有 12 名接受"Travel & Training"基金的运动员参加，其中 2 名运动员为美国队赢得了奖牌，分别是 1 枚银牌和 1 枚铜牌。
- 2012 年伦敦奥运会和残奥会，有 31 名接受"Travel & Training"基金的运动员参加，其中 1 个团体和 4 名运动员获得共 7 枚奖牌，包括 5 枚金牌、1 枚银牌和 1 枚铜牌。

二、美国的联合国难民事务高级专员办事处

美国的联合国难民事务高级专员办事处的筹款费用比例相对较高，为 28.2%，但在会计能力和透明度方面得分较高。2017 年，该组织在

难民项目和宣传活动上花费超过 3 600 万美元，女演员安吉丽娜·朱莉是其支持者之一。该组织有几个不同的项目来改善世界各地难民和流离失所者的处境。

1. 当暴力事件或战争爆发时，紧急救援行动会做出反应。该组织的行动如下。

（1）快速反应：在发生大规模紧急情况后 72 小时内部署，并迅速启动救济和保护援助行动。

（2）与其他伙伴合作：帮助难民获得生存所需的一切——住所、医疗、食物、水，以及对弱势儿童和妇女的特殊保护和照顾，包括预防和应对性暴力。

（3）生存的需要：该组织能够为难民家庭提供数周、数月或数年的必要救生援助。为难民提供住所，这可能意味着为成千上万的人建立帐篷营地，提供住房材料，或向居住在城镇废弃建筑中的难民提供现金援助。该组织还提供基本用品，如毯子、睡袋，以及其他用品，如衣服、鞋子、肥皂、厨房用具、加热器、太阳能灯和蚊帐。

（4）健康和营养：该组织与合作伙伴密切合作，提供清洁水和营养食品，制定卫生计划，并确保难民能够获得紧急和基本的医疗保健服务。

（5）安全网：在战争时期，政府往往无法保障其公民的安全和人权。保护数百万难民和流离失所者是该组织的核心任务。在发生紧急情况的之前和之后，该组织努力确保难民的权利得到尊重，难民不会被迫返回他们处于危险中的国家。该组织提供法律和保护援助，以尽量减少暴力威胁，包括性侵犯，这是即使在庇护国也存在的一种风险。

2. 现金援助。85% 的难民不住在难民营，需要支付日常生活费用。该组织与难民进行面谈，以确定他们是否符合资格，在获得批准后，向他们提供使用现有银行系统和自动取款机的机会。

3. 教育。一半难民的年龄在 18 岁以下，其中 40% 的儿童没有接受小学教育的机会。2016 年，该组织通过与“教育一个儿童”（Education a Child）项目合作，帮助98.4 万名难民儿童进入小学就读，其中包括超过25 万名以前没有上学的儿童。另有4.2 万名难民参加了加速学习项目。4 000 多名难民学生获得了“阿尔伯特·爱因斯坦德国学术难民计划倡议”的奖学金，前往38 个国家的大学学习，另有1 500 名难民学生报名参加了“互联学习”项目，该项目将面对面学习与网络课程相结合。

4. 创新。该组织支持了一些创新方案，包括难民营的移动连接和使用可再生能源技术。

5. 住房就业。在紧急援助之后，难民需要就业机会、学习新贸易的能力或创业的机会。该组织支持就业规划，为难民提供经济赋权机会，支持职业和技能培训，并提供获得小额融资和贷款的便利机会。

6. 在美国的重新安置。因为该组织并不直接安置难民，但支持通过扩大安置难民的呼声，将难民家庭与重新安置难民家庭联系起来，为他们过渡到新社区提供有意义的援助，并帮助解决尚未满足的需求，如提供免费的法律服务。

三、迈克尔·J. 福克斯帕金森病研究基金会

迈克尔·J. 福克斯帕金森病研究基金会是由迈克尔·J. 福克斯于2000 年创立的。1992 年，31 岁的迈克尔·J. 福克斯自己被诊断出患有帕金森病。该基金会致力于积极资助相关研究和议程，为帕金森病患者找到治疗帕金森病的方法，并确保改善治疗方法的发展。2019 年，该基金会的议程重点如下。

- 利用对大脑疾病知识的改进，促进精准医学方法的发展，从而支持疾病治疗的发展。

- 采用综合的“路线图”方法来了解帕金森病，研究药物开发、治疗活性和结果测量，以便更快地将对复杂疾病的了解转化为新的治疗方法。
- 通过提高患者在研究中的作用，解决与新疗法相关的政策、监管机构和付款方问题，促进治疗的后期开发和批准。
- 继续推动和发展与利益相关者、财团的合作，以增加知识共享、学习和影响。
- 在区域或全美范围内，包括线上和线下社区活动等形式，参与临床试验、倡导基层活动，教育和告知患者他们在帮助实现其使命方面的重要作用。

四、艾尔顿·约翰艾滋病基金会

艾尔顿·约翰艾滋病基金会（EJAF）由艾尔顿爵士于1992年在美国成立，1993年在英国成立。它在金融效率、问责制和透明度方面的评级是所有慈善机构中最高的。美国基金会专注于美国、美洲和加勒比地区的项目，而英国基金会则资助欧洲、亚洲和非洲的艾滋病相关工作。此外，该基金会支持创新的艾滋病毒预防计划，努力消除与艾滋病病毒/艾滋病有关的污名和歧视，为艾滋病病毒及其患者提供直接护理和支持服务。自成立以来，该基金会已经为全球55个国家的项目筹集了超过1.5亿美元。直接服务包括与艾滋病病毒/艾滋病有关的医疗和精神健康治疗、检测和咨询、食品分发、援助生活、社会服务协调和法律援助。该基金会的美国机构定期评估其资助优先事项，并将资助的目标定在影响最大的地方。该基金会不仅扩大了其提供的资金数量，而且还从战略上为目前没有得到很好预防服务的关键地区和人口提供了援助，这些地区和人口最容易受到感染，包括美国南部、加勒比和拉丁美洲资金严重不足的社区；高度边缘化的人群，如注射毒品使用者、男男性行为者、被监禁的个人、性工作者和移民；服务不足的人群，如美国黑人、拉丁美洲人、妇女和年轻人。该基金会的重点是支持以社区为基础的预防项目、减少伤害项目，减少对艾滋病病毒/艾滋病污名化的公共教育，倡导改善与艾滋病相关的公共政策，解决种族和性别少数群体的公民权利，以及直接向艾滋病病毒感染者、特别是有特殊需求的人群提供服务。直接服务包括与艾滋病病毒/艾滋病有关的医疗和精神健康治疗、检测和咨询、食品分发、生活援助、社会服务协调和法律援助。

五、Water. org

Water. org 由“水非洲”（由演员马特·达蒙共同创立）和“水合作伙伴”合并而成。其项目为 2 000 多万人提供了安全饮用水和卫生设施，仅 2018 年就超过 600 万人。2018 年，其水资源信贷项目提供了 140 万笔贷款，平均规模为 362 美元。当其他关注水的慈善机构强调提供水和建造水井时，Water. org 采取的方法是提供负担得起的融资。它有以下 4 个解决方案。

- 水资源信贷项目：解决了安全用水和卫生设施的障碍之一——缺乏负担得起的融资。水资源信贷项目为那些需要获得可以负担的融资和专家资源的人提供小额、易于偿还的贷款，使家庭用水和厕所解决方案成为现实。它有 113 个全球合作伙伴，已经筹集了 17 亿美元来支持小额贷款。据估计，每 1 美元将产生 57 美元的影响。87% 的借款人是女性，迄今为止，99% 的贷款已得到偿还。
- 新企业：是研究、开发和探索解决水危机新方法的主要资金来源。在 9 个国家通过新企业资金试点了 25 项举措。

- Water Equity：是一家影响力投资管理公司，从美国银行、美国海外私人投资公司、Ceniarth 公司、尼亚加拉瓶装厂（Niagara Bottling）、康拉德·希尔顿基金会、斯科尔基金会和 Osprey 基金会等投资者那里筹集了 5 000 万美元的初始资金。所得款项将用于支持印度、印度尼西亚、柬埔寨和菲律宾各地的小额信贷机构、微型公用事业公司、厕所制造商和水净化亭。Water Equity 的目标是在 7 年的期限内实现 3.5% 的回报，并为 460 万人提供安全饮用水和卫生设施。Water Equity 采用一种混合资本结构，包括 500 万美元的首次亏损保证，覆盖了投资本金和回报。
- 全球参与：Water.org 向当地合作伙伴、政府利益相关方、双边和多边捐助机构以及大型宣传组织分享经验教训和最佳做法。它相信，随着时间的推移，这些努力将导致全球金融市场的形成，金融机构和从业者将把金融作为增加准入的工具，将援助资金留给其他有需要的人。其参与伙伴包括终结水缺乏（End Water Poverty），印度饮用水和卫生部门，印度邮政支付银行，印度卫生部，IRC-WASH（水、环境卫生和个人卫生），人人享有卫生和水（SWA）计划，斯科尔基金会，可持续卫生发展联盟（SuSanA），联合国儿童基金会，联合国水机制，美国国际开发署，印度水援助组织，世界银行集团，世界经济论坛，世界卫生组织。

Water.org 是致力于改善全球水资源供应的几个慈善机构之一。许多项目的重点是饮用水和卫生设施。还有一些则与海洋和水生生物的健康有关，这一类慈善机构包括海洋保护协会（Ocean Conservancy）、海洋觉醒计划（Project AWARE）和海洋守护者协会（Sea Shepherd Conservation Society），每个组织都有不同的海洋保护方法，都很别出心裁。

六、海洋保护协会

海洋保护协会是一个非营利性的环境倡导组织，也是另一个从慈善导航得到很高评价的慈善机构。它成立于 1972 年，旨在鼓励健康和多样化的海洋生态系统，现在有超过 12 万名会员。海洋保护协会利用研究、教育和科学来告知、鼓励和授权人们代表海洋说话和行动。它努力成为世界上最重要的海洋倡导者，并有 4 个战略重点：第一，恢复可持续的美国鱼类资源；第二，保护野生动物免受人类影响；第三，保护特殊的海洋区域；第四，推进政府改革以更好地管理海洋。以下是它的一些程序。

- 面对海洋酸化：该组织利用科学、政策和通信手段保护当地社区和野生动物免受海洋酸化的影响。
- 政府关系：该组织总部设在华盛顿特区，致力于确保海洋项目的资金。
- 海洋气候：该组织的海洋未来计划致力于了解气候变化和海洋酸化的影响。
- 保护佛罗里达：该组织委员会认识到需要立即采取行动来解决佛罗里达州海洋和海岸的问题。
- 保护北极：该组织委员会与当地社区、立法者、科学家和公众合作，寻求以科学为基础的解决方案来保护北极。
- 恢复墨西哥湾：该组织正在努力确保可以恢复墨西哥湾，并且使其成为一个有恢复力的海湾。
- 精细的海洋规划：该组织帮助沿海社区发展强大、可持续的地方经济，同时发展健康的海洋生态系统并保护野生动物。
- 可持续渔业：该组织的渔业团队致力于减少过度捕捞，从而重建脆弱的鱼类种群体系并加以保护。

- 无垃圾海域：它正在研究创新的解决方案，以减少最终进入海洋的垃圾数量。

七、海洋觉醒计划

海洋觉醒计划是一个位于加利福尼亚州的非营利组织，致力于走在海洋问题的前沿。它创建于 1989 年，由国际专业潜水培训系统（PADI）发展而来，这是一个休闲潜水会员和培训机构。海洋觉醒计划的使命是将对海洋探险的热情与海洋保护的目的联系起来。该计划的两个关键重点领域是社区和政策。每年，该计划都在其清洁海洋和健康海洋计划下开展行动。例如，2019 年，它支持生态群落，制定了对于塑料碎片、鲨鱼和射线的先进政策。它最近的一些活动如下。

- Love The Unloved 摄影比赛：有些海洋物种不像其他物种那么光彩照人和有魅力。这个项目旨在提高人们对海洋物种的认识和保护。
- Next Million 2020：这个项目设定了收集一百万件海洋垃圾的目标。
- No Excuse for Single Use：旨在提高人们对数百万吨最终进入我们海洋的塑料的意识。
- Make Time 4 Makos：认识到灰鲭鲨被重新分类为濒危物种，该项目寻求影响政府扩大保护和减少捕捞压力。
- Adopt a Dive Site：该项目敦促优秀潜水员持续参与潜水地点的保护和监测。参与者承诺每月进行一次针对碎片的潜水调查。他们将得到一整套调查工具的支持，包括一份关于当地潜水地点状态的年度报告，以及为潜水中心、度假村和优秀潜水员提供的识别工具。

- 该计划为潜水员提供10条行为准则，以保护海洋星球。潜水员行为准则共计10分，包括采取行动，回馈，做一名生态游客，减少你的碳足迹，做一个浮力专家，做一个好榜样，只带走照片——留下泡泡，保护水下生活，成为一名水下碎片维权人士，做出负责任的海鲜选择。

八、海洋守护者协会

海洋守护者保护协会是一个非营利性的海洋保护组织，总部设在华盛顿州。该协会对抗非法捕鲸（尤其是日本机构的非法捕鲸）的极端激进策略，已经招致了其他一些保护组织的批评，并对一些协会成员采取了法律行动。但是，不管你是否赞同该协会的策略，该协会已经提高了一些国家对捕鲸活动的认识——比如日本、挪威、加拿大和纳米比亚的海豹捕猎——这是毋庸置疑的。该协会的创始人保罗·沃森原本是绿色和平组织的成员，1977年，他的直接行动主义与绿色和平组织的和平主义方式存在分歧，因此他选择离开，并创立了该协会。该协会的任务是结束对世界海洋栖息地的破坏和对野生海洋动物的屠杀，以确保海洋动物的后代能够生存下去。如前所述，该协会使用直接行动策略来调查、记录，并在必要时采取行动来揭露和对抗公海上的非法活动。该协会的一些项目如下。

- 病毒猎人行动（鲑鱼养殖场研究）：该协会将第4年派遣其研究船“马丁·希恩”号（R/V Martin Sheen）前往不列颠哥伦比亚省，继续对太平洋西北部野生鲑鱼因疾病和寄生虫而严重减少的情况进行科学研究。
- 杰罗行动（针对海龟）：该协会在哥斯达黎加、洪都拉斯、佛罗里达州、安提瓜和巴布达、尼加拉瓜开展了保护海龟幼崽免受偷猎的项目。

- “Milagro V”行动（针对小头鼠海豚）：“法利·莫沃特”号（M/V Farley Mowat）和“白冬青”号（M/V White Holly）巡逻并保护小头鼠海豚和其他极度濒危的海洋哺乳动物和其他生活在加利福尼亚上海湾的物种。
- IUU捕鱼行动（终止非法、未报告和未管制的捕鱼）：IUU非常关注非洲的3个问题：无许可证的外国工业船只，在禁区使用非法渔网捕鱼，合法经营者未报告捕捞量。渔网是鲸类动物最大的威胁，每年有超过30万头鲸鱼和海豚死于网的缠绕。
- 珍爱岛屿行动（反偷猎和研究）：该协会正与墨西哥当局合作，巡逻和保护雷维亚希赫多群岛的海洋保护区，并与科学家一起研究该地区的多种海洋物种，包括鲸鲨、双髻鲨和伪虎鲸。
- 404行动（结束鲸鱼圈养）：该协会有秘密小组调查世界各地的海豚馆。
- 清洁海浪行动（海洋清理）：该协会正在与基里巴斯的当地社区合作，以确定如何最好地减轻目前对范宁岛生态系统和居民的压力。它有3个主要目标：塑料管理系统，珊瑚礁评估，清洁水解决方案。
- Mamacocha行动（终止非法捕鱼）：该行动旨在解决包括哥斯达黎加、巴拿马、哥伦比亚、厄瓜多尔和秘鲁海岸附近的海域、海岸和岛屿在内的东热带太平洋海洋走廊的非法、未报告和未管制（IUU）捕鱼问题。其中包括许多联合国教科文组织世界遗产，如加拉帕戈斯海洋保护区、科科斯岛、麻玻罗岛、科伊瓦岛国家公园及毗邻海洋特别保护区。
- “Divina Guadalupe”行动（喙鲸研究）：一个由墨西哥和美国科学家组成的小组，在该协会的帮助下，研究稀有的居维叶喙鲸的栖息地和行为，居维叶喙鲸是世界上最濒危的哺乳潜水动物之一。

上述慈善机构已经将项目集中在特定领域。接下来我们来看看一些范围更广的组织。

九、联合国儿童基金会和联合国教科文组织

联合国儿童基金会和联合国教科文组织都是从事慈善活动的机构。他们得到了名人和其他捐赠者的大力支持。联合国儿童基金会致力于保护和关爱儿童，而联合国教科文组织则致力于通过教育、科学和文化领域的国际合作来建立和平。

（一）联合国儿童基金会

联合国儿童基金会与世界各地的伙伴合作，推动保护所有儿童的政策和扩大获得服务的机会。它的儿童保护和包容倡议包括：

- 青少年发展：该基金会投资于改善青少年教育、批判性思维、情感和身体健康的项目，并鼓励青少年积极融入他们周围的世界。该基金会的主要目标之一是让学生继续上学，并致力于提高教育质量，强调可衡量的学习成果。该基金会还支持为弱势和被排斥在外的青少年提供替代性教育途径的项目，包括在紧急情况和冲突后的环境中。改善孕妇的健康和营养并提供高质量的生殖健康服务是另一个优先事项。该基金会支持各国倡导和实施对青少年具有高度影响的艾滋病病毒预防、治疗和护理。
- 移民儿童：该基金会在世界各地开展工作，帮助确保移民和难民儿童受到保护，其权利得到尊重。该基金会为难民营提供拯

救生命的人道主义物资，提供适合儿童的安全空间，移民和难民儿童可以玩耍，母亲可以休息和喂养婴儿，分离的家庭可以团聚。该基金会支持国家和地方政府制定包括难民和移民儿童在内的法律、政策、制度和公共服务，满足他们的特殊需求，并帮助他们茁壮成长。该基金会还收集、分析和传播数据。该基金会促进家庭团聚，并为以家庭为基础的解决方案提供支持，这些解决方案是拘留移民和流离失所儿童的替代方案。该基金会与政府、私营部门和民间社会合作。它制定了 6 项行动议程：呼吁相关部门就导致儿童背井离乡的问题采取行动；帮助背井离乡的儿童留在学校，保持健康；让家庭团聚，给儿童法律地位；通过创造切实可行的替代方案，结束对难民和移民儿童的拘留；消除仇外心理和歧视；保护流离失所的儿童免受剥削和暴力。

- 发展沟通：该基金会利用传播的力量促进儿童生存、发展、保护和参与，在保护儿童和社区方面发声。成功的案例包括小儿麻痹症疫苗接种、控制产妇死亡率和推迟女童童婚。
- 性别平等：该基金会正在通过解决特定性别歧视和不利条件来加速性别平等，并制定了一项性别行动计划，作为帮助创造公平竞争环境的流程图。
- 保护儿童免受暴力和虐待：该基金会促进加强儿童保护系统的所有组成部分——人力资源、财政、法律、标准、管理、监测和服务。该基金会及其合作伙伴支持建立和评估儿童保护系统。该基金会还参与宣传以提高人们的认识，并支持在国家和社区层面、在村庄内部、在专业和宗教团体之间以及在散居侨民社区就发展战略、教育项目进行讨论和交流。该基金会支持监护人为儿童提供安全的空间，让儿童玩耍、学习，并为儿童提供心理和精神健康的支持；帮助那些与家人和监护人失散的儿童找到家人、重新团聚、得到照顾；向遭受性别暴力的儿童和成人提供全面援助；积极争取释放与武装部队或武装团体有关的儿童，并支持他们重返社区；促进弱势儿童的综合个案管理，帮助协调人道主义者在儿童保护、性别暴力问题以及儿童的心理健康和心理社会支持方面的工作；监测、报告和应对严重侵犯儿童权利的行为，积极采取措施，减少儿童受到伤害的风险和防止儿童受到伤害。联合国儿童基金会还支持研究、数据收集和分析，以扩大关于儿童保护的证据基础。

- 残疾儿童：该基金会在为残疾儿童争取权利方面有着悠久的历史。它的愿景是建立一个能让每个儿童都健康成长、免受伤害、接受教育、充分释放潜力的世界。它确定了3个目标：建立一个包容所有人的组织；在残疾儿童权利方面发挥领导作用，并加强自身成员和合作伙伴的能力；将残疾问题纳入自身所有政策和项目的考虑范围，包括发展和人道主义行动。
- 环境和气候变化：环境可持续性为儿童提供了更好的未来。该基金会正在同其伙伴一道加强在全球和地方一级的参与。最近的一些优先事项：加强该基金会关于环境可持续性的政策和指导，将其作为一个交叉问题；将环境可持续性问题纳入基金会项目；倡导在政策论述中充分承认环境可持续性的重要性并将儿童纳入考虑；为儿童的发展和福祉创造机会，使其受益于与环境可持续性有关的公共和私人资金；在组织中纳入环境可持续性管理。
- 社会包容、政策和预算：该基金会与其他联合国机构合作，推动围绕指导国家框架、立法改革和影响儿童和家庭的预算分配的宏观政策展开对话。这项工作的中心包括全球经济危机与复苏，儿童贫困与社会保护，公共财政与地方治理，移民，对儿童敏感的社会保护。

该基金会的其他项目重点关注儿童生存、教育以及在人道主义紧急情况下帮助儿童。

（二）联合国教科文组织

联合国教科文组织总部设在巴黎，是一个通过教育、科学和文化领域的国际合作来寻求和平的联合国机构。该组织的项目也有助于实现 SDGs。为应对全球性挑战，该组织与多个伙伴合作，包括机构、个人、许多类型的政府、联合国大家庭、其他政府间组织、非政府组织、私营企业、慈善基金会、媒体机构、国会议员，以及亲善大使在教科文组织活动领域的许多其他专门网络，如第二类机构和中心（category 2 institutes and centers）、教科文组织俱乐部、教科文组织联合学校和教科文组织主席。该组织设有以下专业领域。

- 教育：该组织是唯一被授权涵盖教育各个方面的联合国机构。它通过可持续发展目标 4（sustainable development goal 4）引领《2030 年教育议程》。它在全球和区域教育领域发挥领导作用，加强世界范围内的教育体系，并通过以性别平等为基本原则的教育来应对当代全球挑战。主题包括全球公民意识和可持续发展、人权和性别平等、健康、艾滋病，以及技术和职业技能发展。
- 文化：该组织采取三管齐下的方式，在世界范围内带头倡导文化与发展，同时与国际社会合作，制定明确的政策和法律框架，并在实地支持政府和地方利益相关方保护遗产、加强创意产业和鼓励文化多元化。
- 自然科学：为了未来的科学可持续发展。该组织的工作是帮助各国投资科学、技术和创新（STI），以制定国家科学政策，改革它们的科学体系，并通过 STI 指标和统计数据建立监测和评估绩效的能力，这些指标和统计数据考虑到各国广泛的具体情况。教科文组织还与成员方合作，促进有关科学和技术使用的知情决定，特别是在生物伦理领域。

- 社会和人文科学：该组织成员方及合作伙伴的工作能更好地理解和解决多元化社会的挑战，特别是通过其政府间项目管理的社会转化。该组织的青年计划以及和平与非暴力的文化项目包括民主与全球公民行动、跨文化对话和和平建设。该组织还寻求促进体育活动的发展和实践，以促进不同文化和政治背景下的社会融合。该组织还建立和加强了与伦理学家、科学家、政策制定者、法官、记者和民间社会之间的联系，以协助成员国就科学和技术伦理问题制定合理的政策。
- 通信和信息：该组织努力促进言论自由、媒体发展以及获取信息和知识，并直接为联合国的许多SDGs做出贡献。该组织还促进了言论自由，保证了在线或离线期刊作者的安全。该组织通过提高认识倡议、持续监测、能力建设活动和对成员方的技术支持，消除网上仇恨言论以及虚假和错误信息。该组织还通过促进开放的解决方案，包括开放教育资源、增加边缘化人群获取途径和网络空间的多语言化，支持信息和知识的普及。该组织开发媒体和信息素养课程，促进媒体业务和内容中的性别平等，并鼓励媒体对危机和紧急情况进行相关报道。该组织通过提高内容质量、增加受众、来源和系统的多样性，促进媒体的多样性和多元性。此外，通信和信息部门还协调该组织在人工智能方面的部门间工作。

十、美国红十字会与红新月会

美国人最熟悉的慈善机构可能是美国红十字会。它的知名度和影响力可以从其项目支出规模直观看出，其2018财年的项目支出总额超过28亿美元。美国红十字会只是全球190多个国家和地区的红十字会与红新月会之一，美国历史上的许多人物都与红十字会与红新月会有联系。美国红十字会由克拉拉·巴顿于1881年创立。约翰·D. 洛克菲勒是创始捐助者之一，废奴主义者弗雷德里克·道格拉斯也参与了早期的活动。国际红十字与红新月运动是一个拥有8 000万人的全球人道主义网络，帮助那些面临灾难、冲突、健康和社会问题的人。美国红十字会的使命声明是，寻求“在紧急情况下，通过志愿者的力量和捐助者的慷慨，消灭或减轻人类的痛苦”。美国红十字会渴望采取行动，以便：

- 美国及全世界受灾难影响的人们都得到关怀、庇护和希望。
- 使社区做好了应对灾害的准备。
- 美国的每个人都可以获得安全、救命的血液和血液制品。
- 所有武装部队成员和他们的家人在任何需要的时候都能得到支持和安慰。
- 在紧急情况下，附近总是有受过训练的人，随时准备使用他们的红十字技能来拯救生命。

红十字国际委员会分享了7个基本原则。

- 人性：红十字国际委员会努力在任何地方预防和减轻人类的苦难。其目的是保护生命和健康，并确保对人的尊重。红十字国际委员会促进各国人民之间的相互了解、友谊、合作和持久和平。
- 公正性：红十字国际委员会不歧视国籍、种族、宗教信仰、阶级或政治观点。红十字国际委员会努力减轻个人的痛苦，完全以他们的需要为指导，并优先考虑最紧急的情况。

- 中立性：红十字国际委员会在任何时候都不得参加敌对行动或涉及政治、种族、宗教、意识形态性质的争议。
- 独立性：红十字国际委员会是独立的。各国红十字会虽然在其政府的人道主义服务中起辅助作用，并受各自国家的法律管辖，但必须始终保持其自主权，以便在任何时候都能按照红十字国际委员会的原则行事。
- 自愿服务：红十字国际委员会开展的是自愿的、非营利性的救济运动。
- 团结性：在任何一个国家和地区只能有一个红十字会。它必须向所有人开放。
- 普遍性：红十字国际委员会是一个世界性的组织，在这个组织中，所有的社会关系都具有平等的地位，都有平等的责任和义务互相帮助。

美国红十字会活跃于下列领域。

1. 救灾。美国红十字会每年平均应对 62 000 起灾难。95% 美国红十字会的救灾人员是志愿者，而且令人惊讶的是，90% 的救灾人员应对的灾难都是家庭火灾。

（1）家庭火灾救援：2014 年以来，通过开展活动，挽救了 610 条生命，安装了 1 817 262 个烟雾报警器，使 752 393 个家庭变得更安全，惠及了 1 436 732 名青年。

（2）飓风救济：美国红十字会为受飓风和热带风暴影响的家庭提供住所、食物和安慰。它预先准备了应急物资，开放了疏散避难所，以保证人们在风暴期间的安全，在家人能够返回家园之前提供食物和住所，向受影响的社区分发水、食物和救援物资，帮助需要急救或医疗的人，并常常给予希望、帮助和安慰。2017 年的飓风哈维对路易斯安那州和得克萨斯州产生了重大影响。在应对这场飓风的过程中，美国红十字会与其合作伙伴一道，提供了450多万份餐食，为近41.5万人次安排在避难所过夜，分发了160多万件物品，如尿布和清洁用品，并向57.5万多个家庭提供了紧急财政援助。

（3）野火救助：美国红十字会每年向野火受害者提供援助。在应对2018年加利福尼亚州营火、森林火灾和伍尔西大火中都做出了贡献。美国红十字会及其合作伙伴在2019年5月，曾提供超过380 000份餐食、61 000间一夜避难所，分发81 000件救援物品，向1万多户家庭提供了康复财政援助，并安排近67 000名健康、心理健康和精神护理人员提供帮助。

（4）洪水救助：美国红十字会通过提供安全、干燥的住所，提供水和餐食，丰富儿童的生活，照顾残疾人的特殊需求，提供急救，给予安慰和情感支持，分发清洁用品，评估损失，帮助洪水受灾者准备家庭恢复计划。

（5）抗震救灾：美国红十字会负责搜索和救援工作，提供医疗服务，提供食物和水，分发救济物资，建造紧急避难所，恢复供水，帮助恢复通信，并重建社区。美国红十字会还教授备灾技术。在应对2010年海地地震时，美国红十字会向数百万人提供了食物、水、医疗保健、紧急住所、现金赠款和其他必需品。捐助者已经为美国红十字会提供了4.88亿美元，并与50多个合作伙伴进行了协调。

（6）冬季风暴救济：美国红十字会为受严寒天气影响的人们提供膳食和零食、清洁和救济物资、过夜住宿和一对一的咨询援助。

2. 血液供应。美国红十字会提供全美约40%的血液和血液成分，这些血液都来自慷慨的志愿者。据估计，美国每年有680万人献血，每年能采集1 360万个全血和红细胞。

3. 健康和安全教育培训。美国红十字会为卫生保健提供者、急救人员、救生员等提供广泛的教育和培训，包括急救、心肺复苏、自动体外除颤器使用、临时看护和护理、游泳、美国注册护士助理课程和基础生命支持。

4. 军人和退伍军人的家属。美国退伍军人协会帮助军人、退伍军人和他们的家人准备、处理和回应兵役的挑战。志愿者在世界各地的基地和军事医院提供家庭舒适和关键服务。他们在部队部署和紧急情况下为军人家属提供支持，并在退伍军人服役结束后继续为他们服务。最近一年，美国红十字会向 162 200 名军人和退伍军人家属提供了服务，并向 117 580 名军人及其家属提供了 65 000 多份紧急通信。

5. 国际服务。红十字国际委员会的服务遍及全球。全世界有 1 700 多万名志愿者，190 多个国家和地区有红十字会与红新月会。2001 年以来，它为 20 多亿儿童提供了疫苗接种，并向 1.85 亿人提供了国际援助。此外，9 000 多个家庭已经重新团圆，对 2 900 万人的援助得到了“失踪地图项目”的帮助。“失踪地图项目”是一项开放的、协作的项目，目的是绘制人道主义组织正在服务弱势群体的地区。

十一、基督教救世军

基督教救世军于 1865 年在伦敦成立，宣称它的存在是为了满足人类的需要，无论何时何地。它是一个注册的慈善机构，在全世界 130 个国家运作，每年援助 2 500 万美国人，经营慈善商店，为无家可归者提供避难所，并向发展中国家协调救灾和人道主义援助。基督教救世军在提供服务时不考虑受助者的宗教信仰，其服务包括以下内容。

1. 帮助灾难幸存者。

（1）应急准备：基督教救世军教育其他可以做出第一反应的公众如何准备和应对自然灾害，以及如何帮助制订紧急灾害计划。

（2）长期的灾难恢复：基督教救世军支持自然灾害受害者的整个康复过程。它与地方、州和联邦政府合作，制订并执行一项长期的救灾和恢复计划，包括恢复和重建计划，满足基本需求，支付医疗费用，削减丧葬费用，分发实物捐赠以帮助受害者重建生活。

（3）立即紧急响应：基督教救世军在预先确定的集结地聚集捐赠物品、资源和志愿者。基督教救世军的灾难援助包括为受害者提供食物、水和住所，帮助清理，并让人们与他们的亲人联系。

（4）精神和情感关怀：基督教救世军帮助缓解与治疗灾难受害者和急救人员的情绪压力和创伤，提供情感支持和精神安慰。

2. 让假期充满欢乐，将圣诞节的欢乐带给贫困家庭。

（1）天使树项目：匿名者为100万名收养儿童捐款，以获得新衣服和礼物。

（2）支付账单援助：组织帮助困难家庭支付他们的水电费，抵消圣诞花销带来的额外经济负担。

（3）杂货店和食品援助：组织为低收入家庭、苦苦挣扎的老人和无家可归的人举办圣诞晚餐、分发食物，并为他们储存食物。

（4）假期活动：通过参加医院、养老院活动、送餐、摇铃、赠送礼物、捐赠衣物和圣诞玩具等传统方式，给低收入家庭、不能出门的人、囚犯的孩子和无家可归的人带来希望和救济。

3. 为3万名无家可归的美国人提供保护。

（1）紧急避难所：为每个无家可归者提供一个安全的地方，可以免费吃饭、睡觉和洗澡。

（2）团体之家和过渡生活中心：提供食物、住所、教育支持、咨询服务和职业指导。

（3）家庭服务计划：帮助父母和不同年龄的孩子相处。除了为无家可归者提供紧急避难所，基督教救世军还为家庭提供饮食计划、公用事业和长期住房援助。

4. 治愈饥饿，基督教救世军每年提供超过5 600万份餐食。

（1）食品分发处：提供免费的新鲜农产品和罐头食品，提供有营养的膳食补充，同时帮助有需要的人维护他们的独立和尊严。

（2）餐饮计划：提供一系列的项目，从提供营养、热餐和有价值的人际互动等“坐下来”的项目，到为无法到达食品分发中心的人提供移动餐，再到遍及数百个避难所和住宅设施的供餐项目。

（3）社区花园：提供免费的、可再生的农产品来源，也为那些参与种植和照料食物的人提供了重要的工作。

5. 满足最大需求。基督教救世军为那些最需要物质、情感和精神帮助的人服务。它认识到人的需求因州与州、城市与城市、甚至人与人的不同而不同，并为每一种独特的情况寻找解决方案。它可以提供从食物计划和紧急避难所到家庭虐待保护和灾难救济的一切服务。

6. 克服贫困。

（1）避难所：它每年为流离失所的家庭和个人提供 1 080 万个夜晚的短期和长期住房援助。

（2）希望之路：这项倡议向有子女的家庭提供个性化服务，以打破世代重复的危机和脆弱性的循环。通过帮助家庭克服失业、住房不稳定和缺乏教育等挑战，它可以引导家庭走向更加稳定的道路，并最终实现自给自足。

（3）饮食援助：基督教救世军为有需要的人提供了 6 000 多万份营养丰富的热腾腾的食物。

（4）就业援助：它提供的服务包括为父母配备教育资源，职业指导和就业安置的机会。

7. 克服上瘾项目。

（1）对抗上瘾：基督教救世军提供整体工作治疗，团体和个人咨询会议，精神指导，生活技能发展指导。

（2）培养工作和社交技能：当人们设定和维持可持续的就业目标时，基督教救世军使成员能够为自己和他人提供服务。

（3）恢复家庭：许多已康复的人与家人团聚，能够恢复健康的日常生活。

8. 协助失业人士。

（1）技能集评估：确定了个人的优势和能力，以更好地匹配工作。

（2）就业援助：帮助那些需要重新求职、面试的人。

（3）教育和技能补充：帮助人们完成教育、培训，获得证书，以达到有报酬的工作的要求。对于那些有精神健康或药物滥用问题的人，基督教救世军会帮助他们找到需要的治疗和药物。

（4）失业的支持：不仅限于就业。基督教救世军成员协助失业者进行财务规划、保险规划，以及帮助确保其负担得起的，能对异地孩子提供安全照顾。

9. 帮助家庭。

（1）克劳克社区中心：提供课外活动、娱乐机会，致力于培养健康的社区项目。

（2）儿童夏令营：来自低收入家庭的营员可以学习游泳、运动、音乐、美术和侦察，那些受过培训的老师帮助他们处理与家乡生活有关的复杂情绪和问题。

（3）课外项目：全国400多个课外项目为学生提供了一个安全的学习、阅读、与朋友交流、运动和丰富思想的地方。

10. 打击人口贩卖。

（1）提高认识倡议：通过与当地联盟合作，提高对人口贩卖不公平现象的认识。基督教救世军还帮助预防未来的犯罪，并努力减少对强迫劳动的需求。它还协助改进对当地人贩子的识别和起诉，帮助营救和安置目前的受害者。

（2）正义的遗产：19世纪，基督教救世军率先开展了一项秘密的性贩运调查，这直接影响了美国1885年的《刑法修正案》。到1900年，基督教救世军已经在伦敦各地建立了100多个“救助之家”来帮助那些逃离性交易的人。一个多世纪过去了，它仍然致力于在世界各地废除性交易。

（3）全面的护理管理：为那些逃离人口贩卖的人提供持续的照顾。除了住房、交通、食物和衣服等紧急需求，它还通过各种服务来解决身体和心理创伤。

11. 为退伍军人提供服务。

（1）建立避难所为退伍军人提供一个休息的地方，一顿热腾腾的饭，帮助他们找到工作，以及一个新的开始。

（2）为那些回国以后与创伤后应激障碍、毒品和酒精成瘾斗争的成人建立康复中心。

（3）去社区，以弥补回家多年后经常出现的孤独和抑郁。

12. 关爱老年人，为长者提供服务。

（1）社区中心：以个性化的方式服务于每个当地的老年人社区，以满足特定的需求。

（2）住宅：为长者提供住房援助及宿舍。

（3）活动：通过教育机会、低强度锻炼、舞蹈、午餐、联谊和无数其他“年轻的心”的活动来刺激老年人的思想和身体。

（4）成人日托中心：为不能自理的老年人提供。

13. 服务性少数群体。

（1）避难所：基督教救世军在拉斯维加斯建造了一间宿舍，为易受攻击的跨性别者提供安全的避难所。

（2）工作培训：独特的项目帮助性少数群体培养成功和稳定职业所需的重要生活技能。

（3）帮助戒毒：基督教救世军认识到，不管收入如何，所有人都需要接受康复治疗。对性少数群体友好的项目为其提供住房、食物、咨询、社区和就业，以及治疗长期酒精和药物依赖的症状，并最终解决其根本原因。

（4）食品不安全：超过1/4的性少数群体的美国人缺乏食品安全，依赖补充营养援助计划（补充性营养援助计划）。作为美国最大的社会服务提供者之一，基督教救世军明白帮助人们在寻找有营养的食物时保持尊严的重要性。

（5）青少年自杀：性少数群体的青少年自杀倾向几乎是其他青少年的3倍。基督教救世军组织遍布美国各地，致力于为有需要的人提供精神和情感关怀，不分种族、性别、民族、性取向或性别认同。

14. 停止家庭虐待行为。

（1）Cascade妇女儿童中心：这个24小时避难所为家庭暴力受害者提供即时援助。该中心提供从健康转诊、咨询、交通到GED认证（美国高中同等学力证书）、育儿课程、就业援助和永久住房安置等一系列服务。

（2）Phoenix Elim House：为有8岁以下孩子的家庭和17岁及以下的孩子提供了一个安全的避难所，每年收容超过100万名妇女。

（3）西北分部中心：提供隐蔽的紧急情况避难场所，帮助家庭暴力受害者走向康复和独立生活。

15. 教育孩子。

（1）家庭作业协助与辅导：提供一对一的课后辅导，包括家庭作业和学校作业。通过教学，提高识字和学习技能。

（2）舞蹈、艺术和音乐课程：让孩子们在积极的无成本或低成本的环境中体验音乐和艺术教育，包括从唱诗班、乐队、舞蹈到绘画、写作和表演等一系列课程。

（3）免费和低成本的体育、俱乐部、课外活动：使低收入社区的儿童有机会从事体育活动，学习体育技能，并与朋友培养健康、安全的关系。

（4）家长参与辅导：使家长具备支持和维持子女教育所需的技能。

十二、上门送餐服务

“上门送餐服务”（Meals on Wheels）在第二次世界大战期间成立于英国，最初是为服役者提供食物，后来是为所有需要的人提供食物。此后，这种形式传遍了英国、美国、爱尔兰、加拿大和澳大利亚。根据国家和当地的情况，餐食通过各种交通工具运送给不同年龄、身体情况、经济条件的受赠人。在美国，全美的组织“车轮上的美国餐”（Meals on Wheels America）资助了大约5 000个社区项目。这些项目为个人提供膳食，否则他们将难以养活自己，或需要求助于其他成本较高的服务，如医院或养老院。在纽约市，上门送餐服务自1981年成立以来，已送餐6 000万份，其中2018年送餐量超过200万份，送餐对象超过1.8万名，平均年龄为85岁。除了改善营养，这些项目还通过提供陪伴来支持老年人的健康，通过减少对机构的需求来增强他们的独立性和幸福感。但这种关怀和同情的好处不仅仅在于饮食，工作人员和志愿者是高危人群家中的“眼睛和耳朵”。他们可以直接观察到这些老年人身体或精神状况的任何变化。

十三、仁人家园

仁人家园（HFH）是一个著名的非营利组织，在全球70个国家以及美国50个州提供住房服务。这是一个基督教组织，但有一个明确的政策，反对改变宗教信仰。它不会在人们必须坚持或皈依某一特定信仰，或者被诱导皈依某一特定信仰的条件下提供帮助。美国前总统吉米·卡特是一位重要的名人支持者。1976年成立以来，仁人家园已经帮助2 200多万人建造或改善他们的家园。仅在2018年，它就帮助了超过870万人，另有220万人通过培训和宣传获得了改善生活条件的能力。仁人家园的一个主要特点是使用志愿者劳动，仁人家园在房屋销售上没有利润。除了住房建设，仁人家园还通过特威利格中心（Terwilliger Center）提供社区振兴、灾难应对、金融教育和创新住房解决方案等服务。

本章介绍了几家知名慈善机构的活动。然而，实际上还有数千个同样值得捐助者考虑的项目。有几项服务可供捐助者筛选这些组织。前面提到的慈善导航就是一个很受欢迎的来源，其他的有慈善观察机构（Charity Watch）和商业改进局（Better Business Bureau）的明智捐赠联盟（Wise Giving Alliance）。

第十四章

ESG 投资的未来

在过去10年中，投资于SRI产品的资产数量急剧增加，而随着千禧一代重要性的增加以及Z世代的成长，这一趋势还有可能继续加速。据估计，考虑ESG因素的全球AUM超过23万亿美元。在美国，2018年年初，以ESG为重点的AUM估计为12万亿美元，这约占专业AUM总额的26%。这些数据令人印象深刻，而且整个社会对ESG的兴趣似乎越来越高。一家华尔街公司调查发现，75%的个人投资者试图在投资选择中考虑ESG因素。现代投资组合理论为我们提供了评估投资组合用到的两个概念，即风险和收益。ESG投资的出现，增加了第三个指标。一个有效的投资组合前沿现在可以被抽象为一个三维的界面，即风险、收益和社会影响。

在第一章中，我们对ESG、SRI和影响力投资进行了比较，比较了几种不同类型的ESG投资，包括撤资组合、影响力投资和使命投资，以及在更复杂的投资组合方法中整合ESG因素。图14-1展示了这些投资方法，此图在第一章也出现过。

此图是对各种社会投资类型的总结，纵轴表示财务收益，横轴表示社会和环境收益。传统不考虑ESG因素的投资组合将有一个围绕市场收益率中位数的财务收益分布。这些传统投资组合的社会和环境收

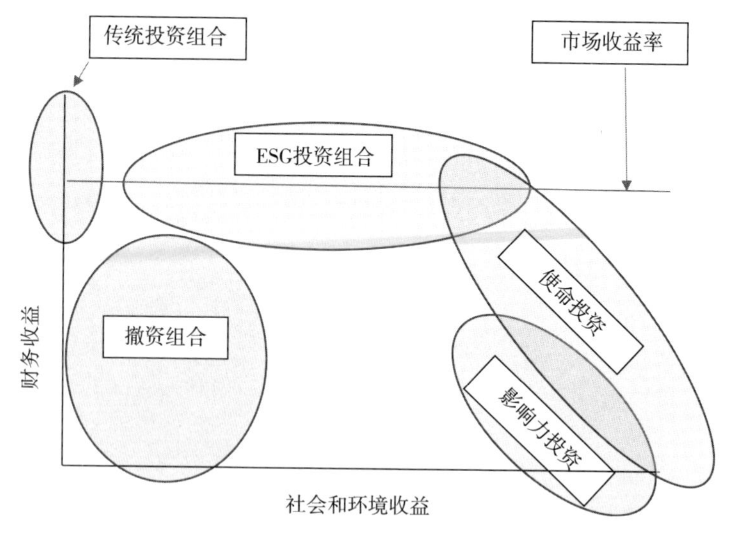

图 14-1 不同投资类型的财务收益与社会和环境收益的对比

益将微乎其微。旨在反映 ESG 因素的投资组合拥有与传统投资组合类似的财务收益（这方面的实证在第八章），而且具有优于传统投资组合的社会和环境收益。撤资组合的历史表现一直相对较差，只有少数例外。图 14－1 显示这种投资方式的财务表现欠佳，而且社会和环境收益也不明显。使命投资和影响力投资表现为重叠策略。两者都比 ESG 投资更有针对性。一些使命投资组合在设计时已经被发现低于市场收益率。一般而言，许多使命投资要求收益率至少足以支持组织的持续运转，而一些影响力投资的财务收益虽然低于市场，也能令组织满意。但人们认为，他们的关注重点将使他们从投资中获得更大的社会和环境收益。

除了撤资组合、使命投资和影响力投资，如果要在任何时间继续吸引资金，ESG 投资组合策略的财务收益必须不低于市场收益率。承担撤资组合、使命投资和影响力投资的投资者可能愿意牺牲收益，但为了 ESG 投资的增长，最终的投资组合需要包含风险参数，并获得传统投资产品预期范围内的财务收益。

一、对 ESG 投资绩效的实证研究

数据告诉我们什么？尽管有许多单独的研究显示出相互矛盾的结果，但一些荟萃分析支持的结论是，具有良好 ESG 表现的公司在传统财务指标上也得分很高。在这里，我们总结了第八章的一些内容。

一篇论文调查了 200 多个证据，得出如下结论。

- 90% 的研究表明，健全的可持续性标准降低了资金成本。
- 88% 的研究发现，在可持续发展方面有良好实践的公司表现出更好的经营业绩，这最终将转化为现金流。
- 80% 的研究都支持一个结论，即 ESG 表现出色的公司在传统财务指标上也得分很高。

另一篇论文回顾了 100 多篇学术研究、56 篇研究论文、2 篇文献综述和 4 篇荟萃分析。这篇论文的关键发现是，“可持续投资对投资者和公司来说都是有利的，并且证据很有说服力。然而，从历史上看，许多倾向于使用负面筛选的 SRI 基金经理一直难以捕捉到这一点。我们认为，ESG 分析应该被纳入每一个认真的投资者的投资过程，以及每一个关心股东价值的公司战略。ESG 如果执行得当，专注于该领域的最佳基金应该能够获得更高的风险调整后回报”。

这篇论文的一些结果如下。

- 所有的学术研究都认为，ESG 评级高的公司在债务和股权方面的资本成本较低。
- 89% 的研究表明，ESG 评级高的公司表现出基于市场的优异表现，而 85% 的研究表明，这些公司表现出基于会计的优异表现。

- 最重要的因素是治理。
- 88% 的实际基金回报的研究显示出中性或不确定的结果，这些基金大多使用负面筛选。基金经理们一直尝试在广泛的 SRI 类别的策略中获得更好的表现，但“他们至少没有在尝试中赔钱”。

然而，一篇论文针对数十项影响投资财务绩效的研究进行分析，得出寻求影响力投资的市场回报与传统投资组合相似的结论。

2015 年的一篇论文审查了大约 2 200 项学术研究，这些研究着眼于 ESG 和财务绩效之间的关系，该论文似乎是迄今为止关于该主题的最完整的研究。研究结果支持了 ESG 投资的商业案例，90% 的研究发现 ESG 和财务绩效之间存在非负相关关系，绝大多数研究发现二者之间存在正相关关系。在 ESG 的 3 类因素中，治理与正向财务绩效的相关性最强。此外，ESG 除了对基金业绩产生积极影响，还可以发现非财务风险，这些风险在未来可能会让公司付出高昂的代价。

贝莱德比较了 2012—2018 年传统的和关注 ESG 的股票基准。根据他们的分析，可以得出结论，ESG 投资组合对 ESG 相关风险提供了一定的保护，历史表现也可以与传统投资组合相媲美。

重复这些结果（在第八章出现过）具有重要意义，因为金融媒体经常会怀疑 ESG 投资的业绩表现，这很大程度上是由于撤资组合的绩效不佳。总之，ESG 投资财务绩效的案例具有可比性，在实证研究上似乎是成立的。

二、ESG 投资的未来

以下是关于 ESG 投资的未来的一些概括性结论。

- 投资公众将越来越有兴趣了解其投资的 ESG 特征。

- 更多的公司将提供企业责任报告，并且报告的质量和深度将得到改善。
- 公司将继续在 ESG 问题上花费公司资源，代价是投资者的短期财务收益。一方面原因是公司渴望成为一个良好的企业，一方面是为了品牌定位，还有一方面则可能是出于高管人员和董事会成员的个人利益。
- 机构投资者将增加与被投资公司的接触。撤资甚至“放手”投资策略将失去青睐。
- 金融服务提供商将继续创新 ESG 产品。
- ESG 数据将会改善。
- 撤资策略历来表现不佳的状况可能不太会改变，但在投资绩效不太重要或审查较少的情况下，撤资仍将继续流行。
- 在 ESG 不断发展的同时，它仍然是少数投资者关注的焦点。美国有 75% 的投资是传统投资，而 80% 的大学捐赠基金也遵循传统投资方法。因此，虽然有机会使其中一些投资者转而关注 ESG 因素，但也有一些需要克服的反对意见。
- 金融科技将对 ESG 产生影响，因为它正在影响所有金融领域。大数据、人工智能和智能投顾越来越多地被使用，都会对具有社会目的的投资的有效性和数量产生一定的影响。

三、需要解决的 ESG 投资问题

尽管 ESG 的总投资额可能会增加，但仍有一些问题需要解决。

- 与 ESG 或 SRI 相关的术语的定义和用法不明确，可以互换使用，并且常常造成混淆甚至误导。
- ESG 涵盖了广泛的，有时相互冲突的问题。投资者应如何评估碳排放相对于种族和性别歧视的重要性？例如，在某些归类于ESG的基金和投资组合中，高科技公司的权重很高，它们在环境问题上的得分很高，但是这些科技公司在雇用和提拔女性以及少数族裔方面的记录不佳。一种解决方案是让投资者使用金融服务公司的定制服务来构建符合其特定兴趣的ESG投资组合。这些定制服务是可得的，但是存在与之相关的信息和交易成本。

- 对于共同基金而言，就ESG问题达成共识仍将是一项挑战。治理问题可能比一些最紧迫的环境和社会问题更容易达成一致，值得注意的是，一些实证研究发现，积极的治理分数与业绩表现呈正相关。
- 许多退休基金资金不充足。人口老龄化将导致更多的退休人员出现，而目前较低的收益率将对投资收益构成压力。在这种环境下，牺牲收益的投资策略会受到质疑。如果目前剥离策略的财务业绩不佳，则可能难以维持。
- 纳入ESG因素的ETF通常流动性不佳。最活跃的传统ETF的日均美元交易量超过4亿美元。尽管交易量可能会随着时间的推移而增加，但最大的ESG基金的日均交易量中值仅为200万~400万美元。ETF是低成本的集合投资，但是在流动性不佳的情况下进入和退出ETF头寸可能会导致不合理的高执行费用或“滑点”。这可能威胁到投资策略的可行性。
- 数据问题必须解决。尽管我们预计ESG数据会有所改善，但仍需要时间和精力。有些公司披露了ESG数据，有些则没有，而且与公开的数据可能不一致。当前，大多数数据是由公司自行报告的，其一致性和指标常常令人怀疑。供应商的ESG评级通常不一致。此外，两种广泛使用的分类系统是全球行业分类标准（GICS）和行业分类基准（ICB）。GICS是MSCI和标准普尔公司联合开发的行业分类法，它由10个部门、24个行业组、

68 个行业和 154 个子行业组成，包含了所有主要的上市公司。ICB 是由道琼斯和富时联合开发的一种分类法，将市场划分为多个部门。它使用一个由 10 个部门组成的系统，分为 20 个超级行业，进一步细分为 41 个行业，然后包含 114 个子行业。这些分类系统通常用于根据其业务范围过滤股票，问题在于它们的分类是一维的，并且仅基于公司的核心业务活动，没有考虑公司可能从事的其他非核心业务，而这些业务可能对投资者的 ESG 利益至关重要。

其他一些数据问题如下。

- 重要性：衡量或报告的因素对公司的工作而言是重要的还是根本性的。
- 覆盖率：不到 5% 的全球上市公司报告其排放量。报告其他问题的百分比甚至更低。
- 投入与产出：在无法衡量结果的情况下（例如实际排放量），则通常采用预算或人员配置等投入衡量，这些投入可以被视为解决排放问题。但是投入的效果可能有很大差异：一家在污染问题上大量投入的公司，其排放量可能仍高于投入水平只有一半的公司。

这些问题没有一个是不可克服的，鉴于对 ESG 投资的持续兴趣，所有问题都有可能得到改善。2019 年 8 月，在美国商业圆桌会议（Business Roundtable）上，181 位首席执行官成员签署了新的《公司宗旨宣言书》，证实了美国顶尖企业对 ESG 目标的拥护。

商业圆桌会议重新定义了公司的宗旨，以促进“为所有美国人服务的经济”。《公司宗旨宣言书》节选如下。

美国人应该有一种经济模式，它可以使每个人通过努力工作和创造获得成功，并过上有意义和有尊严的生活。我们认为，自由市场体系是创造良好就业机会、强劲可持续的经济、创新、健康环境以及经济机会的最佳手段。

企业通过创造就业机会、促进创新、提供基本商品和服务，在经济中发挥着至关重要的作用。企业生产和销售消费品；制造设备和车辆；支持国防建设；种植和生产食物；提供卫生保健；生产和输送能源；并为经济增长提供金融、通信和其他服务。虽然我们每个公司都有自己的企业宗旨，但我们对所有利益相关者都有一个基本承诺。我们承诺：

为客户创造价值。我们将秉承美国公司引领或超越客户期望的传统。

投资于我们的员工。不仅要公平地支付报酬并提供福利，还要通过培训和教育来支持他们，帮助他们为应对迅速变化的世界发展新技能。我们促进多样性和包容性、尊严和尊重。

与我们的供应商进行公平和道德的交易。我们致力于与其他规模的公司成为良好的合作伙伴，帮助我们完成任务。

支持我们工作所在的社区，尊重社区中的人，并通过在企业中采用可持续实践来保护环境。

为股东创造长期价值，为公司投资、成长和创新提供资本。我们致力于提高透明度，并与股东进行有效互动。

我们的每个利益相关者都是必不可少的。为了我们的公司、我们的社区和我们的国家未来的成功，我们承诺与所有人共享价值。

在顶尖企业的支持下，未来的目标将是“既做得好，又做好事”，这是不可逆转的大势所趋。